Elektrotechnik in Württemberg

Elektrotechnik in Württemberg

Herausgegeben von
Eberhard Herter, Stuttgart

B. G. Teubner Stuttgart · Leipzig 1998

Die Deutsche Bibliothek – CIP-Einheitsaufnahme

Elektrotechnik in Württemberg : hrsg. von Eberhard Herter.
Stuttgart ; Leipzig : Teubner, 1998

ISBN 978-3-322-91842-0 ISBN 978-3-322-91841-3 (eBook)
DOI 10.1007/978-3-322-91841-3

Gesamtherstellung: Graphische Betriebe Wilhelm Röck GmbH, Weinsberg

Grußwort

Klaus Freytag

Das Jahr 1998 ist für den Verband Deutscher Elektrotechniker in Württemberg in zweierlei Hinsicht ein ereignisreiches Jahr. Zum einen kann der Bezirksverein Württemberg auf ein 100jähriges Bestehen zurückblicken. Zum anderen findet wieder einmal – nach 28 Jahren – in Stuttgart ein großer VDE-Kongreß statt, an dem sich neben den 4 bisherigen Fachgesellschaften erstmals auch die Medizintechnik beteiligt.

Beide Ereignisse waren Anlaß genug, sich mit den Wurzeln der Elektrotechnik in Württemberg zu beschäftigen. Hier in dieser Region haben sich Wissenschaft und Forschung, Lehren und Lernen, vielseitige Entwicklung und Herstellung zu einer in Jahrzehnten gewachsenen Einheit verbunden, wie sie in vergleichbarer Weise nur in seltenen Ausnahmefällen gefunden werden kann.

Mit der nun 100jährigen Aktivität unseres Bezirksvereins zeigen wir deutlich die Tradition, die die Elektrotechnik hier hat und auf die sich auch unsere gemeinsame Erwartung der Fortsetzung ihres Erfolges stützt. Wir vom VDE-Bezirksverein Württemberg sind stolz auf diese Entwicklung der Elektrotechnik in unserer Region und wollen diese Freude mit anderen teilen.

Als Vorsitzender des Bezirksvereins habe ich es deshalb sehr begrüßt, als Professor Herter die Idee aufzeigte, das derzeit noch vorhandene Wissen um die Ursprünge der Elektrotechnik in Württemberg nicht in einer Jubiläumsfestschrift untergehen zu lassen, sondern das Material in Form eines unterhaltsam zu lesenden Büchleins den jüngeren Generationen zu erhalten.

Jetzt, nach Vorliegen, darf nicht nur Professor Herter als der Initiator, sondern auch jeder der Autoren, die alle viel Zeit und Mühe aufgewendet haben, über das

Resultat stolz sein. Besonders freue ich mich über die Vielzahl der Beiträge aus den unterschiedlichsten Forschungs- und Anwendungsgebieten: sie zeigen damit deutlich die Vielseitigkeit der Anwendungen der Elektrotechnik, ohne die unsere heutige Industrie, ja unsere Zivilisation nicht mehr denkbar ist.

Ich beglückwünsche deshalb alle, die an diesem Buch mitgewirkt haben, nicht zuletzt danke ich auch dem Teubner-Verlag für seine Unterstützung und den Mut, das Werk zu verlegen. Dem Buch selbst wünsche ich eine breite Leserschaft und hoffe, daß die Interessierten gerne auch später einmal darin blättern, um zu sehen, wie die Elektrotechnik in Württemberg begann.

Klaus Freytag
Vorsitzender des VDE-Bezirksvereins Württemberg

Vorwort

Der Bezirksverein Württemberg im Verband Deutscher Elektrotechniker feiert dieses Jahr sein hundertjähriges Bestehen. Wie bei solchen Anlässen üblich, faßte man einige Zeit vorher den Entschluß, eine Festschrift herauszubringen. Bei Redaktionsschluß darf ich feststellen, daß wesentlich mehr herausgekommen ist; siehe unten.

Bei der Arbeit an einer Festschrift ergibt sich beiläufig ein wachsender Berg von „Humus", z. B. Kopien von alten Schriften und Notizen über Gespräche mit langjährigen Mitgliedern. Nur ein Bruchteil dieser Informationen kann in der Festschrift aufgenommen werden, und bald nach deren Erscheinen wird der Humusberg aus Platzgründen entsorgt, so daß z. B. 25 Jahre später die oben geschilderte Aktion wieder stattfinden kann – allerdings unter wesentlich verschlechterten Voraussetzungen! Die Festschrift selbst muß soviel aus der Vereinsgeschichte bringen, daß Nichtmitglieder automatisch weniger Interesse haben, und sie sieht in unserer schnellebigen Zeit wegen der starken Hervorhebung des Jubiläumstermins schon nach wenigen Jahren „alt" aus.

Der VDE-Bezirksverein Württemberg hat mir die Gesamtkonzeption dieses Buches anvertraut. Aus obigen Überlegungen habe ich folgende Schlüsse gezogen:

- Der Bezirksverein braucht ein Archiv, in dem der wachsende „Humus" bewahrt und der Öffentlichkeit zugänglich gemacht werden kann. Ich stelle dazu einen Raum meiner Firma TZ*Kom* GmbH in Stuttgart zur Verfügung.
- Die Arbeit an der Chronik ist eine permanente Aufgabe, sie kann nicht im „Impulsbetrieb" alle (z. B.) 25 Jahre geleistet werden. Ich schlage vor, den Mitgliedern des Bezirksvereins jedes Jahr z. B. mit dem Jahresbericht des Vorsitzenden einen kleinen Aufsatz „Vor hundert Jahren" mitzuliefern. Mit dieser Serie wird die Vergangenheit sozusagen „abgescannt", und es entsteht im Laufe der Zeit eine lückenlose und insgesamt recht ausführliche Chronik. Ich bin bereit, in den kommenden Jahren diesen Aufsatz zu schreiben, falls sich nicht andere Fachkollegen um diese ehrenvolle Aufgabe reißen.

Unter den genannten Voraussetzungen ergeben sich zusätzliche Freiheitsgrade für die Konzeption des vorliegenden Buches: Die Verbandsgeschichte braucht nicht so detailliert dargestellt zu werden, daß Nichtmitglider das Interesse verlieren, und man kann ohne weiteres, wenn die vorliegende 1. Auflage z. B. nach fünf Jahren vergriffen sein sollte, eine 2. verbesserte Auflage mit neuen und zusätzlichen Firmenporträts bringen. Dabei wird man natürlich den Firmen, die dankenswerterweise schon bei der 1. Auflage mitgemacht haben, Vorzugskonditionen einräumen.

Viele Fachkollegen haben zu diesem Buch beigetragen, auch wenn sie nicht direkt als Redakteur eines Kapitels auftreten. Um allen in gebührender Weise meinen Dank abzustatten, habe ich am Schluß des Buches ein eigenes Kapitel „Mitarbeiter" angefügt.

Last, but not least möchte ich dem Verlag B. G. Teubner, insbesondere Frau Rodeit und Herrn Dr. Schlembach, für die vertrauensvolle Zusammenarbeit und die gute Ausstattung des Buches danken. Ich würde mich freuen, wenn bald eine zweite Auflage folgen könnte.

Im April 1998 Eberhard Herter

Inhalt

Grußwort ... V
Vorwort ... VII
1 Technische Nutzung der Elektrizität im 19. Jahrhundert ... 1
2 Die Elektrotechniker formieren sich ... 17
3 Aus der Geschichte des VDE-Bezirksvereins Württemberg ... 22
4 Das Elektrohandwerk – Von den Anfängen bis zum heutigen Stand ... 27
5 Technologische Entwicklung und Industrie ... 37
6 Entwicklung der Energieversorgung ... 109
7 Elektrotechnik und Verkehr ... 165
8 Vom Börsenticker zu Multimedia ... 209
9 Hochschulen und Technologietransfer ... 237
Mitarbeiter ... 296
Literaturverzeichnis ... 298

Der Stuttgarter Schloßplatz um 1885
Foto: Stadtarchiv Stuttgart

1 Technische Nutzung der Elektrizität im 19. Jahrhundert

Zu diesem Thema gibt es eine Fülle lesenswerter Publikationen; es seien hier nur die Bücher [1], [3] bis [9] erwähnt. Im folgenden soll an einigen Beispielen vor allem verdeutlicht werden, unter welchen Bedingungen die technische Nutzung begann.

Ideen und Visionen weitblickender Menschen sind eine Voraussetzung dafür, daß eine technische Entwicklung in Gang kommt. Im Jahr 1744 hat *Johann Heinrich Winkler* (Professor der griechischen und lateinischen Sprache in Leipzig) diese Sätze geschrieben [1]:

„Zum andern kann man durch Hülfe der Elektricität in einer Entfernung, so groß man sie auf dem Erdboden verlanget, in einem jeden bestimmten Puncte der Zeit eine Wirkung hervorbringen, z. B. ein Geschütz losbrennen, oder ein Zeichen geben."

Die Vision Winklers ist insofern bemerkenswert, als dieser ja nur Reibungselektrizität kannte. Ergiebigere Stromerzeuger kamen erst später: Galvanische Elemente (Voltasche Säule 1793) und die nach der Entdeckung des Induktionsprinzips (Faraday, 1831) möglichen magnetoelektrischen Generatoren. Mit diesen Stromquellen waren die Nachrichtentechniker hinreichend gut versorgt, und die Entwicklung elektrischer Telegrafen machte rasche Fortschritte. Um 1860 gab es erstmalig transatlantische Seekabel, wie Stefan Zweig in seinen „Sternstunden der Menschheit" in packender Weise schildert. Man muß sich einmal vor Augen führen, wie die Situation davor aussah: Der Kontinent Amerika hätte im Meer versinken können, man hätte es in Europa frühestens nach einigen Wochen (Laufzeit eines Segelschiffes) erfahren! Eine gewaltige Ingenieurleistung war auch die von Siemens & Halske gebaute Land-Telegrafenlinie England–Indien, die 1870 in Betrieb ging [1].

Die Entdeckung des dynamoelektrischen Prinzips durch *Werner von Siemens* (1866) hat der Starkstromtechnik entscheidende Impulse gegeben, auch wenn bald darauf die immer größer werdenden Generatoren dann doch wieder Fremderregung benutzten [8]. Damals wurde elektrische Energie in erster Linie für Beleuchtungszwecke (Bogenlampen) benutzt, was den Namen „Lichtwerk" für viele erste Kraftwerke erklärt. Der Strombedarf für die Nacht (Beleuchtung) war zunächst größer als der am Tage (Arbeitsmaschinen). Aus dieser Sicht lag es nahe, einen tageszeitabhängigen „Doppeltarif" einzuführen, mit teurem Nacht- und billigerem Tagstrom; allerdings fand diese Methode wegen der teuren und wartungsbedürftigen Zähler nur begrenzt Anwendung. Stuttgart soll als erste Stadt in Deutschland den Doppeltarif eingeführt, ihn aber nach einigen Jahren 1912 wieder abgeschafft haben [6].

Verfasser dieses Beitrags: Prof. Dipl.-Ing. Eberhard Herter, Stuttgart

Elektrische Beleuchtung

Elektrische Beleuchtung ist für den heutigen Menschen selbstverständlich; die folgenden Auszüge aus [5] sollen zeigen, gegen welche Widrigkeiten sie sich im vorigen Jahrhundert durchsetzen mußte.

Im Anfang des 19. Jahrhunderts gingen die Ansichten über den Wert einer ausreichenden Beleuchtung von Straßen und Plätzen sehr auseinander. Während einige sich bemühten, die spärliche Erhellung mittels Öllampen durch Einführung des Gases zu verbessern, wurden die Absichten von anderen heftig bekämpft, wie das eine Veröffentlichung in der Kölnischen Zeitung vom Jahre 1819 zeigt:

> „Jede Straßenbeleuchtung ist verwerflich:
> 1. aus theologischen Gründen, als Eingriff in die Ordnung Gottes. Nach dieser ist die Nacht zur Finsternis eingesetzt, die nur zu gewissen Zeiten vom Mondlicht unterbrochen wird. Dagegen dürfen wir uns nicht auflehnen, den Weltplan nicht hofmeistern, die Nacht nicht in den Tag verwandeln wollen.
> 2. aus medizinischen Gründen. Das nächtliche Verweilen auf den Straßen wird den Leuten leichter und bequemer gemacht und legt zu Schnupfen, Husten und Heiserkeit den Grund.
> 3. aus philosophischen Gründen. Die Sittlichkeit wird durch die Gasbeleuchtung verschlimmert. Die künstliche Helle verscheucht in den Gemütern das Grauen vor der Finsternis, das die Schwachen von mancher Sünde abhält. Diese Helle macht auch den Sünder sicher, so daß er in den Zechstuben bis in die Nacht hinein schwelgt.
> 4. aus volkstümlichen Gründen. Öffentliche Feste haben den Zweck, das Nationalgefühl zu heben. Illuminationen sind hierzu vornehmlich geschickt. Dieser Eindruck wird aber geschwächt, wenn derselbe durch allnächtliche Quasi-Illuminationen abgestumpft wird; daher gafft sich der Landmann toller an dem Lichtglanz als der lichtgesättigte Großstädter."

Die Gasbeleuchtung von Straßen wurde aber doch ausgeführt, und zwar zuerst 1825 in Hannover, 1826 in Berlin und bald hinterher in allen größeren und mittleren Städten, so daß 1868 bereits 530 solcher Anlagen vorhanden waren. Was die Beleuchtung von Wohn- und Arbeitsräumen anbelangt, so stellte man sehr bescheidene Ansprüche. Oft begnügte sich die ganze Familie mit einer einzigen Kerze, die auch noch laufender Wartung bedurfte, so daß bekanntlich Goethe seufzte: „Wüßt nicht, was sie besseres erfinden könnten, als daß die Lichter ohne Putzen brennten." Rüböllampen und das dafür verwendete Öl wurden nur langsam verbessert, so daß erst das Anfang der sechziger Jahre erscheinende Petroleum eine wesentliche Verbesserung der Beleuchtung brachte. Gasbeleuchtung wurde erst mit Einführung des Auer-Glühstrumpfes (1866, verbessert 1891) wirtschaftlicher als Petroleumbeleuchtung.

Elektrische Lichtquellen waren der seit Anfang des 19. Jahrhunderts bekannte Lichtbogen und die bereits 1854 durch den Deutschen Goebel in New York in brauchbarer Form hergestellte Glühlampe. Elektrische Beleuchtungsanlagen hatten aber erst eine Chance, nachdem leistungsfähige Stromerzeuger gegeben waren. Es entstanden eine Vielzahl von ideenreichen Konstruktionen für Bogenlampen, bei denen ja die abbrennenden Kohlestifte laufend nachgestellt werden müssen. Es ist das unumstrittene Verdienst von *Thomas A. Edison,* die Beleuchtung mit Glühlampen erfolgreich in die Praxis eingeführt zu haben, vor allem gelegentlich der Pariser Weltausstellung 1881. Die von Edison gefertigte Glühlampe entsprach weitgehend der ein Vierteljahrhundert vorher von Goebel gebauten Lampe, wie aus dem Urteil in dritter Instanz in dem Patentprozeß hervorgeht, den Edison gegen andere Glühlampenhersteller angestrengt hatte [5].

Trotz der bekannten und unbestreitbaren Vorteile der elektrischen Glühlichtbeleuchtung gewann sie gegen die Konkurrenz Gasbeleuchtung nur langsam Boden. Das lag vor allem daran, daß in der Regel noch kein Strombezug aus Elektrizitätswerken möglich war; man mußte eine eigene von einer Kraftmaschine angetriebene Dynamomaschine aufstellen, was insbesondere bei kleineren Anlagen sehr in die Kosten ging.

Andere Anwendungen elektrischer Energie

Damit immer mehr Haushalte in wirtschaftlicher Weise mit elektrischer Beleuchtung ausgestattet werden konnten, entstanden zunehmend Elektrizitätsversorgungsnetze. Am Ende dieser Entwicklung steht der heutige Zustand: Überall finden wir Steckdosen, aus denen die beliebig einsetzbare elektrische Energie entnommen werden kann.

Wer Interesse daran hat, die technische Entwicklung auf den verschiedensten Anwendungsgebieten nachzulesen, der sei auf die Literatur (vor allem [3] bis [7]) verwiesen. Wir begnügen uns mit einem Schnellkurs, der ebenso erheiternd wie instruktiv ist: Vor wenig mehr als hundert Jahren war die heute selbstverständliche Ausstattung eines Haushalts noch ein Fall für ein Witzblatt! Der folgende Abschnitt ist aus [5] entnommen.

Besondere Aufmerksamkeit hat das Witzblatt „Ulk" in den 80er Jahren der Elektrizität zugewendet und es sei nachstehend einiges davon wiedergegeben:

Offener Brief an Herrn Werner Siemens.

„Hochjeehrter Herr!

> Ich stehe nämlich bei wirkliche Jeheimraths als Mädchen vor Küche und Hausarbeiten in Diensten. Daß ich als solches nich auf Rosen jebettet bin, können Sie sich jewiß denken. indem ich vielmehr erst vorige Woche anstatt des ollen Strohsackes eene Seejrasmatratze bekommen habe. Aber auch mit Seejras kann die Rauhigkeit meiner Lage nich weicher jemacht werden. wenn Sie nich wären. Jawohl Sie, Herr Jeheimrath, denn Sie sind ja auch einer.
> Wie Sie wissen, haben Sie nämlich die Öllektrizität erfunden und durch diese

Erfindung nich bloß in die Leipziger Straße, sondern ooch in das Duster eines Mädchenherzens vor Alles Licht jebracht. Denn erst jestern habe ich jelesen, daß man mit Öllektrizität ooch kochen und braten kann. Ach, wenn das wirklich wahr ist, Herr Jeheimrath, so lassen Sie alles Andere vorläufig liejen und erfinden Sie schleunigst die öllektrische Kochmaschine, was Ihnen ja bei die Übung nich schwer fallen kann. Sie heben dadurch unsern janzen Stand in die Höhe. Denn denken Sie bloß, was dieses Kochen uns jetzt vor Mühe macht. Erst Holz hacken, dann Kohlen aus dem Keller holen oder Kooks kloppen, dann Asche rauskriejen, dann Feuer anmachen, dann immer nachschütten und mit dem Feuerhaken Luft machen und noch vieles Andere mehr, was uns erniedrigt. Abjesehen aber von die Mühe aber jlauben Sie jar nich, was man bei so ein Jeschäft vor Hände kriegt. Mir will $8^3/_4$ schon jarnich mehr passen und ohne Jlacees kann ich doch Sonntags mit meinem Wilhelm nich ausjehn. Wenn wir uns dann im Thierjarten auf eine Bank setzen und ich ihm mit die bloße Hand ein bißchen die frischrasirte Backe streicheln will, dann zuckt er immer und ich merke, daß ihm die Härtigkeit meiner Haut kratzt. Bei die öllektrische Kochmaschine ist das alles anders. Ein Druck auf den Knopp und der Strom strömt um den Kochtopp und blakt nich und roocht nich und jeht nich aus und man kann ruhig dabei sitzen und durch Joethen oder Schillern seine Werke seine Bildung erjänzen. Auch brennt keine Suppe oder das Fleisch nich an, und man braucht sich nich so weit zu erniedrigen, sich mit die Madam deshalb zu zanken.

Aber außer die Kocharbeit jiebt es noch andere Beschäftigungen, die sich vor ein zart orjanisirtes weibliches Wesen nich passen. Ich möchte Sie deshalb bitten, wenn Sie einmal bei's Erfinden sind, doch hiervor Rath zu schaffen. Erfinden Sie, lieber Herr Jeheimrath, denn zunächst eenen öllektrischen Besen. Stellt man den mitten in die Stube und drückt an den Knopp, so muß er an zu kehren fangen und überall runterfahren, unter die Sopha's, unter die Betten und Schränke und in alle Ecken und muß nichts liejen lassen und alles von selbst auf die Müllschippe rauffegen.

Auch an eine öllektrische Staubabwischmaschine denken Sie jefälligst. Sie jlauben gar nicht, was unser Herr penibel hierin ist. Kommt er aus den Dienst nach Hause, so fährt er mit seinem weißen Zeigefinger über den Schreibtisch, und wenn er das kleinste Stäubchen findet, ist der Skandal fertig.

Endlich aber wäre uns eine öllektrische Waschmaschine sehr anjenehm. Man thut die schmutzige Wäsche hinein, setzt den Deckel drauf, läßt den Strom hindurch und nimmt dann die Wäsche schneeweiß, vollständig trocken und womöglich schon jerollt und jeplättet wieder heraus.

Das ist alles, was wir vorläufig von Ihnen verlangen, lieber Herr Jeheimrath. Ihnen als Öllektriker brauchen wir ja nich erst zu sagen, daß Sie sich mit die Erfindungen etwas beeilen sollen, wir kennen Ihnen. Indem ich Ihnen deshalb im Namen meiner Kolleginnen jrüße, bin ich

Ihre erjebene
Emilie vor Alles.

Nachschrift: Verjessen Sie nich, eine Tellerabwasch- und Messerputzmaschine mit Öllektrizität noch nachträglich hinzuzuerfinden!

Emilie wie oben."

Tüftler und Unternehmer

Technische Entwicklungen brauchen zum Erfolg sowohl Erfinder als auch Unternehmer. Ein bekanntes Beispiel ist der Fernsprecher: Der deutsche Lehrer *Philipp Reis* begnügte sich damit, seine 1861 gemachte Erfindung der Öffentlichkeit als Lehrspielzeug anzubieten [1], während der Amerikaner *Alexander Graham Bell* 15 Jahre später bei der Anmeldung seines Patentes die kommerziellen Möglichkeiten erahnt und die Entwicklung des weltweiten Fernsprechnetzes einleitet.

Das an Bodenschätzen und überhaupt arme Königreich Württemberg [2] hatte für eine Industrialisierung, wie sie etwa im Ruhrgebiet vonstatten ging, nicht die besten Karten. Bei der aufkommenden Elektrotechnik dagegen konnten durchaus wichtige Entwicklungen auch in einer kleinen Werkstatt vorangetrieben werden. In [8] werden die kleinen und großen Beiträge vieler schwäbischer Tüftler und Unternehmer erwähnt. Einige dieser Persönlichkeiten wollen wir nachstehend kurz erwähnen; wer sich ausführlicher über ihre Arbeiten informieren will, dem sei vor allem [5], [6] empfohlen.

Robert Bosch (geb. 23. 9. 1861 in Albeck bei Ulm) absolvierte eine Lehre als Feinmechaniker und arbeitete 1884/85 in den USA u. a. bei Edison. Später war er, der nun Elektrotechnik studierte, bei „Siemens Brothers" in England angestellt, wo er *Wilhelm Siemens* (Bruder von *Werner von Siemens*) kennenlernte [12]. Im Jahre 1886 gründete er seine feinmechanische Werkstatt in Stuttgart, aus der sich die in Kapitel 5 näher beschriebene Weltfirma entwickelt hat. Bekannt sind seine bahnbrechenden Arbeiten für die Elektrotechnik im Auto, aber auch sein großes soziales Engagement (Robert-Bosch-Stiftung; Einführung des Acht-Stunden-Tages).

Emil Fein absolvierte 1856 in Stuttgart eine Mechanikerlehre und bildete sich u. a. bei Siemens & Halske in Berlin und London weiter, bis er 1876 in Karlsruhe eine Werkstätte für Haustelegraphen und elektromedizinische Geräte aufmachte, die dann 1870 nach Stuttgart übersiedelte. Mit dem Eintritt von Bruder Carl entstand die traditionsreiche Firma C. & E. Fein (vgl. Kapitel 5). Das Produktspektrum reichte von vielerlei Motoren und Dynamos bis zum elektrischen Türöffner; am bekanntesten ist sicher die erste Handbohrmaschine der Welt [5].

Paul Reiser hatte beim Besuch der Pariser Weltausstellung 1881 sofort begriffen, daß die von Edison vorgestellte Glühlampe auf die Dauer die Bogenlampe ablösen werde. Er griff zu und kaufte nicht nur eine technische Ausstattung nach Edisons Muster, sondern auch gleich die Lizenz für Württemberg. Im Keller seines Hauses am Stuttgarter Wilhelmsplatz trieb eine Dampfmaschine einen Generator, der die Glühbirnen mit Strom versorgte. Da er dann auch Strom zur Beleuchtung eines ganzen Häuserblocks abgab, kann man die Firma Reiser als frühes Elektrizitätsversorgungsunternehmen bezeichnen [5].

Es wäre ein würdiger Abschluß der obigen Reihe schwäbischer Tüftler und Unternehmer, könnte man von der elektrotechnischen Zentralfigur Werner von Siemens einen nennenswerten Teil für das Schwabenland reklamieren! Wir wollen über Sinn und Verbindlichkeit derartiger Bruchrechnungen nicht diskutieren, sondern lediglich feststellen, daß *Werner von Siemens* tatsächlich einen engen Bezug zum Raum Stuttgart hatte. Seine zweite Ehefrau Antonie war die Tochter eines entfernten Verwandten, des Professors *Karl Siemens* aus Hohenheim. Als sie 1870 ihr erstes Kind zur Welt brachte, schenkte ihr ihr Ehemann ein Landhaus („Schlößle") unweit des Fleckens Degerloch, das der Familie später als Sommersitz diente. Siemens starb 1892; zwei Jahre danach eröffnete die Firma ihre Niederlassung Stuttgart, bei deren hundertjährigem Jubiläum verschiedene lesenswerte Publikationen erschienen [14], [11], [12].

Werner von Siemens mit der zweiten Frau Antonie und den Kindern aus erster und zweiter Ehe, um 1876
(von l. nach r.: Arnold, Käthe, Wilhelm, Werner mit Hertha, Anna und Antonie mit Carl Friedrich)
Quelle: Siemens-Forum München

Übertragung elektrischer Energie

Bis etwa 1890 war die eingangs erwähnte Vision des *J. H. Winkler* noch nicht richtig Wirklichkeit geworden: Die Lichtwerke / Kraftwerke wurden in erster Linie dort gebaut, wo auch die Abnehmer der elektrischen Energie saßen. Bei einem seit längerem andauernden Glaubenskrieg in Sachen Stromart (Gleichstrom oder Wechselstrom?) spielten Argumente wie Speicherbarkeit oder Eignung zum Betrieb von Bogenlampen eine wichtigere Rolle als die Eignung für Fernübertragung.

Die Technik mehrphasiger verketteter Wechselströme („Drehstromtechnik") erlaubt den Einsatz der bis heute verwendeten Asynchronmotoren mit Käfigläufer. Ein junger Ingenieur der AEG, *v. Dolivo-Dobrowolski*, hat das Patent 1889 angemeldet. Es ist verbürgt [5], daß der berühmte Edison bei einem Besuch bei AEG sich strikt geweigert hat, die Drehstromtechnik auch nur anzusehen: „Wechselstrom hat keine Zukunft!" Warum er diese Aussage gemacht hat, kann wohl nicht zweifelsfrei geklärt werden: Irrte hier das Genie einmal, oder wollte Edison, der sich gerade in den USA in Gleichstromkraftwerken engagiert hatte, lediglich vermeiden, die andere Stromart durch seinen Besuch aufzuwerten?

Michael von Dolivo-Dobrowolski

Gegen die Fernübertragung elektrischer Energie gab es viele Vorbehalte; manche hielten sie für nicht realisierbar. Deshalb ist die erfolgreiche Drehstromübertragung von Lauffen /N. nach Frankfurt/M. im Jahre 1891 ein Markstein in der Entwicklung moderner Starkstromnetze und ein Höhepunkt der elektrischen Entwicklung im Württemberg des 19. Jahrhunderts. Der frühere Vorsitzende des Bezirksvereins Württemberg, Herr *Erich Lauer*, hat die Übertragung Lauffen–Frankfurt in dem nachfolgenden Artikel, den wir ungekürzt übernehmen, beschrieben.

Die erste Drehstromübertragung

Die Kraftübertragung von Lauffen am Neckar nach Frankfurt am Main leitete im Jahr 1891 das Zeitalter der Strom-Fernübertragung ein und bestätigte überzeugend die Metamorphose der Energieformen – von *Julius Robert Mayer* bereits 1845 formuliert. Es war möglich geworden, Wasserkraft und Kohle zentral zu nutzen und als elektrische Energie weiträumig an die Verbraucher zu leiten. Dieser erste technische Großversuch war einer jener Impulse, die das technische und soziale Umfeld während der vergangenen 100 Jahre entscheidend geprägt haben. Beschrieben werden Anlaß und Ablauf des Experiments sowie seine unmittelbaren Auswirkungen.

Ereignis mit großen Auswirkungen

Am 25. August 1891 leuchteten unter dem Jubel der „Drehstrompartei" bei der Internationalen Elektrotechnischen Ausstellung in Frankfurt am Main die ersten Glühlampen mit Strom aus Lauffen am Neckar auf, und am 12. September begann ein Wasserfall über einen 10 m hohen Fels (Bild 1) herabzustürzen. Die Sensation war perfekt – die Lauffener Kraftübertragung war gelungen. Charakteristisch für die Aufbruchstimmung jener Zeit ist ein Beitrag, der wenige Wochen vor diesem epochemachenden Ereignis in der angesehenen „Frankfurter Zeitung" erschienen war:

„Die Frankfurter Ausstellung wird uns eine Kraftübertragung vorführen. Vom Cementwerk Lauffen 175 Kilometer weit zieht sich an hohen Telegraphenstangen ein dreifacher Draht von etwa 4 mm Dicke. Die rastlose Arbeit eines Stromfalles des Neckar zuckt diesen Draht entlang, sie „strömt" und ist doch ungreifbar und imponderabel. Das ist zugleich strömendes dunkles Licht, das an jeder beliebigen Stelle in strahlende Helle verwandelt werden kann, es ist Feuer von höchster irdischer Gluth, das nicht brennt und schweißt, als dort, wo man seiner benöthigt. Man leite es an einem isolierten Draht unter Wasser, seinem ärgsten Feind, hindurch und es wird nicht verlöschen. ... Gelingt es, Arbeitskraft ohne fühlbare Verluste weit fortzuführen und zu verteilen, so können wir alle Naturkräfte, die Wasserfälle, die Gezeiten des Meeres, die Winde, die Wärme der Sonne uns dienbar machen, in die Städte und zur Werkstatt des „kleinen Mannes" leiten, der bis nun von der Dampfmaschine des großen Kapitalisten abhängig war. ... Neben der Fernwirkung von Schrift und Sprache tritt die Fernwirkung der Kraft. Der Raum rückt immer mehr zusammen. ..."

Verfasser dieses Beitrags: Dipl-Ing. Erich Lauer, VDE, Vorstandsmitglied der ZEAG Zementwerk Lauffen – Elektrizitätswerk Heilbronn AG.

Bild 1 Schild mit den 1000 Glühlampen und Wasserfall bei der Elektrotechnischen Ausstellung 1891 in Frankfurt am Main

Die großartigen Erwartungen des Sommers 1891 sind Wirklichkeit geworden: Die „Fernwirkung der Kraft" wurde zur Grundlage unseres Wirtschaftslebens. Für den „kleinen Mann" erfüllte sich die Vision nicht nur in seiner Werkstatt, sondern auch in seinem Haushalt, und längst bevor die Grenzen in Europa durchlässig wurden, funktionierte ein Stromverbund ohne Grenzen.

Anlaß

In der Geschichte der Elektrotechnik markiert die Internationale Elektrotechnische Ausstellung in Frankfurt am Main im Jahr 1891 einen bedeutenden Meilenstein: Erstmals gelang der Nachweis, daß elektrische Energie relativ verlustarm über große Entfernungen übertragen werden kann und daß es so möglich ist, Energieerzeugung und -nutzung räumlich zu entkoppeln.

Oskar von Miller hatte sich im Jahr 1889 als Zivilingenieur nach München zurückgezogen. Vermutlich waren es seine beiden ersten Aufträge, die ihn Ende desselben Jahres als Berater nach Lauffen am Neckar und als Technischen Leiter der Internationalen Elektrotechnischen Ausstellung nach Frankfurt am Main führten. Diese Aufträge sollten historische Bedeutung gewinnen.

Das Württembergische Portland-Cement-Werk zu Lauffen am Neckar (seit 1980 ZEAG Zementwerk Lauffen – Elektrizitätswerk Heilbronn AG) war am 9. Dezember 1888 in Heilbronn als Aktiengesellschaft gegründet worden. Der Standort für den Bau eines Zementwerks wurde gewählt, weil die Rohstoffe an Ort und Stelle gewonnen werden konnten und das Neckargefälle im sogenannten Mühlgraben als Energiequelle (etwa 1500 PS) zur Verfügung stand. Mit der Zementproduktion begann man im Jahr 1891. Die Kapazität des werkseigenen Wasserkraftwerks wurde dafür nur zu rund 40 % benötigt. Der Direktor *Dr. Martin Arendt* wollte ein Projekt zur Übertragung der überschüssigen elektrischen Energie zu dem 10 km entfernten Heilbronn ausarbeiten lassen. Sechs Firmen bewarben sich mit verschiedenen Systemen. *O. von Miller* plädierte zunächst für Einphasen-Wechselstrom. Natürlich war er mit den Arbeiten von *Michael von Dolivo-Dobrowolski* vertraut und auch über den aktuellen Entwicklungsstand des Drehstrommotors bestens informiert. Er sah die Vorteile und Chancen der Drehstromtechnik und riet zur Drehstromübertragung nach Heilbronn. Seine Überzeugung übertrug er bald auf den Vorstand des Württembergischen Portland-Cement-Werks: dieser willigte ein, die neue Drehstromtechnik zu erproben. Man darf getrost die Überzeugungskraft bewundern, mit der *O. von Miller* das Vertrauen seiner Partner in Lauffen gewann, und ebenso über den Wagemut des jungen Lauffener Unternehmens staunen, denn ein Drehstromsystem war noch nirgends angewandt worden und über die Laborentwicklung nicht hinausgekommen. Für dieses Projekt gab es also kein Vorbild. Die Bausteine für das System waren zwar entwickelt, verwendbare Erfahrungen mit Maschinen, Transformatoren und Leitungsisolatoren lagen jedoch nicht vor. Aus der jetzigen Zeit heraus, in der jede wichtige Entscheidung in Staat und Wirtschaft zuvor mit Meinungsbefragungen und Gutachten abgesichert wird, kann man den Mut und die Risikobereitschaft der beteiligten Persönlichkeiten kaum noch verstehen. So gelangte Heilbronn zu dem Ruhm, als erste Stadt der Welt mit Drehstrom versorgt zu sein. Die Lieferaufträge wurden im Juli 1890 vergeben – gut ein Jahr vor dem Experiment der Kraftübertragung von Lauffen nach Frankfurt.

Ende 1889 hatte der Elektrotechnische Verein zu Frankfurt am Main eine Elektrotechnische Ausstellung angeregt. Die Stadtverwaltung unterstützte das Projekt, weil eine öffentliche Elektrizitätsversorgung aufgebaut und die Systemwahl unter Berücksichtigung des neuesten Stands von Wissenschaft und Technik geklärt werden sollte. *O. von Miller* wurde zum Technischen Leiter der Ausstellung berufen; seine beste Referenz war wohl die von ihm organisierte Münchener Ausstellung von 1882. Die Vision der Fernübertragung hatte er nie aufgegeben und er sah wiederum eine Chance, das Experiment Miesbach–München mit neuer

Technik und besserem Erfolg zu wiederholen. Eine Sensation sollte es werden, die auch die letzten Zweifler überzeugte. Für das Experiment sollte wieder die Wasserkraft genutzt werden, aber Entfernung und Leistung mußten Dimensionen aufweisen, die mit Gleichstrom unmöglich zu überbrücken waren.

Die These von *Marcel Deprez*, daß man große Leistungen über größte Entfernungen nur mit einer ausreichend hoch bemessenen Spannung übertragen könne, wurde zu dieser Zeit nicht mehr bestritten. Seit 1885 gab es technisch brauchbare Transformatoren, so daß die Frage, ob Fernübertragung mit Gleich- oder Wechselstrom eigentlich schon klar entschieden war. Im Jahre 1890 war aus heutiger Sicht lediglich noch offen, ob Ein- oder Mehrphasen-Wechselstrom das geeignetere System sei. Die Zeitgenossen sahen das allerdings nicht so einfach.

Planung

O. von Miller suchte zunächst nach einer hydraulischen Kraftquelle am Main, fand aber dort nichts Passendes. Der Gedanke, die 175 km von Lauffen am Neckar nach Frankfurt am Main zu überwinden, erschien ihm zunächst wohl zu visionär. Doch er freundete sich schließlich damit an, besprach sich mit *Charles Brown* in Oerlikon und mit *Emil Rathenau* in Berlin und schlug der Ausstellungsleitung das Experiment vor. Die erste Mitteilung, daß die Maschinenfabrik Oerlikon und die Allgemeine Elektrizitätsgesellschaft (AEG) die geplante Kraftübertragung auszuführen bereit seien, erhielt der Ausstellungsvorstand durch ein Schreiben der AEG am 4. Juli 1890. Es zeigt, daß man die Bedeutung des bevorstehenden Experiments klar erkannt hatte.

Nun begann ein Wettlauf gegen die Zeit. Erst am 6. April 1891 waren die letzten organisatorischen und finanziellen Hindernisse ausgeräumt. Die Anlage konnte gebaut werden. Die Inbetriebsetzung wurde auf den 15. August terminiert. Nun hatten die Ingenieure allein das Wort und die Verantwortung. Diese wog schwer – gemessen an den Erwartungen, die inzwischen an das Experiment geknüpft wurden. Am 15. August meldete der Ausstellungsvorstand Vollzug.

Das Werk war vollendet, d. h. die Anlage war betriebsbereit. Um diese Leistung der Ingenieure voll würdigen zu können, muß man bedenken, daß für den Bau der Maschinen etwa sieben Monate und für den Bau der Leitung nur gut vier Monate zur Verfügung standen. Außerdem hatte es weder für die Maschinen noch für die Leitung Vorbilder gegeben. Im Kraftwerk des Zementwerks Lauffen (Bild 2) trieb eine 300-PS-Turbine den Drehstromgenerator von Oerlikon – dieser hat im Deutschen Museum in München einen Ehrenplatz gefunden. Die Phasenspannung betrug 55 V und die Frequenz 40 Hz. Zur Aufspannung wurden zwei Transformatoren von AEG und einer von Oerlikon eingesetzt. Die 175 km lange Freileitung von Lauffen nach Frankfurt (Bild 3) führte an Heilbronn vorbei durch das Neckartal bis Eberbach und von dort dem Bahnkörper folgend durch den Odenwald nach Frankfurt zum Ausstellungsgelände. 3200 Holzmasten, über 9000 Isolatoren und rund 530 km Kupferdraht mit 4 mm Durchmesser waren ver-

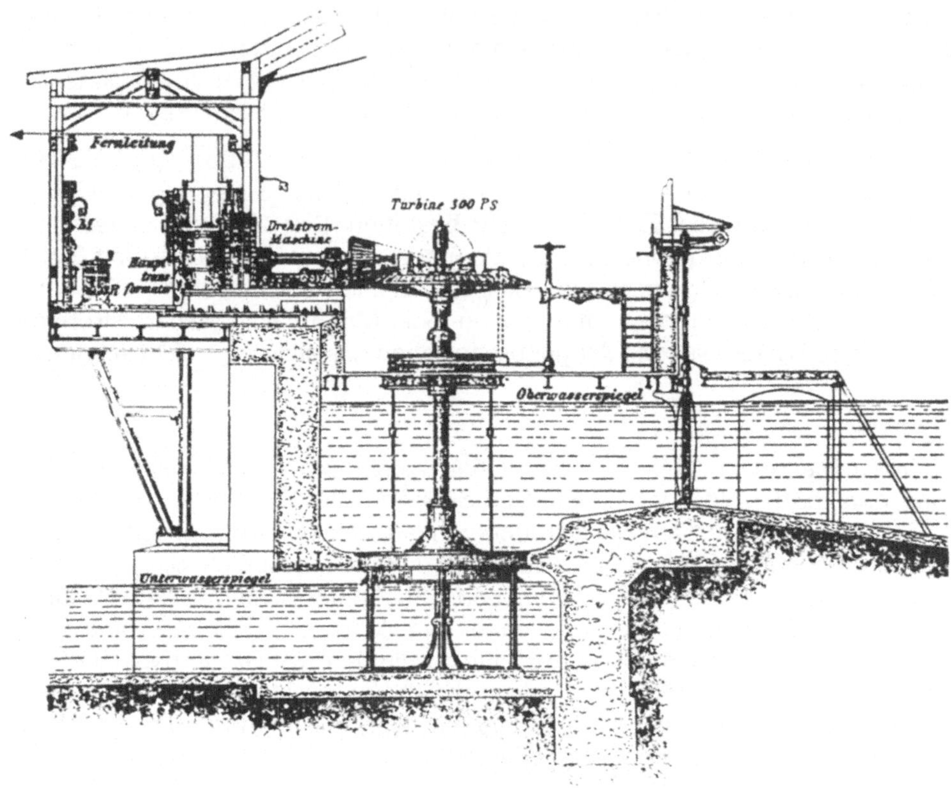

Bild 2 Schnitt durch das Kraftwerk des Zementwerks Lauffen

Bild 3 Leitungsverlauf von Lauffen nach Frankfurt

wendet worden. Die Leitung wurde mit einer verketteten Spannung zwischen 13000 V und 14700 V betrieben: die Spannung erreichte während der späteren Versuche einen Höchstwert von 30000 V. Auch dabei hielt die Leitung stand. In der Sekundärstation in Frankfurt standen wiederum drei Transformatoren zur Absenkung der Spannung auf 100 V.

Die Leitung wurde am 24. August von den beteiligten Behörden abgenommen und abends um 8 Uhr zum ersten Mal eingeschaltet. Die Sicherheitsvorrichtungen auf der Strecke funktionierten einwandfrei. Am 25. August leuchteten mittags um 12 Uhr zum ersten Mal elektrische Lampen auf dem Ausstellungsgelände in Frankfurt mit Strom aus Lauffen. Das große Eingangstor mit den tausend Glühlampen und der Wasserfall wurden am 12. September eingeschaltet und von diesem Tag an regelmäßig betrieben. Das Experiment war gelungen, die „Drehstrompartei" jubelte. Der Glanzpunkt der Internationalen Elektrotechnischen Ausstellung in Frankfurt hinterließ bei Fachleuten und Laien einen tiefen Eindruck.

Betrieb

Die Fernübertragung war bis Ende Oktober 1891 ohne ernsthafte Störung in Betrieb. Es gab äußerst einfache Überwachungs- und Schutzeinrichtungen. Auf der Unterspannungsseite wurden Strom und Spannung gemessen. Die Hochspannungsseite verfügte weder über Meßinstrumente noch Schalter. Zwischen zwei Masten vor der provisorischen Transformatorenstation in Lauffen waren in jeder Phase zwei Schmelzdrähte eingespannt. Diese bestanden aus einem Paar Kupferdrähte von 0,15 mm Durchmesser und 2,5 m Länge. Die Masten, zwischen denen die Schmelzdrähte eingespannt waren, wurden besteigbar gebaut. Dies war kein unnötiger Komfort, denn die Drähte mußten öfters erneuert werden, weil die Leitung in Frankfurt häufig kurzgeschlossen wurde, um den Maschinisten in Lauffen zum Abstellen zu veranlassen. Zum Abschalten der Leitung, aber auch aus allgemeinen Sicherheitserwägungen, hatte man an mehreren Stellen der Leitung Kurzschlußbügel angebracht. Bei Gefahr konnte die Leitung per Zug an einer Schnur kurzgeschlossen werden. Es wäre damals wohl auch schon möglich gewesen, den Generatorstrom zu überwachen und bei einem Überstrom den Generator automatisch abzuschalten. Man sah einen solch automatischen Betrieb allerdings als ein zu drastisches Mittel an, besonders wenn die Störung unbedeutend und ohne Anhalten der Maschine zu beseitigen war. Man vertraute lieber auf die Reaktionsfähigkeit des Maschinisten. Ab dem 11. Oktober und nach Schluß der Ausstellung wurden von der Prüfungskommission, die aus hochrangigen Naturwissenschaftlern und Ingenieuren bestand, äußerst genaue Messungen an den Anlagen vorgenommen. Wichtigstes Ergebnis war, daß der Wirkungsgrad der Übertragung zwischen der Generatorwelle in Lauffen und der Übergabestelle an die Verbraucher in Frankfurt – je nach eingestellter Belastung – 68,5 % bis 75,2 % erreichte. Der Wirkungsgrad des Generators lag bei der erzielten Höchstlast von 140 kW bei 93,5 % und derjenige der Transformatoren maximal bei 96 %. Schließlich konstatierte die Prüfungskommission: „Der elektrische Betrieb mit Wechselströmen von 7500 V bis 8500 V Spannung in mittelst Oel, Porcellan und Luft isolierten Leitungen von mehr als hundert Kilometer Länge verläuft ebenso gleichmäßig, sicher und störungsfrei, wie der Betrieb mit Wechselströmen von einigen hundert Volt Spannung in Leitungsbahnen von der Länge einiger Meter."

Auswirkungen

Mit Fug und Recht kann man sagen, daß die Lauffener Kraftübertragung der erste großtechnische Versuch in der Technikgeschichte war. Auch die Kosten von rund 700 000 Mark unterstreichen diesen Anspruch. Das Lauffener Experiment war die Geburtsstunde der großräumigen Elektrizitätsübertragung. Es zeigte den Weg, wie die Energiedargebote – wo und in welcher Form sie auch vorliegen mögen – erschlossen und sicher und wirtschaftlich zu den Verbrauchsschwerpunkten transportiert werden können. Im Zementwerk Lauffen am Neckar kündet eine Erinnerungstafel von dieser Tat. In Heilbronn am Neckar wurde am 16. Januar 1892 die öffentliche Stromversorgung mit Drehstrom in Betrieb genommen. Es war die Geburtsstunde der Heilbronner Stromversorgung und mit ihr begann die Geschichte des „Elektrizitätswerk Heilbronn". Der Oerlikon-Generator (Bild 4),

Bild 4 Primärmaschine der Lauffener Übertragung (Mehrphasenstrom-Dynamo)

der sich bei der Fernübertragung nach Frankfurt großen Ruhm erworben hatte, lieferte die elektrische Energie. Die Freileitung von Lauffen nach dem 10 km entfernten Heilbronn war mit denselben Masten und Isolatoren wie die Frankfurter Strecke ausgerüstet. Sie wurde mit 6 mm dicken Kupferdrähten belegt und erhielt in den Mastspitzen zusätzlich noch eine Blitzauffangstange und ein Blitzseil aus einem gewöhnlichen Stacheldraht. Von den Stacheln versprach man sich eine besonders gute Wirkung. Die Leitung wurde mit 5000 V betrieben. Verteilt wurde in Heilbronn selbst mit 1500 V und 100 V über konzentrische Kabel, da es damals noch keine Kabel für 5000 V gab (Bild 5). Die Anlage funktionierte technisch einwandfrei. Wenn anfänglich viel über zuckendes Licht geklagt wurde, so ist das nicht verwunderlich in Anbetracht des noch sehr weitmaschigen Netzes. Man war auch sehr großzügig im Anschluß von Kurzschlußläufer-Motoren, die damals sehr hohe Anlaufströme hatten. Nachmittags zwischen 3 Uhr und 4 Uhr fiel der Strom aus, „weil in Lauffen die Maschinen geschmiert werden". Diese Kinderkrankheiten wurden schnellstens geheilt und die Heilbronner Stromversorgung blieb bis heute – knapp 100 Jahre lang – „Spitze".

Trotz des triumphalen Erfolgs der Lauffener Kraftübertragung und des positiven Heilbronner Beispiels hat es noch gut zehn Jahre gedauert, bis sich Drehstrom gegen die konkurrierenden Systeme durchsetzen konnte. Besonders *Siemens*

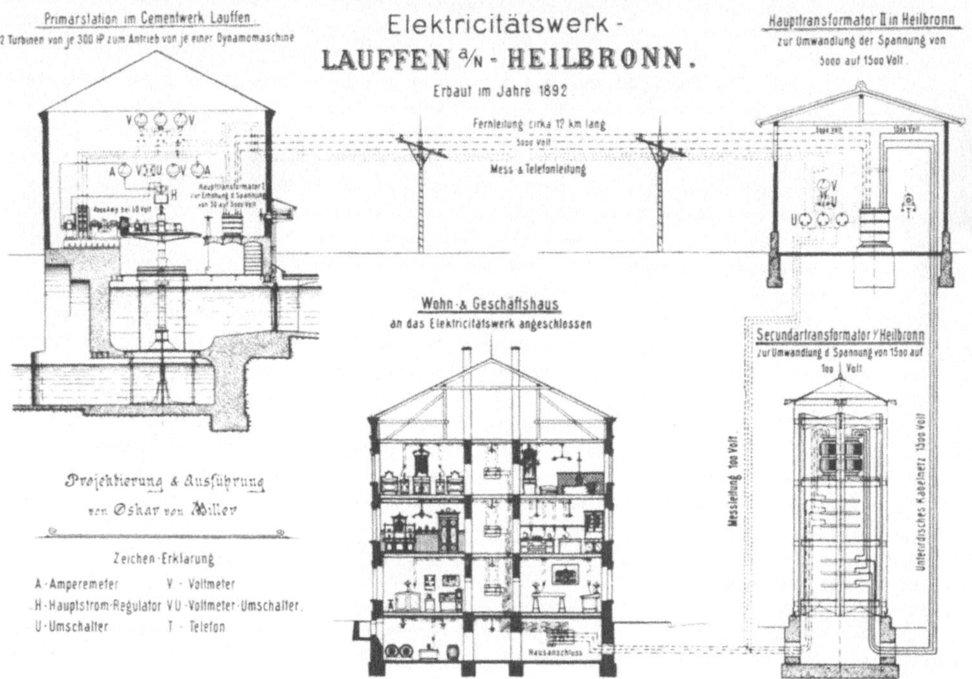

Bild 5 Heilbronner Stromversorgung von 1892

und *Edison* hielten am Gleichstrom fest, bis die ständig wachsenden Übertragungsleistungen und -entfernungen damit nicht mehr beherrscht werden konnten. Inzwischen gibt es in den Verteilungsnetzen weltweit praktisch keine andere Stromart mehr. Die Städte und vielen kleinen Ortsunternehmen, die mit Gleichstrom begonnen hatten, mußten später mit hohen Kosten auf Drehstrom umstellen.

Die Drehstromtechnik, die vor hundert Jahren erstmals entwickelt und getestet wurde, ist mittlerweile – sowohl für die Fernübertragung als auch für die örtliche Verteilung – die vorherrschende in der ganzen Welt geworden. Der europäische Verbund wird mit 380 kV gespeist; in Nordamerika sind Leitungen mit 700 kV und in der UdSSR mit 1 150 kV in Betrieb. Damals – vor hundert Jahren – hielt man 15 000 V für eine gefährliche Träumerei.

Alle Bilder dieses Beitrags wurden von ZEAG Zementwerk Lauffen – Elektrizitätswerk Heilbronn AG zur Verfügung gestellt.

2 Die Elektrotechniker formieren sich

Anfang 1879 schrieb *Werner von Siemens* einen Brief an den damaligen Reichspostmeister Heinrich von Stephan, in dem es u. a. heißt:

> „Ew. Excellenz
>
> erlaube ich mir beifolgend einen Statutenentwurf für einen „Deutschen Verein für Electrotechnik" zur geneigten Kenntnisnahme zu unterbreiten.
>
> Es hat sich mir doch die Überzeugung aufgedrängt, daß ein „Telegraphen Verein" nicht genug Material und thätige Kräfte bei uns finden würde, um dem bestehenden englischen Vereine sich würdig zur Seite stellen zu können. Ich erlaube mir daher in Vorschlag zu bringen, Ew. Excellenz wolle das Protectorat über einen das ganze Gebiet der Electrotechnik umfassenden Deutschen Verein übernehmen. Ein solcher Verein ist ein unabweisbares Bedürfnis geworden und kann eine ungemein segensreiche Wirkung entfalten! Neben der Telegraphie, die schon in etwas ruhigere Fortschrittsbahnen eingelenkt ist und das aristocratisch conservative Element der Electrotechnik repräsentirt, sehen wir überall ein wildes Rennen auf diesem Gebiete, ein ernsthaftes Streben, der Electricität einen wichtigen Platz in den alten Industriezweigen zu erobern und neue auf sie zu begründen. Namentlich seit durch die dynamo-elektrischen Maschinen die Möglichkeit gegeben ist, starke electrische Ströme durch Arbeitskraft zu erzeugen, ist das electrische Zukunftsgebiet fast unbegrenzt geworden. Ich brauche nur an electrisches Licht, an Kraftübertragung durch Electricität, an die electrische Kupferraffinerie im Großen zu erinnern, die sich neuerdings schon Bahn gebrochen haben. Wahrscheinlich wird das ganze Hüttenwesen einer Umgestaltung entgegengehen. Ferner erwähne ich das neue electrische Eisenbahn-Sicherungs-System, welches bald den ganzen Eisenbahndienst umgestalten wird. Überall fast begegnet man schon den Lebenszeichen der eindringenden Electricität! Benutzt doch das Militär sie schon zum Kriegführen in 6 bis 7 verschiedenen Gestalten! Allen diesen Bestrebungen fehlt bisher ein ordnender, berichtigender, belehrender Mittelpunkt. Ich bin überzeugt, daß dem Vorgange Deutschlands bald alle anderen Kulturstaaten mit Bildung electrotechnischer Gesellschaften nachfolgen werden, es wird aber immer von großem Nutzen bleiben, zuerst auf dem Platze gewesen zu sein. Für die Entwicklung der Electrotechnik hat kein Land einen fruchtbareren Boden wie Deutschland, weil in keinem andern die naturwissenschaftlichen Kenntnisse so verbreitet sind."

In diesem Brief wird erstmalig (?) der Begriff Elektrotechnik verwendet. *Werner von Siemens* wollte die Führungsposition Deutschlands auf dem Gebiet der Naturwissenschaften und der Technik sichern und ausbauen. In der Elektrotechnik waren auf vielen Gebieten rasche Entwicklungen im Gang: die Fachleute der bereits etablierten Telegraphentechnik waren nicht in der Lage, die neuen Gebiete richtig zu vertreten.

Die Initiative hatte Erfolg. 1879 wurde der Elektrotechnische Verein (EV) gegründet, und *Werner von Siemens* war der erste Präsident. Ab 1880 gab der EV die

---

Verfasser dieses Beitrags: Prof. Dipl.-Ing. Eberhard Herter, Stuttgart

Elektrotechnische Zeitschrift (ETZ) heraus, die heute noch jedem Elektrotechniker bekannt ist. Der EV bestand zunächst nur in Berlin, weitete sich aber rasch in andere Städte aus. Das Wunschziel, alle deutschen Elektrotechniker zu vereinen, wurde allerdings nicht erreicht: Es gelang nicht, die 1881 in Frankfurt gegründete Elektrotechnische Gesellschaft zu integrieren.

Das eigentliche Problem des EV war jedoch von anderer Natur: Die Reichspostverwaltung, die klassische Telegraphentechnik war überrepräsentiert. Dadurch hatten die vielen modernen Entwicklungsrichtungen im EV nicht den notwendigen unabhängigen Fürsprecher. Dies zeigte sich, als die Störung von Schwachstromanlagen durch Starkstromanlagen zur Debatte stand. Wir folgen weitgehend der Schilderung in [6].

Schon 1887 hatte der EV eine Kommission zum Studium dieser Erscheinungen eingesetzt, die aufgrund von Versuchen 1888 einen Bericht erstattete und Ratschläge für die Ausführung der Starkstromanlagen gab. Bei der weiteren Erörterung dieses Problems machten die Vertreter des Schwachstroms geltend, sie seien zuerst auf dem Platze gewesen und die Besitzer der Starkstromanlagen hätten daher alle Kosten für die Beseitigung von Störungen zu übernehmen. Die Starkstromtechniker hielten das für unbillig, weil ihre Anlagen ebenfalls im allgemeinen Interesse lägen.

In dieser Zeit hatte die Reichsregierung dem Reichstag ein Telegraphen-Gesetz vorgelegt, in das im Laufe der Kommissionsberatungen folgender Paragraph eingeführt worden war:

„Elektrische Anlagen sind, sobald gegenseitige Störung zu befürchten ist, auf Kosten desjenigen Teiles, welcher dieser Gefahr veranlaßt, so anzuordnen, daß sie sich nicht störend beeinflussen können."
Diese Fassung, die den Wünschen der Reichspostverwaltung entsprach, war natürlich für die Starkstromtechnik untragbar, denn der störende Teil konnte immer nur die Starkstromanlage sein. Der Errichter einer Fernmmeldeanlage wäre aber nicht verpflichtet gewesen, etwas zum eigenen Schutze zu tun, selbst wenn die störende Starkstromanlage zuerst bestanden hätte.

Gegen dieses Gesetz gab es nun diverse Petitionen, u. a. vom Deutschen Handelstag und den Städten Berlin und Köln. *W. Lahmeyer* überzeugte in einem Vortrag die Mitglieder der Elektrotechnischen Gesellschaft in Frankfurt/M. von der Notwendigkeit einer Resolution und Eingabe an den Reichstag. Tags darauf konnte er aber diesen Erfolg nicht wiederholen: Beim Elektrotechnischen Verein in Berlin stand der Punkt nicht auf der Tagesordnung, so daß ein Beschluß per Geschäftsordnung vom damaligen Vorsitzenden (Reichspost!) verhindert werden konnte.

Bei den weiteren Beratungen wurde dem strittigen Paragraphen diese mildere Fassung gegeben [6]:

„Elektrische Anlagen sind, wenn eine Störung des Betriebes der einen Leitung durch die andere eingetreten oder zu befürchten ist, auf Kosten desjenigen Teiles, welcher durch eine spätere Anlage oder durch eine später eintretende Änderung seiner bestehenden Anlage diese Störung oder die Gefahr derselben veranlaßt, nach Möglichkeit so auszuführen, daß sie sich nicht störend beeinflussen."

Auch in dieser Form erwies sich das Gesetz für die Starkstromtechnik noch als sehr hinderlich. Doch ging die Reichspost-Verwaltung wenige Jahre später von sich aus dazu über, Telegraphenlinien aus Doppelleitungen anzulegen, womit die Gefahr der Störungen beseitigt war. Aber erst das Telegraphen-Wegegesetz von 1889 legte die Pflicht der Telegraphen-Verwaltung fest, selbst für Schutzvorkehrungen zu sorgen, wenn sonst die Errichtung anderer volkswirtschaftlich wichtiger Anlagen erschwert würde.

Auch ein Gesetz über elektrische Anlagen, d. h. über die staatliche Kontrolle solcher Anlagen, wurde 1891 als Entwurf dem Bundesrat vorgelegt. Es weckte lebhaften Widerspruch und kam nicht zur Annahme.

Diese und andere Vorgänge ließen eine Organisation als dringend erwünscht erscheinen, welche möglichst unabhängig die wirtschaftlichen und technischen Belange der gesamten deutschen Elektrotechnik vertreten konnte. Der EV (Berlin) schien zur Behandlung von Fragen des Wirtschaftslebens und der Gesetzgebung auf elektrischem Gebiete nicht geeignet, schon weil damals von den Mitgliedern des EV ein Drittel Ausländer waren.

Zum Aufbau einer neuen Organisation entfaltete *A. Wilke* eine rege Werbetätigkeit. In Berlin gründete er (neben der EV) einen zweiten Fachverein, den „Berliner Elektrotechniker-Verein". Dieser erließ im April 1891 diesen Aufruf:

„Wir erstreben die Gründung von Ortsvereinen in allen Städten, in denen eine genügende Anzahl von Fachgenossen wohnt, und die Vereinigung dieser Ortsvereine zu einem Deutschen Elektrotechniker-Verband."

Daraufhin entstanden solche Ortsvereine 1891 in Leipzig und Magdeburg, und 1892 in Köln, Hamburg, Hannover und Dresden.

Im Oktober 1892 wurden unter Führung von A. Wilke die Zusammenschlußbestrebungen wieder aufgenommen. Einige Fachgenossen vereinigten sich zu einem Komitee und versandten ein Rundschreiben mit den Unterschriften: H. Dietrich, E. Kittler, O. Kummer, B. Leitgebel, O. v. Miller, W. v. Oechelhäuser, F. Ross, Wilhelm v. Siemens, Stambke, E. Voit, J. Jolly, W. Kohlrausch, W. Lahmeyer, W. H. Lindley, A. Müller, E. Rathenau, S. Schuckert, A. Slaby, F. Uppenborn, S. Wächter, A. Wilke.

Nachdem die damals in Deutschland vorhandenen elektrotechnischen Vereine sich mit dem Vorschlag des Zusammenschlusses einverstanden erklärt hatten, lud *A. Slaby* namens des vorbereitenden Komitees zu einer Versammlung für den 9. bis 11. Dezember 1892 nach Berlin ein. Wegen des Todes von *Werner v. Siemens* am 6. Dezember 1892 wurde die Konferenz auf den 20. bis 22. Januar 1893 verschoben. Dieser Zusammenkunft der deutschen Elektrotechniker war volles Gelingen beschieden. Das Gründungsprotokoll wurde genehmigt und ein vorläufiger Vorstand, bestehend aus A. Slaby, Wilhelm v. Siemens, E. Rathenau, F. Rose und E. Hartmann gewählt.

Die neue Organisation erhielt zunächst den Namen „Verband der Elektrotechniker Deutschlands", dann den Namen „Verband Deutscher Elektrotechniker (VDE)". Als sein Zwecke wurde verkündet: „Wahrung und Förderung derjenigen Interessen, welche das Gebiet des Wirtschaftslebens, der Gesetzgebung, der inneren Organisation der elektrotechnischen Industrie betreffen". Ziele und Aufgaben des Verbands hat *A. Slaby* bei der Eröffnung der ersten Jahresversammlung wie folgt gekennzeichnet:

„Obenan steht uns die Wissenschaft. Die Liebe zu ihr soll der Leitstern sein, dem unverbrüchlich zu folgen wir uns geloben. Ihren Fortschritt zu beleben, ihre Verbreitung und Vertiefung zu fördern, soll und wird unsere schönste und edelste Aufgabe sein. Doch auch ein Schutz- und Trutzbündnis ist unser Verband. Einstehen wollen wir für die Wahrung der Würde und Bedeutung unserer nationalen Elektrotechnik."

Mit dem Elektrotechnischen Verein (Berlin) wurde ein Vertrag geschlossen, wonach die Vereinszeitschrift des EV, die ETZ, auch vom VDE als Verbandszeitschrift benützt werden konnte.

Entsprechend dem von *Slaby* verkündeten Programm entwickelte sich der Verband schnell zur berufenen Vertretung der gesamten deutschen Elektrotechnik. Der Vorstand nahm sofort nach der Gründung die Arbeiten auf und schaffte sich zunächst eine vorläufige Geschäftsstelle. Schon am 30. März 1893 beschloß er einen Geschäftsführer anzustellen, und am Ende dieses Jahres wurde *G. Kapp* mit der Leitung der Geschäftsstelle beauftragt. Gleichzeitig wurde er auch als Schriftleiter der ETZ im Einvernehmen mit dem Verleger derselben verpflichtet; auch der EV Berlin erklärte sich einverstanden.

Außer dem Vorstand war auch ein Ausschuß gebildet worden, ohne dessen Zustimmung grundsätzliche Entscheidungen nicht getroffen werden durften. Er bestand aus Mitgliedern, die teils von zu dem Verband gehörenden Vereinen, teils unmittelbar von der Jahresversammlung gewählt wurden. Außerdem gehörten ihm die Vorstandsmitglieder an. Der Ausschuß trat jährlich anläßlich der Jahresversammlung zusammen. Alle Vorlagen, die für letztere bestimmt waren, mußten zunächst dem Ausschuß unterbreitet werden.

Die einzelnen Aufgaben wurden von Anfang an in Kommissionen behandelt. Ihre Mitglieder arbeiteten ehrenamtlich. Die Niederschriften über die Kommissionssitzungen wurden stets von einem Mitglied angefertigt, ebenso auch die Entwürfe für die Beschlüsse. Bei der Zusammensetzung der Kommissionen wurde stets Wert darauf gelegt, daß Einseitigkeit vermieden wurde, und daß alle an den zu behandelnden Gegenständen interessierten Kreise, wie Hersteller, Verbraucher, Wissenschaftler, Behörden, vertreten waren.

Für den VDE war die Zusammenarbeit mit den bestehenden elektrotechnischen Vereinen von Beginn an von grundlegender Bedeutung. Nach den oben bereits erwähnten Ortsvereinen gab es diese weiteren Neugründungen: 1893 München; 1898 Aachen und Cannstatt (der spätere Bezirksverein Württemberg, der uns in Kap. 3 noch beschäftigen wird); 1898 Mannheim und Magdeburg; 1900 Kiel; 1902 Karlsruhe; 1903 im rheinisch-westfälischen Industriebezirk (Dortmund); 1904 Hamburg; 1905 Breslau/Oberschlesien; 1908 Hessen (Darmstadt), Krefeld und Saarbrücken; 1911 Thüringen (Erfurt) und Nürnberg.

Als 1907 *G. Kapp* als Generalsekretär des VDE und als Schriftleiter der ETZ zurücktrat, benutzte man die Gelegenheit, die Verbindung beider Ämter zu beseitigen. Der neue Generalsekretär *G. Dettmar* betrieb nicht nur die Reorganisation des Verbandes (Delegiertentreffen in Kassel 1907), sondern forcierte auch Verhandlungen zwischen dem VDE und dem EV (Berlin). Diese zunächst recht schwierigen Verhandlungen, bei denen es u. a. um die beiderseitigen Rechte an der ETZ ging, führten 1908 zu einer Einigung und zum Abschluß neuer Verträge des Verbands mit dem EV (Berlin), mit den übrigen elektrotechnischen Vereinen und mit dem Verlag Springer. Beim Bericht über die weitere Tätigkeit des VDE in [6] werden die Namen vieler Verbände erwähnt, die im Lauf der Zeit entstanden sind und mit denen der VDE zusammengearbeitet hat. Dazu gehören u. a. der VdEW (Vereinigung der Elektrizitätswerke), der AEF (Allgemeiner Ausschuß für Einheiten und Formelgrößen) und der ZVEI (Zentralverband der deutschen Elektrotechnischen Industrie).

Größte Bedeutung hat das Vorschriftenwerk des VDE. Dadurch wurde erreicht, daß die Ausführung elektrischer Anlagen nicht auf dem Weg der Gesetzgebung geregelt wurde. Die große Objektivität, mit der die Vorschriften unter Mitwirkung aller Zweige der Elektrotechnik (Industrie, Elektrizitätswerke, Installateure, Feuerversicherungen, staatliche Behörden) ausgearbeitet wurden, führte dazu, daß sie schon von 1896 an von den meisten deutschen Bundesstaaten anerkannt und den zuständigen Behörden als technische Richtschnur mitgeteilt wurden. Die große Bedeutung der Selbstverwaltung auf diesem Gebiet liegt darin, daß die Vorschriften elastisch blieben und sich der sprunghaften Entwicklung der Elektrotechnik schnell und leicht anpassen ließen.

3 Aus der Geschichte des VDE-Bezirksvereins Württemberg

Das hundertjährige Jubiläum des Bezirksvereins Württemberg bezieht sich auf die Gründung des Elektrotechnischen Vereins in Cannstatt 1898. Ein Jahr später wurden klare Verhältnisse geschaffen: Der Verein trug danach den Namen „Württembergischer Elektrotechniker Verein" in Stuttgart. Die Zeit bis 1932 ist in einer Chronik [13] ausführlich dokumentiert; das Titelblatt nennt als Gründungsdatum des WEV den 12. März 1898, also den Tag, an dem der Verein in Cannstatt gegründet wurde.

Nur acht Jahre nach der Gründung übernahm der junge Bezirksverein eine große Aufgabe: Die 14. Hauptversammlung des VDE wurde vom Donnerstag, 24. Mai (Himmelfahrt) bis Sonntag, 27. Mai 1906 in Stuttgart ausgerichtet. Die Chronik [13] enthält einen umfangreichen Bericht über die Veranstaltungen; das umfangreiche Gedicht, mit dem die Gäste begrüßt wurden, und die Liedbeiträge unter dem Motto „Unsere Führer" (gewidmet Gauß und Weber, Philipp Reis, Werner Siemens, Heinrich Hertz) sind im Wortlaut erhalten.

Offensichtlich wurde dem Kongreß von Land und Stadt großes Interesse entgegengebracht: Neben König Wilhelm II. von Württemberg waren mehrere Minister und der Oberbürgermeister von Gauß anwesend.

Nachstehend drucken wir den Festplan im Wortlaut ab; es ist interessant, Vergleiche mit dem 92 Jahre später stattfindenden Kongreß anzustellen.

> Donnerstag, den 24. Mai (Himmelfahrt).
> Vormittags: Ausschuss- und Vorstandssitzungen.
> Abends: Begrüssungsabend im Königsbau, veranstaltet vom W.E.V.
>
> Freitag, den 25. Mai.
> Vormittags: Feierliche Eröffnung in der König-Karls-Halle des Landesgewerbemuseums. Anschliessend wissenschaftliche Verhandlungen im Vortragssaal ebenda.
> Nachmittags: Technische Ausflüge.
> Abends: Festessen im Festsaal der Liederhalle.
> Für die Damen Automobil-Rundfahrt und Besuch der Solitude.
>
> Samstag, den 26. Mai.
> Vormittags: Wissenschaftliche Verhandlungen.
> Nachmittags: Ausflug mit Damen nach Marbach, Besichtigung der Wasserkraftanlage des städt. Elektrizitätswerkes Stuttgart, des Schillerhauses und des Schwäbischen Schillermuseums (Sonderzug) oder wahlweise kurzer Spaziergang in die Kgl. Schlösser Rosenstein und Wilhelma.
> Abends: Gartenfest am Kursaal in Cannstatt, gegeben von der Stadt Stuttgart und der Maschinenfabrik Esslingen.

Sonntag, den 27. Mai.
Ausflug auf den Lichtenstein (Sonderzug). Gemeinsames Abendessen in Reutlingen. Nach Rückkehr gemütliche Vereinigung in Stuttgart.

Die erste Hauptversammlung des VDE nach dem 1. Weltkrieg war vom 25. bis 27. September 1919 wiederum in Stuttgart. Natürlich waren für diese 25. Hauptversammlung nicht so gute Voraussetzungen gegeben wie 1906, aber der damalige Vorsitzende des *W.E.V., Herr Büggeln,* und seine Mitarbeiter haben das Beste aus den gegebenen Randbedingungen gemacht und die Tagung im damaligen Stadtgarten erfolgreich durchgeführt [13].

Für die Jahre 1933 bis 1945 liegen uns keine Unterlagen vor, die [13] an Vollständigkeit vergleichbar wären, doch wird sich diese Lücke in der Chronik noch schließen lassen. Wir begnügen uns mit dem Hinweis, daß 1934 wiederum eine Hauptversammlung, die 36., in Stuttgart durchgeführt wurde. (30. 6. bis 2. 7. 1934).

Für die Zeit ab der Wiedergründung 1946 (siehe unten) liegt eine lückenlose Liste der Vorsitzenden, Schriftführer und Rechner vor. Vorsitzender waren: 1946 bis 1953 Dir. Pütz, 1954/55 Dir. Etzel, 1956 bis 1959 Dir. Günzler, 1960/61 Prof. Dr. Bader, 1962/63 Dir. Böhm, 1964/65 Dir. Henne, 1966/67 Dir. Wiedmayer, 1968/69 Prof. Linse, 1970 Dir. Wiedmayer, 1971/72 Berner, 1973/74 Dir. Philipps, 1975/76 Prof. Reiner, 1977/78 Prof. Dr. Kaiser, 1979/80 Prof. Dr. Heidinger, 1981/82 Dir. Riehle, 1983/84 Dr. Pfeiffer, 1985/86 Prof. Dr. Gutt, 1987/88 Dir. Lauer, 1989/90 Dir. Neupert, 1991/92 Dir. Dr. Rittmansberger, 1993/94 Prof. Dr. Lauber, 1995/96 Präs. Burkhart, 1997/98 Dir. Freytag.

Bei den arbeitsintensiven Tätigkeiten des Rechners und Schriftführers gab es im Bezirksverein nach dem 2. Weltkrieg bis Anfang der neunziger Jahre eine beneidenswerte Kontinuität. Von einer einjährigen Unterbrechung abgesehen, waren nur diese drei Herren im Einsatz: Friese, Steuernagel und Euchner. Nach *Dr. Rayhrer* wurde 1957 *Michael Schubert* Schriftführer und blieb es über dreieinhalb Jahrzehnte. Er war die „de-facto-Geschäftsstelle"; als er Anfang der neunziger Jahre krankheitsbedingt ausfiel, hatte *Eugen Berner* – ebenfalls langjähriger verdienter Mitarbeiter im Bezirksverein – alle Hände voll damit zu tun, die Geschäftsstelle in den Griff zu bekommen. Während der Amtszeit von *M. Schubert* fanden in Stuttgart die 50. Hauptversammlung (29. 9. bis 4. 10. 1958) und die 56. Hauptversammlung (13. 10. bis 16. 10. 1970) statt. Schubert war es nicht mehr vergönnt, die HV. 1998 mitzuerleben; er verstarb am 24. 1. 1998.

Das vorliegende Kapitel heißt: „Aus der Geschichte ..." ; es braucht weder flächendeckend noch erschöpfend zu sein. Deshalb schließen wir das Kapitel mit einem Auszug aus dem Brief eines verdienten Mitglieds, in dem die Wiederaufbauphase nach dem 2. Weltkrieg und die Arbeit in einer Bezirksgruppe gut beschrieben wird. *Gerhard Elsässer,* eines der Ehrenmitglieder des VDE-Bezirksvereins Württemberg, schreibt:

Ulm, im Januar 1998

Meine Erinnerungen an die Nachkriegszeit (1947–1950) im Elektrotechnischen Verein Württemberg e.V. und an die Bezirksgruppe Heilbronn in den Jahren 1955–1983.

Das Studium der Elektrotechnik an der TH Stuttgart war im Frühjahr 1946 ab dem 1. Trimester wieder möglich. Der Andrang war sehr groß, weil die Abiturjahrgänge ab 1939 aufgenommen werden wollten. Zugelassen wurde deshalb nach einem Punkte-System, bei dem der Abiturjahrgang, die Abiturnote, die Kriegsdienstzeit und evtl. Kriegsverwundungen bewertet wurden. Außerdem mußte man einen Aufbaudienst ableisten, um weitere Punkte zu sammeln. Wir haben dann je nach Punktekonto in der Ruine des ETI bis zu $^{1}/_{2}$ Jahr Schutt ausgeräumt oder Backsteine zur Wiederverwendung abgekratzt.

Im ersten Semester drängten sich bis zu 250 Studenten in die Vorlesungen. Der größte Hörsaal war im Physik-Institut in der Wiederhold-Straße, das von Bombentreffern verschont geblieben war. Dort stand man morgens in aller Frühe an, und manchmal wurde die Türe eingedrückt, weil sich jeder einen Platz im Hörsaal ergattern wollte. Wir saßen dann eng gedrängt, hatten ein Brettchen dabei, um zwischen 2 Sitzen einen weiteren Platz zu schaffen, auf allen Treppenstufen und in allen Zwischenräumen saßen Studenten. Sogar der Raum zwischen Experimentiertisch und Tafel war dicht belegt, so daß der Dozent kaum Platz fand. Selbst auf jedem der ca. 3 m hohen Fenstersimsen saßen Studenten, die mit einer Leiter hochgestiegen waren und nach der Vorlesung warten mußten, bis die Leiter wieder an ihr Fenster gebracht wurde.

Alle Studenten bewegte nur ein Gedanke: lernen, lernen und lernen, damit die durch den Krieg versäumte Zeit möglichst bald eingeholt werde.
In dieser Situation war uns der Elektrotechnische Verein (ETV, Vorläufer des VDE) auch eine Unterstützung. Die Mitgliedschaft konnte allerdings nur erwerben, wer von einem VDE-Mitglied (Paten) vorgeschlagen wurde. Dieser mußte für den Bewerber bürgen.
Wir besuchten dann Fachvorträge und die später möglichen Exkursionen, erhielten Fachliteratur und machten auch einige persönliche Bekanntschaften mit im Beruf stehenden Ingenieuren.

Als langjähriger Vorsitzender des Elektrotechnischen Vereins Württemberg ist mir Herr Dir. Pütz in Erinnerung, ein damals schon recht älterer Herr (oder schien mir jungem Studenten dies nur so?). Herr Pütz verstand es bei seinen Vortrags-Einleitungen und -Besprechungen, uns Studenten die Elektrotechnik als ein vielfältiges und hochinteressantes Gebiet darzustellen.
Herr Dr. Rayrer (TWS) war zuständig für die Besichtigungen, bei denen wir Vorkriegsanlagen und Neubauten kennenlernen und Kontakte mit älteren Berufskollegen anknüpfen konnten.

Die Vortragsveranstaltungen bereicherten nicht nur unser Fachwissen, sondern ermöglichten uns auch einen Einblick in die verschiedenen elektrotechnischen Tätigkeitsgebiete. Mit diesen Kenntnissen konnten wir dann das Studium je nach Neigung und Eignung fachbezogen aufgliedern und uns für Elektrizitäts-Wissenschaft, Maschinenbau, Anlagentechnik oder Nachrichtentechnik entscheiden.

Viele von uns Studenten konnten die Studiengebühren und ihren Lebensunterhalt zunächst mit Hilfe des Elternhauses oder mit den Ersparnissen aus der Militärzeit finanzieren. Andere mußten „nebenbei" arbeiten, um die notwendigen Geldmittel aufzubringen. Leider mußten aber nach der Währungsreform im Sommer 1948 mehrere Kommilitonen ihr Studium abbrechen, weil sie die Studiengebühren nicht mehr bezahlen konnten. Natürlich mußten auch zahlreiche Studenten aufgeben, weil sie die Prüfungen nicht geschafft haben.

Besonderes Gewicht bekam die VDE-Mitgliedschaft dann in den ersten Berufsjahren: Die ETZ und die NTZ, die VDE-Vorträge und -Seminare führten über das Berufsumfeld hinaus und ermöglichten sowohl fachliche Weiterbildung als auch einen Einblick in andere Fachgebiete.

Die Bezirksgruppe Heilbronn wurde nach dem Krieg (im April 1953) von Herrn Dir. Dipl.-Ing. Heinrich Burkhardt, Elektrizitätswerk Heilbronn (EWH), aufgebaut und geleitet. Neben mehreren Mitarbeitern des EWH, der Energieversorgung Schwaben (EVS, Heilbronn und Öhringen) und der KAWAG waren auch zahlreiche Installateure und Mitarbeiter von Elektrofirmen als Mitglieder des Stuttgarter Vereins registriert.

1956 übernahm ich die Leitung der Bezirksgruppe. In dieser Zeit war das Interesse an den ETV/ VDE-Veranstaltungen noch recht rege. Wir veranstalteten monatlich 1–2 Vorträge oder Besichtigungen mit wechselnder Teilnehmerzahl zwischen 20 und 100 Personen. Das Interesse an Fachvorträgen und der Gedankenaustausch mit Kollegen war damals noch sehr wichtig, weil sich die Elektrotechnik stürmisch entwickelte und erst langsam andere Informationsmöglichkeiten, Fachzeitschriften und Firmenveröffentlichungen, entstanden.

Gerne bezogen wir die Elektroinnung, die Elektrogemeinschaft und die Elektromeistervereinigung in unser Programm ein und fanden in diesen Gruppen interessierte Veranstaltungsteilnehmer.

Auch die Veranstaltungen des ETV/VDE Stuttgart wurden von den Heilbronner Mitgliedern gerne besucht, insbesondere, wenn das EWH aus Heilbronn oder die EVS aus Öhringen für eine Fahrgelegenheit sorgten.

Einen besonderen Schub für die Veranstaltungen des VDE gab es Ende der 50er Jahre durch die Ansiedlung des Halbleiterwerks der Firma Telefunken in Heilbronn. Zunächst verschob sich dadurch unser Themenbereich etwas in die „Schwachstrom-Technik", später zogen firmeneigene Seminare das Interesse wieder etwas von uns ab.

Anfang der 60er Jahre aktivierte der VDI unter Dir. Frankenberger von NSU seine „Neckargruppe" in Heilbronn und Neckarsulm. Mit deren Leiter, Herrn Stephan, verabredete ich bald ein gemeinsames Veranstaltungs-Programm,

wobei wir abwechselnd fachbezogene und allgemeine Technik-Themen behandelten.
Nach der Gründung der Ingenieurschule/Fachhochschule Heilbronn (ohne die Fachrichtung Elektrotechnik!) versuchten wir in Zusammenarbeit mit dem VDE Stuttgart neue Mitglieder unter den Studenten zu gewinnen. Mehrmals organisierten wir Besichtigungen oder ermöglichten den Besuch von Fachtagungen durch finanzielle Zuschüsse. Der Erfolg war aber gering, lediglich die Teilnahme an unseren Vorträgen stieg wieder an.

Mit dem zunehmend besseren Zugang zu vielerlei Informationen über die verschiedenen Medien ließ aber das Interesse an unseren Veranstaltungen doch stark nach, so daß wir später vom kleinen Saal der Festhalle Harmonie in ein Nebenzimmer umzogen und die Vorträge bei einem „Viertele" genießen konnten.

Zu erwähnen sind noch unsere Stellungnahmen zu Veröffentlichungen in der örtlichen Tagespresse, wo wir in Artikeln oder Leserbriefen manche Falschaussagen oder Tendenzmeldungen zurechtrücken konnten. (In Erinnerung habe ich noch die Auseinandersetzungen um das VDE-„Verbot" des Doppelsteckers.)

1984, vor meiner Pensionierung, übergab ich die Leitung der Bezirksgruppe Heilbronn an Herrn Oberingenieur Jan Plöger, ZEAG Heilbronn.

Gerhard Elsässer

4 Das Elektrohandwerk – Von den Anfängen bis zum heutigen Stand

Leichthin lesen wir heute von der Einführung der „Elektrizität" und davon, wie sehr diese neue Energieform vom Ende des 19. Jahrhunderts an das Leben der Menschen verändert und ihre Lebensgewohnheiten – und damit auch ihr Denken – von Grund auf verwandelt hat.
Die Elektrizität als Elixier für das Elektrohandwerk nahm ihre Anfänge in den großen Städten bzw. in wirtschaftlich entwickelten Regionen. So z. B. auch in Stuttgart, das 1898 ganze 155 000 Einwohner zählte und statistisch einen pro Kopfverbrauch von 13,8 kWh hatte. Allein zwischen 1897 und 1898 war die Zahl der angeschlossenen Glühlampen von 9 086 auf 35 683 gestiegen. Gleichzeitig hatte sich auch die Zahl der Elektromotoren auf stolze 483 Antriebe verdoppelt.
In den ersten Jahren des neuen Jahrhunderts kam es zu einer raschen Ausbreitung der Elektrizität in Württemberg, die sogar zu einer Halbierung der Stromtarife führte. Ab März 1913 mußten so nur noch 30 Pfennig/Kilowatt für Lichtstrom im Sommer und 40 Pfennig für Lichtstrom im Winter bezahlt werden. Im Vergleich dazu kostete beispielsweise 1 l Bier 5 Pfennig und ein Pfund Butter 30 Pfennig.

Der Einzug der Elektrizität in die privaten Haushalte, Industriebetriebe, Werkstätten, in die Hotels und Einzelhandelsgeschäfte nahm seinen Lauf und die anfängliche Angst vor dem **„Teufelszeug Strom"** wich dem Komfort und den Statusansprüchen.

Dies war die Geburtsstunde des **Elektrohandwerks**.

Die Elektrohandwerke entwickelten sich in ihren Anfängen aus dem Gas- und Wasserinstallateur- sowie aus dem Schlosser-, Schmiede- und Klempnerhandwerk, die ihre zukünftigen Geschäftsfelder in der Installation elektrischer Anlagen sahen.

Verfasser dieses Beitrags: Karl Heinz Böhnert, Stuttgart

Zur damaligen Zeit gab es noch kein strukturiertes Schulsystem, und die theoretischen Kenntnisse wurden den Lehrlingen in einer Sonntagsgewerbeschule vermittelt. Sie erhielten weder Lehrgeld noch Verköstigung und Kleidung und mußten für eventuelle Schäden, die während der Ausbildung auftraten, selbst aufkommen.

Dies alles nahmen die Lehrlinge auf sich, um nach erfolgreicher Wanderschaft ein guter Geselle oder Meister ihres Faches zu sein.

Aus dem einstigen „Allround"-Elektromeister um die Jahrhundertwende entwickelten sich in wenigen Jahren **selbständige Berufsfachgruppen** mit konkreten Ausbildungszielen und **eigenen Berufsbildern**, die sich wie folgt darstellen:

Der Elektroinstallateur

Elektroinstallateure sind zuständig für die Installation, die Prüfung, Inbetriebnahme und die Instandhaltung elektrischer Anlagen und Geräte. Von der sicheren und funktionsfähigen Installation elektrischer Anlagen hängt oft ein großer technischer Apparat ab und nicht zuletzt die Sicherheit vieler Menschen. Der Elektroinstallateur hat also eine verantwortungsvolle Aufgabe.

Die Aufgaben des Elektroinstallationshandwerk reichen vom Ausbau des Dienstleistungsbereichs, über die intelligente Gebäudesystemtechnik und die Computervernetzung bis hin zum Gebäude-Management.

Der Elektromaschinenbauer

Elektromaschinenbauer sind gefragt, wenn es sich um elektrische Antriebe handelt. Das Arbeitsfeld umfaßt die verschiedensten gewerblichen und industriellen Zweige. Vielfältige Tätigkeiten sind im Bau- und Ausbaugewerbe, Metall-, Maschinen- und Anlagenbau, Nahrungs- und Gaststättengewerbe sowie in Holz und Kunststoff verarbeitenden Betrieben zu finden.

Ob Gleich-, Wechsel-, Drehstrommaschinen, Servomotoren oder Transformatoren, die Elektromaschinenbauer sind für die Konzeption, Konstruktion, Ausfertigung und Instandhaltung von elektrischen Maschinen, Motoren und Transformatoren verantwortlich. Auch die Montage und Wartung von Regel-, Steuerungs- und Überwachungsanlagen der Antriebs- und Versorgungstechnik gehören zu ihrem Aufgabengebiet.

Elektrische Antriebe sind dem Produktionsprozeß entsprechend zu optimieren. Dazu bietet die Leistungs- und Regelungselektronik effiziente Lösungsmöglichkeiten.

Der Elektromechaniker

Wo Präzision und technisches Know-how im mechanischen, elektrischen und elektronischen Bereich zusammentreffen, da ist Elektromechanik gefragt. In Gewerbe- und Industriebetrieben, Laboratorien und Schulen sowie im haustechnischen Bereich – nahezu überall sind elektro-mechanische Geräte. Die Elektronik ergänzt immer stärker die Mechanik.

Informationstechnik, Digital- und Mikroprozessortechnik, Software-Programmierung und Schnittstellentechnik gehören u. a. zu den Aufgabenbereichen des Elektromechanikers.

Künftig werden die Programmierung von Mikrochips und die Integration in Schaltungen sowie die Vernetzung und Anpassung der heterogenen Computerwelt die vorwiegenden Arbeitsgebiete des Elektromechanikers sein.

Der Radio- und Fernsehtechniker

Er sorgt sozusagen dafür, daß dem Verbraucher Hören und Sehen nicht vergehen. In Wohn- und Geschäftshäusern installieren, prüfen und warten Radio- und Fernsehtechniker Kabel- und Satelliten-Rundfunk und -Fernsehen, digitale Medien und Computer. Die Einstellung oder Programmierung der Geräte gehört zu ihrer vielseitigen Tätigkeit, aber auch die Arbeit im Service in der Werkstatt. Daneben spielen die Kundenberatung und -betreuung in der Radio- und Fernsehtechnik eine große Rolle.

Das Tätigkeitsfeld der Radio- und Fernsehtechniker ist durch Entwicklungen im Multimediabereich geprägt. Hier handelt es sich künftig schwerpunktmäßig um die Verbindung und Vernetzung unterschiedlicher Geräte der Bild-, Ton- und Datenübertragung.

Der Fernmeldeanlagenelektroniker

Überall, wo Kommunikation über eine große Reichweite erzielt werden soll, braucht man Fernmeldeanlagenelektroniker. Sie sind für Vermittlungs- und Übertragungseinrichtungen, z. B. Telefax, Fernschreiber, Mobilfunk und Telefonanlagen mit Hunderten von Nebenstellen zuständig. Ebenso für Melde- und Signalanlagen, Gefahren- und Brandmelde-, Sprech- und Beschallungsanlagen sowie Fernseh- und Videoüberwachungsanlagen.

Im Zeitalter der Information und Telekommunikation eröffnet sich dem Fernmeldeanlagenelektroniker ein ständig wachsendes Tätigkeitsspektrum.
Geprägt ist dieses Spektrum durch die weltweite Vernetzung und internationale Standardisierung (ISDN-Netz). Die Einführung der Glasfaser (Optoelektronik) und neuer Kommunikationstechniken (Bildtelefon, Internet- und Intranetlösungen) erweitern das innovative Arbeitsgebiet.

Die überbetriebliche Ausbildung ist wesentlicher Bestandteil der Qualifizierung der Berufsausbildung im Elektrohandwerk. Das Elektro Technologie Zentrum (etz) in Stuttgart führt für die Region Stuttgart – und teilweise auch überregional – die überbetriebliche Ausbildung in den vorgenannten fünf Elektrohandwerksberufen durch. Während der dreieinhalbjährigen Ausbildungszeit nehmen Auszubildende zehn Wochen an den überbetrieblichen Ausbildungsmaßnahmen teil. Hier werden hauptsächlich modernste Technologien und die dazugehörigen praktischen Kenntnisse vermittelt. So bleiben die Auszubildenden bereits während der Ausbildung auf dem laufenden über technologische Entwicklungen von heute und morgen.

„Das etz-Gebäude in Stuttgart"

Die Elektrohandwerke sahen sich in jüngster Vergangenheit einem gewaltigen technologischen Umbruch gegenüber: Die Informations- und Kommunikationstechnik auf der Basis der elektronischen Datenverarbeitungs- und Rechnertechnologie, die Mikroprozessortechnik, der Übergang von analoger zu digitaler Technik, die Einführung integrierter Schaltungen und die Automatisierungstechnik kennzeichnen diese Entwicklung.
Angesichts dieser technischen Entwicklung stand nach Auffassung der Fachleute fest, daß die bisherigen Ausbildungsvorschriften, die **„Fachlichen Vorschriften"**, die aus den 60er Jahren stammen, dringend einer Neuordnung bedurften. Die Ausbildungsinhalte sollten damit den veränderten Bedingungen angepaßt werden. Dies geschah mit der **Neuordnung von 1989**, mit der sich die Inhalte der Rahmenlehrpläne grundlegend den immer schneller wechselnden Innovationszyklen angepaßt haben.
Es folgten die **Novellierungen der Handwerksordnung 1994/1995** und schließlich die von **1998**. Seit dem 1. April 1998 gibt es danach nur noch drei Meistertitel im Elektrobereich: den Elektromaschinenbauer, den Elektrotechniker und den Informationstechniker, wobei die Berufe des Elektromaschinenbauers und des Elektrotechnikers sowie die des Elektrotechnikers und des Informationstechnikers als „verwandt" bezeichnet werden. Dies bedeutet, daß der eine Beruf im

verwandten Bereich des anderen tätig sein darf, z. B. der Elektromaschinenbauer als Elektrotechniker und umgekehrt. Mit dieser neuen Regelung soll den Kundenwünschen entsprochen werden, komplette Dienstleistungen von einem Partner ausgeführt zu bekommen.
Diese Neuordnung der elektrohandwerklichen Berufe stellt eine entscheidende Zäsur dar. Die Elektrohandwerke haben nun ihre Meisterqualifikation „für das Jahr 2000" – und natürlich auch für die Zeit danach.

Ausblick

Der Einzug des elektrischen Stromes in unseren Alltag, Radio und Fernsehen als Unterhaltungs- und Informationsquellen, das Telefongespräch mit Übersee, und, und, und ... – das Elektrohandwerk machte es möglich.
Nicht nur von Wilhelm Busch wissen wir es: „Einszweidrei, im Sauseschritt läuft die Zeit; wir laufen mit" – das Elektrohandwerk geht mit dem Fortschritt, treibt ihn voran und setzt ihn in die Praxis um. Immer wurde dazu und umgelernt, es entstanden ganz neue Berufe mit neuem Wissen und neuen handwerklichen Fähigkeiten – und dies alles angesichts sich multiplizierender Landesgesetze, Bundesverordnungen und zahlreicher allumfassender europäischer Regeln und Vorschriften.

Die Elektrohandwerke sind ein Handwerk mit Zukunft

So gehören z. B. elektrotechnischer Fortschritt und der Umweltschutz, als eine der zentralen gesellschaftlichen, wirtschaftlichen und technischen Herausforderungen unserer Zeit, unmittelbar zusammen. Der Entwicklung neuer Technologien folgen in der Regel ihre Produktion, Installation und Wartung.

Auch im Bereich der Kommunikations- und Informationselektronik geht die Entwicklung sprunghaft voran. Diese Systeme bilden die Basis für wirtschaftlichen Erfolg.
Wie es auch sei, das Elektrohandwerk ist mit seinem Leistungsspektrum stets präsent.
Wir danken an dieser Stelle dem Verband Deutscher Elektrotechniker, zu dem die Elektro-Innungen über den Landesverband stets eine enge Verbindung pflegen und der mit zur Förderung der Zusammenarbeit aller auf diesem Gebiet tätigen Personenkreise und zur Förderung der umweltschonenden und wirtschaftlichen Stromanwendung beigetragen hat.

Ganz herzlich gratulieren wir zum 100jährigen Bestehen des VDE-Bezirksvereins Württemberg.

ELEKTRO-ZIEGLER – DAS LEISTUNGSANGEBOT

Mittelständisches Unternehmen, schwäbischer Familienbetrieb mit über 300 Beschäftigten, tätig auf mehreren „Feldern" der Elektrotechnik im gesamten Deutschland – das ist ELEKTRO-ZIEGLER.

Vier Geschäftsbereiche „bündeln" die Aktivitäten: Anlagen- und Gebäudetechnik, Fertigung von Mittel- und Niederspannungs-Schaltanlagen, Audio- und Videotechnik sowie Einzelhandel.

Der Geschäftsbereich ANLAGEN- und GEBÄUDETECHNIK (Niederspannung) befaßt sich mit Planung, Projektierung und Realisierung von Installationen in gewerblich und privat genutzten Bauten. Der Kundenkreis stammt aus allen Wirtschaftszweigen und Branchen. Zweihundert Mitarbeiter verwirklichen anspruchsvolle Haustechnik sowie Notstrom-Versorgung, Trafostationen, Verteilungen, Beleuchtung, Gefahrenmeldeanlagen, Datennetze und Steuerungstechnik. Viele Mitarbeiter sind spezialisiert auf Umbauten und Renovierungen: im Zuge von Gebäude-Sanierungen werden überholte Installationen, die ihren Dienst geleistet haben, unter z. T. schwierigen Bedingungen auf den aktuellen Stand der Technik gebracht.

Im Geschäftsbereich FERTIGUNG stellt das Unternehmen im Betrieb Dormettingen (8 km südlich von Balingen, Landkreis Zollern/Alb) in Einzel- und Kleinserien-Fertigung Niederspannungs-, Steuer- und Schaltschränke für die Haustechnik in Gebäuden her sowie für Investitionsgüter der Steuerungstechnik, z. B. für Prozesse in Klärwerken oder Bühnentechnik in Theatern. Zum Programm gehören Mittel- und Niederspannungs-Anlagen für Energieversorgungs-Unternehmen in Baden-Württemberg. Hinzu kommen Dienstleistungen, wie z. B. die Herstellung von Kabelgarnituren bis 30 kV. In diesem Bereich werden 65 Mitarbeiter beschäftigt.

Mit AUDIO- UND VIDEOTECHNIK ist das Unternehmen im Markt der Medientechnik aktiv. Seit über 20 Jahren ist die Firma dabei SONY-Profi-Vertriebspartner. Sie liefert und installiert Geräte der Medientechnik – hochauflösende Monitore, Mikroskop-Kameras und Videodrucker als Beispiele – und plant, projektiert und installiert als Gesamtanbieter komplette Medien-Anlagen, z. B. Videokonferenzanlagen, Konferenzräume, Fernsehstudios und Bildüberwachungs-Anlagen. Für kompetente Beratung, Planung, Projektierung und Durchführung sowie Wartung und Service sorgen 25 Mitarbeiter.

EINZELHANDEL mit Elektro-Kleingeräten (für Haushalt und Unterhaltungselektronik) und Tonträgern mit 15 Mitarbeitern – das ist der vierte und kleinste Geschäftsbereich mit Filialen im Breuningermarkt Stuttgart und Breuningerland Ludwigsburg (nur Tonträger).

AUSBILDUNG wird GROSS GESCHRIEBEN – im wahrsten Sinn des Wortes: 25 junge Leute lernen die Berufe Elektroinstallateur, Rundfunk- und Fernsehtechniker, Bürokaufmann/-frau oder Kaufmann/-frau im Einzelhandel.

Das Unternehmen besteht seit 103 Jahren (Gründung also 1895) und wird in der dritten Familiengeneration geführt.

Elektro-Ziegler GmbH & Co.
Alexanderstraße 28
70184 Stuttgart
Telefon 0711/2142-0
Telefax 0711/2142-269

5 Technologische Entwicklung und Industrie

Die Elektrotechnik hat aus Württemberg entscheidende Impulse erhalten. Eine vollständige Darstellung würde wahrscheinlich ein eigenes Buch ergeben.

Erfreulicherweise haben Firmen und Institute aller wichtigen Arbeitsgebiete eigene Beiträge zu unserem Buch geliefert. Die Zusammenfassung solcher Beiträge ergibt deshalb automatisch den gewünschten Überblick über die technologische Entwicklung.

Die meisten dieser Beiträge finden sich (soweit technisch möglich in alphabetischer Reihenfolge) im vorliegenden Kapitel. Ausnahmen haben wir nur dort gemacht, wo eine eindeutige Beziehung zu einem bestimmten Spezialkapitel gegeben war. So finden sich z.B. Handwerksbetriebe bei Kapitel 4, Elektrizitätsversorgungsunternehmen bei Kapitel 6 und Hochschul- und Technologietransferinstitute in Kapitel 9.

Es folgen Beiträge der Firmen:

ABB Mannheim
ALCATEL Stuttgart
ALSTOM Filderstadt
ATB Welzheim
BOSCH Stuttgart
Berghof Eningen
Daimler-Benz Aerospace Ulm
Daimler-Benz AG Stuttgart
Deutsche Telekom Ulm
E.G.O. Oberderdingen
ELEKTRA Tailfingen
ELECTROSTAR Reichenbach/Fils
Faulhaber Schönaich
C. & E. FEIN Stuttgart
FESTO AG Esslingen
GAH Fellbach
HESS Villingen
Hirschmann Neckartenzlingen
iss Stuttgart
IBW Sindelfingen
Kläger Dornstetten
LAPP Stuttgart
Q- und Z-Dienstleistung Balingen
Lütze Weinstadt
Mannesmann Stuttgart
TZKOM Stuttgart
microtec Stuttgart
Pfisterer Stuttgart
REFU Elektronik Metzingen
Siemens AG Stuttgart
Wandel & Goltermann Eningen u.A.
VARTA Hannover

ABB – Kompetenz in der Elektro- und Energietechnik

Die Asea Brown Boveri AG, Mannheim, wurde am 15. Juni 1900 als Brown, Boveri & Cie. AG von Charles E. L. Brown und dem aus Bamberg stammenden Walter Boveri gegründet. Ähnlich wie heute die bevorstehende Liberalisierung der europäischen Strommärkte tiefgreifende Veränderungen mitbringt, war das zu Ende gehende 19. Jahrhundert von rasanten Entwicklungen in der Elektro- und Energietechnik gekennzeichnet. Brown war damals maßgeblich an der Entwicklung einer Hochspannungsfreileitung und des Drehstromgenerators beteiligt, wodurch die berühmte Fernübertragung elektrischer Energie von Lauffen am Neckar nach Frankfurt/Main erst möglich wurde.
Fast 90 Jahre später, am 4. Januar 1988, fusionierten die schwedische ASEA AB und die schweizerische BBC Brown, Boveri & Cie. AG zum internationalen ABB-Konzern mit Sitz in Zürich. Eines der weltweit größten Elektrotechnik-Unternehmen war entstanden. In mehr als 140 Ländern entwickelt, erzeugt, verkauft und wartet ABB eine breite Palette von Systemen und Produkten. Schwerpunkte bilden Erzeugung, Verteilung und Anwendung von elektrischer Energie.
In Deutschland leitet und koordiniert die Asea Brown Boveri AG (ABB) mit Sitz in Mannheim als Management Holding die Aktivitäten. Für das operative Geschäft sind 50 rechtlich selbständige Gesellschaften an 45 Standorten verantwortlich. Die dezentrale Organisation garantiert größtmögliche Kundennähe und Flexibilität. Mit 25 000 Mitarbeitern und einem Umsatz von über 8 Milliarden Mark ist die deutsche ABB weltweit die größte Einzelgesellschaft innerhalb des ABB-Konzerns.
In Württemberg ist das Außenbüro in Stuttgart der größte Stützpunkt von ABB und Repräsentanz von zahlreichen Gesellschaften für die verschiedensten Bereiche. Stellvertretend für das vielfältige Engagement in der Region Stuttgart hier einige Beispiele:
Für das neue Motorenwerk bei Daimler-Benz in Bad Cannstatt lieferte ABB die Montageanlage für die neue V6/V8-Motorengeneration. Bei der Porsche AG in Stuttgart ist ABB für die komplette Instandsetzung einer Rohbau-Fertigungslinie für den Porsche 911 verantwortlich. Im August 1996 wurde für das Heizkraftwerk 2 in Altbach/Deizisau die erste betriebliche 380-kV-VPE-Kabelanlage in Europa an die Neckarwerke Elektrizitätsversorgungs-AG, Esslingen, übergeben. Drei Beispiele dafür, wie ABB Know-how und innovative Technologien in modernen Industrieanlagen in Deutschland einsetzt.
Die deutsche ABB blickt auf eine ebenso lange wie erfolgreiche Geschichte zurück. Seit fast 100 Jahren hat sie sich dabei immer wieder den Forderungen der Zeit gestellt und zukunftsträchtige Technologien zum Erzeugen und Verteilen elektrischen Stroms entwickelt – getreu dem Grundsatz des Fortschrittes: panta rhei.

Ideen entwickeln für eine neue Qualität der Kommunikation

Kommunikationstechnik ist eine Zukunftsbranche. Sie bestimmt gesellschaftliche Lebensqualität ebenso wie volkswirtschaftliche Standortqualität. Sie transportiert Informationen und Unterhaltung, ermöglicht elektronischen Datenaustausch und Online-Transaktionen, schafft Verbindungen durch Telekooperation, Teleworking oder Telelearning. Alcatel SEL ist mit einer Vielzahl realisierter, digitaler Netzlösungen Schrittmacher und führendes Unternehmen auf diesem Markt.

Für Betreiber von Kommunikationsnetzen war das Potential nie größer als heute. Sowohl die Zahlen der Teilnehmer wachsen, als auch die Akzeptanz neuer Dienste. Alcatel SEL liefert Netzbetreibern alles, was sie zum wirtschaftlichen Betrieb ihrer Netze benötigen: Vermittlungs- und Übertragungssysteme, Zugangsnetze und Mobilfunk, Software für Intelligente Netze. Außerdem den umfassenden Service für Netzplanung, Projektierung und Integration. Und schließlich Beratung bei der Erschließung neuer Einnahmequellen durch Service Creation und mehr. Corporate Networks eröffnen eine Vielzahl neuer Optionen für Unternehmen, die Effizienz ihrer internen Abläufe zu steigern und besser mit ihren Kunden zu kommunizieren.
So entwickelt sich moderne Bürokommunikation mehr und mehr zum Erfolgsfaktor für Unternehmen.
Alcatel SEL liefert und unterstützt den Betrieb von Netzlösungen zur Sprach-, Daten- und Bildübertragung in der gesamten Bandbreite professioneller Anwendungen – vom Telekommunikations-System bis zu den Endgeräten. Für multinationale Konzerne ebenso

wie für den Mittelstand. Das Telekommunikations-System Alcatel 4000 bietet dafür nicht nur ein ideales Dienstespektrum nach außen und innen, sondern auch die perfekte und konsequente Integration von Sprach-, Daten- und Bildkommunikation.

Auch für Verbraucher bietet die moderne Telekommunikation ein breites Serviceangebot, das viele Dinge des täglichen Bedarfs einfacher und leichter macht. Beispielsweise die neuen ISDN-Dienste der Deutschen Telekom, die Mobilkommunikation, den kostengünstigen Zugang zum Internet und vieles mehr. Alcatel SEL liefert nicht nur Netzbetreibern die entsprechende Infrastruktur, sondern entwickelt und vertreibt auch die modernen Endgeräte für Verbraucher, die ergonomisch und komfortabel zu bedienen sind. Die intelligente One-touch-Technologie der Mobilfunk-Handys ist da nur eine von vielen zukunftsweisenden Entwicklungen.

Neue Ideen, neue Wege

Die überzeugende Nutzung der neuen Netze ist auch auf Anwenderseite ein wichtiges Thema: daher hat Alcatel seine Aktivitäten rund um Internet, Intranet und Multimedia in dem neuen Bereich Telecom Software & Services konzentriert. Damit bietet Alcatel jetzt das gesamte Dienstleistungsspektrum aus einer Hand: maßgeschneiderte Konzeptionen, Hard- und Software, Kreation und Produktion sowie individuelle Schulungsprogramme.

ALSTOM

Das heutige Unternehmen ALSTOM T&D GmbH, Mittelspannungstechnik, geht auf die Gründung der Firma Concordia Maschinen- und Elektrizitäts-GmbH in Stuttgart im Jahre 1925 zurück. Von der anfänglichen Vertriebsgesellschaft wurde es zu einem namhaften Entwickler und Hersteller von Schaltgeräten, Schaltanlagen und Gesamtanlagen für die Übertragung und Verteilung elektrischer Energie im Mittelspannungsbereich auf- und ausgebaut. Im Werk Filderstadt werden etwa 240 Mitarbeiterinnen und Mitarbeiter beschäftigt. Die Gesellschaft ist seit 1989 ein Tochterunternehmen des renommierten europäischen Konzerns ALSTOM.

ALSTOM T&D GmbH verdankt seinen Aufstieg zu dem anerkannten Partner der Energieversorgungsunternehmen, Industrie und öffentlicher Betriebe seinem technischen Standard, der Qualität und Zuverlässigkeit seiner Produkte sowie dem Know-how, Können und der Einsatzbereitschaft seiner Mitarbeiterinnen und Mitarbeiter.

In den fünfziger Jahren war die damalige Concordia das erste Unternehmen in Deutschland, das einen Mittelspannungslasttrennschalter zur Produktionsreife entwickelte. Die stete Weiterentwicklung und Verbesserung machten diesen Gerätetyp zu den in den deutschen Energieverteilungsnetzen am weitesten verbreiteten Lasttrennschalter. Vom Lasttrennerhersteller erfolgte die Weiterentwicklung zum kompetenten Partner in der Energieverteilung.

Im Bereich der Mittelspannungsschaltanlagen wurde seit 1993 bei den luftisolierten Lasttrenner- und Leistungsschalteranlagen eine technisch und fabrikationsmäßig neue Anlagengeneration entwickelt. Mit dem Applikationscenter Schutz- und Leittechnik gehört das Unternehmen zu den wichtigsten Anbietern für schlüsselfertige Systemlösungen.

Der Vertrieb erfolgt in Deutschland über ein Vertriebsnetz mit mehreren Vertriebsbüros. Der Export weltweit erfolgt über das internationale Vertriebsnetz des Konzerns ALSTOM in eine Vielzahl von Ländern. Die Exportquote liegt bei durchschnittlich 20 %.

ALSTOM T&D GmbH
Mittelspannungstechnik
70794 Filderstadt
Industriestraße 9
Telefon 07158/15-0
Telefax 07158/15-232

ATB – 80 Jahre Know-how in der elektrischen Antriebstechnik

ATB Unternehmen und Marke
Gottlob Bauknecht legte 1919 mit der Gründung einer „Elektrotechnischen Werkstatt" den Grundstein für die bekannte ATB-Markenqualität. Heute arbeiten in den Werken Welzheim bei Stuttgart und Spielberg, Österreich über 1600 Mitarbeiter an hochwertigen elektrischen Antriebslösungen. ATB gehört damit zu den führenden Herstellern der Branche. Als Folge einer konsequenten Markenpolitik wurde im Frühjahr 1998 die Produktmarke ATB auch als Unternehmensmarke etabliert. ATB ANTRIEBSTECHNIK AG lautet nun der Firmenname, der für Flexibilität, Innovationskraft und Zuverlässigkeit steht.

ATB-Produktprogramm

Das ATB-Produktprogramm umfaßt Industriemotoren, Regelmotoren, Gerätemotoren und Frequenzumrichter.

Industriemotoren sind Drehstrom-Asynchronmotoren (eintourig und polumschaltbar), Wechselstrommotoren, Explosionsgeschützte Motoren und Bremsmotoren für Anwendungen im Maschinenbau. Sie stehen als Standardausführungen ab Lager zur Verfügung. Einen besonderen Namen hat sich ATB mit den kundenspezifischen Industriemotoren gemacht. Die mittelständische Unternehmensstruktur, geprägt durch die Flexibilität, gewährleistet, daß Kundenmodifikationen schnell ausgearbeitet, angeboten und ausgeliefert werden können.

Im Bereich **Regelmotoren** stehen drei Antriebskonzepte zur Verfügung, die mit ihren Leistungsmerkmalen optimal auf die jeweiligen Anforderungen der Antriebsmaschinen ausgerichtet sind. Dies ist der verstärkte Standard-Asynchronmotor für Frequenzumrichterbetrieb (V-Reihe), beispielsweise für den Einsatz in Aufzügen oder Textilmaschinen. Hauptspindelmotoren sind Hochleistungs-Asynchronmotoren mit weitem Drehzahlbereich für dynamische Anwendungen wie z.B. Fördereinrichtungen und Fahrantriebe. AC-Synchron-Servomotoren mit hoher Überlastbarkeit für hochdynamische Anwendungen beispielsweise in Verpackungsmaschinen oder Dosieranlagen.

ATB-Regelmotoren können mit den unterschiedlichsten **Frequenzumrichtern** betrieben werden. Sie sind als Paketlösung oder als einzelne Komponenten erhältlich.

Gerätemotoren von ATB finden beispielsweise in Ölbrennern, Hochdruckreinigern und Rasenmähern Anwendung. Es handelt sich in der Regel um kundenspezifische gehäuselose Ausführungen.

ATB-Märkte

ATB-Motoren finden in nahezu allen Bereichen Anwendung. Auch für den Automotive-Sektor bietet ATB mit dem wassergekühlten Hochleistungs-Asynchronmotor eine innovative Antriebslösung.

Überall dort, wo die Märkte der ATB-Kunden sind, stehen kompetente Ansprechpartner zur Verfügung. In Deutschland sowie in West- und Mitteleuropa unterhält ATB ein flächendeckendes Vertriebsnetz. Traditionell ist ATB in Südwestdeutschland sehr stark vertreten.

ATB-Highlights

Auch in Zeiten diffiziler Rahmenbedingungen konnte sich ATB im Markt stets gut behaupten. Wichtigste Bausteine für optimale Kundenzufriedenheit sind neben der Produktqualität, die Flexibilität hinsichtlich kundenspezifischer Ausführungen, eine ausgefeilte Logistik (beispielsweise der 24-Stunden-Lieferservice und das Schnellfertigungssystem) sowie die kompetente Kundenbetreuung.

Eine ganze Reihe von Innovationen lassen ATB optimistisch in die Zukunft schauen. Mit dem getriebelosen kompakten Aufzugmotor ATB GEARLESS steht der Aufzugindustrie eine revolutionäre Antriebslösung zur Verfügung. Der Pumpen- und Lüfterindustrie eröffnen sich mit der Motor-Umrichterkombination ATB DYNAMOT völlig neue Projektierungsmöglichkeiten. Die junge Industriemotorenbaureihe ATB FLEXIDRIVE überzeugt durch Modularität und verbesserten Wirkungsgrad.

ATB Antriebstechnik AG
Industriestr. 60
73642 Welzheim
Tel. 07182/14-1
Fax 07182/2887

Bosch – Meilensteine in der Kommunikationstechnik

Bosch ist in der Kommunikationstechnik einer der großen europäischen Anbieter. In diesem Bereich erzielte das Unternehmen 1997 mit rund 19400 Mitarbeitern einen Umsatz von 5 Milliarden DM; der Anteil am Gesamtumsatz erreichte 11 Prozent. Für Forschung und Entwicklung wurden 560 Millionen DM aufgewendet. Bosch konzentriert sich in der Kommunikationstechnik auf zukunftsträchtige Geschäftsfelder, schwerpunktmäßig auf öffentliche und private Netze, Raumfahrttechnik, Sicherheitstechnik und Verkehrsleittechnik. Der Unternehmensbereich und seine Vorgängergesellschaften leisteten wichtige Beiträge zur Entwicklung der Telekommunikation.

Zeittafel

1947	Entwicklung des Trägerfrequenzsystems V60 für die Deutsche Bundespost
1948	Fertigung von Trägerfrequenzsystemen zur Übertragung von Sprache und Daten auf Hochspannungsleitungen (TFH-Geräte)
1949	Fertigung Öffentlicher Vermittlungseinrichtungen
1949	Beginn der Entwicklung von Richtfunkanlagen für den UKW-, Dezimeter- und Zentimeter-Wellenbereich
1952	Inbetriebnahme der Richtfunkstrecke Köln – Hamburg mit FM-TV/1900-Systemen. Sie diente als Zubringerstrecke für das an Weihnachten 1952 eröffnete Deutsche Fernsehen
1958	Erste Fernwirk- und Überwachungsanlagen für das Richtfunknetz der Deutschen Bundespost
1962	Volltransistorisierte Digital-Rechneranlage TR4
1964	Lieferung der Empfangseinrichtungen und des Steuerungssystems für die Antenne der ersten deutschen Satelliten-Bodenstation „Raisting I"
1966	Aufbau des rechnergesteuerten Vermittlungssystems EZM3 in Stuttgart-Bad Cannstatt
1966	Überhorizont-Funkverbindung zwischen der Bundesrepublik und West-Berlin für 960 Sprachverbindungen

1970 Lieferung des kompletten Transponders für den Satelliten „Intelsat IV" sowie Beginn der Entwicklung von 11/14-GHz-Transpondern für das europäische Satellitensystem ECS (European Communication Satellite System)

1972 Fertigung erster Digital-Multiplexsysteme PCM 30 für die Deutsche Bundespost

1975 Markteinführung elektronischer Nebenstellenanlagen in Zeitmultiplextechnik

1978 Erprobungssystem für Glasfaserübertragung mit 480 Sprachkanälen (34 Mbit/s) in Berlin

1979 Erste Digital-Richtfunkstrecke in Deutschland (Zugspitze – Lauberhorn)

1983 „Bigfon"-Netze (**b**reitbandiges **i**ntegriertes **G**lasfaser-**F**ernmelde**o**rts**n**etz) in Düsseldorf und Hannover für Sprach-, Daten- und Bildübermittlung (Bildfernsprechen und TV)

1985 Markteinführung digitaler ISDN-Kommunikationssysteme

1990/91 Beteiligung am Aufbau der Telekommunikations-Infrastruktur in den neuen Bundesländern

1996 Digitales Glasfaser-Zubringersystem „Diamant" für Fernseh-Programmsignale in Südhessen

1997 Installation eines Bosch Access Network beim Citynetzbetreiber Netcologne

Robert Bosch GmbH
Postfach 10 60 50
70049 Stuttgart

HIGH-TECH FÜR DIE ZUKUNFT

Der Geschäftsbereich Verteidigung und Zivile Systeme der Daimler-Benz Aerospace AG

Friedrichshafen – Unter dem Leitmotiv „High-Tech für die Zukunft" richtet sich der zur Daimler-Benz Aerospace AG (Dasa, München) gehörende Geschäftsbereich Verteidigung und Zivile Systeme auf Basis seiner technologischen und ökonomischen Kompetenz auf eine erfolgreiche Zukunft im Verteidigungs- und Zivilgeschäft aus.

Der Geschäftsbereich Verteidigung und Zivile Systeme hat mit Wirkung zum 1. April 1997 seine Arbeit aufgenommen. Er ging im wesentlichen aus dem früheren gleichnamigen Geschäftsfeld mit den ehemaligen Produktbereichen Sensorsysteme (Ulm), Informations- und Kommunikationssysteme (Friedrichshafen) sowie der Lenkflugkörpersysteme GmbH (LFK GmbH, Ottobrunn) hervor.

Mit der Integration aller Dasa-Aktivitäten auf den Gebieten Verteidigungselektronik, Flugkörper, Zivile Ausrüstungssysteme und Dienstleistungsgeschäfte zu einem Geschäftsbereich wurde eine wichtige Voraussetzung zur Sicherung von Erfolg und Wachstum des Geschäftsbereiches Verteidigung und Zivile Systeme geschaffen. Die Neuordnung beinhaltet die Zusammenführung der bisherigen Produktbereiche Sensorsysteme sowie Informations- und Kommunikationssysteme, der LFK GmbH sowie einer Reihe weiterer Aktivitäten in dem neuen, operativ geführten Geschäftsbereich. Kern dieser Integration ist die Zusammenfassung der Aktivitäten auf dem Gebiet der Verteidigungselektronik zu einer schlagkräftigen Einheit.

Die Restrukturierung erfolgte im Rahmen der Neuordnung des Daimler-Benz-Konzerns und der damit verbundenen Neuausrichtung der Dasa, zu deren sechs neuen Geschäftsbereichen auch „Verteidigung und Zivile Systeme" gehört.

Der Geschäftsbereich Verteidigung und Zivile Systeme mit Sitz in Friedrichshafen wird von der Dornier GmbH betriebsgeführt. Er umfaßt insgesamt rund 8.500 Mitarbeiter in Friedrichshafen, Ulm, Ottobrunn sowie an weiteren, kleineren Standorten in Deutschland. Sein Umsatz beläuft sich auf insgesamt 2,8 Mrd. DM (1997), der größtenteils im Kerngeschäft Verteidigungstechnik erzielt wird. Der Geschäftsbereich wird von Werner Heinzmann, Dasa-Vorstandsmitglied und Vorstandsvorsitzender der Dornier GmbH geleitet.

Die Gliederung des Geschäftsbereiches

Der Geschäftsbereich Verteidigung und Zivile Systeme ist in die Divisionalbereiche Verteidigungselektronik, Flugkörper, Zivile Ausrüstungssysteme, Dienstleistungen und Unternehmensentwicklung, sowie in die Funktionalbereiche Personal und Finanzen/Controlling gegliedert. Sie werden ergänzt durch die Stabsfunktionen Leitungsbüro, Kommunikation, Außenbeziehungen, Recht und Beteiligungsverwaltung.

Divisionalbereich Verteidigungselektronik

Im Divisionalbereich Verteidigungselektronik sind die Leistungsspektren der Dasa-Standorte Ulm – hervorgegangen aus der 1903 gegründeten „Gesellschaft für drahtlose Telegraphie m.b.H. – Telefunken" – und Friedrichshafen (Dornier GmbH) zusammengefaßt.

Seit dem 15. April 1998 gehört auch die SI Sicherungstechnik GmbH & Co. KG mit Sitz in Unterschleißheim bei München dem Geschäftsbereich Verteidigung und Zivile Systeme an und ist ebenfalls bei der Verteidigungselektronik angesiedelt. Der ehemalige deutsche Teil des Unternehmensbereiches Sicherungstechnik der Siemens AG ist mit rund 1.100 Mitarbeitern auf den Gebieten der Kommunikations- und Führungsysteme sowie der Luftverteidigung tätig. Die Produkte und maßgeschneiderten Systemlösungen werden über ihre gesamte Lebensdauer logistisch betreut. In der Integration von softwareintensiven Systemen und der Einbindung zukunftsweisender Produkte und Technologien liegen die besonderen Stärken der SI Sicherungstechnik.

Die Dasa beschäftigt in Ulm und den organisatorisch angegliederten Standorten rund 2.800 Mitarbeiter. In Fachkreisen als „die deutsche Radarhochburg" anerkannt, arbeitet die Dasa Ulm auf den Gebieten Radar und Funk eng mit dem benachbarten Daimler-Benz-Forschungszentrum zusammen. In der Region Ulm ist die Dasa einer der größten Arbeitgeber und ein bedeutender Wirtschaftsfaktor.

Das Produkt- und Leistungsspektrum der Ulmer Dasa-Verteidigungselektronik umfaßt die Geschäftseinheiten Funksysteme, Boden-/Schiffssysteme, Bordsysteme und Flugkörperelektronik. Aufgrund ihrer Produktvielfalt ist die Dasa Ulm weltweit führend auf den Gebieten Radartechnologien, Funk-Kommunikation, elektronische Kampfführungsanlagen (EloKa) und optronische Geräte. In Deutschland ist die Dasa die „Nummer eins" auf den Gebieten Radar und EloKa. Beispielsweise werden das Kampfflugzeug Tornado und die Fregatten der Bundesmarine mit modernsten Radargeräten und hochleistungsfähigen Selbstschutz-Systemen aus Ulm ausgerüstet.

In der ebenfalls zum Divisionalbereich Verteidigungselektronik gehörenden Geschäftseinheiten Aufklärung und Führung sowie Mobile Anlagen und Trainingssysteme der Dornier GmbH in Friedrichshafen (rund 700 Mitarbeiter) arbeiten interdisziplinäre Teams an Lösungen komplexer, sicherheitsrelevanter Problemstellungen – z. B. schnelle und zuverlässige Beschaffung von Informationen für sichere Übermittlung und spezifische Auswertung. Als führendes Systemhaus in der Verteidigungselektronik konzipiert und realisiert Dornier in nationalen und europäischen Programmen Systeme für den Informationsverbund militärischer Verbände. Dazu gehört die Beherrschung des gesamten Prozesses von der Sensortechnik über die Nutzlastintegration bis zur Vorbereitung der gewonnenen Daten in Führungssystemen. Eine weltweit bedeutende Position wurde bereits bei Mustererkennung, Bildauswertung und allwetterfähigen SAR-Sensoren erreicht.

Die Arbeitsgebiete und Produkte dieser Geschäftseinheit umfassen Aufklärungssysteme wie die Aufklärungsdrohne CL 289, Führungs- und Informationssysteme (Gefechtsfeldführungssystem GeFüSys), Missionsplanungsanlagen (Planungsanlage Diplas/AFA), Unterstützungssysteme für Waffeneinsätze (Artillerie-Raketen-Einsatzsysteme ARES), Digitale Kartensysteme (Informations-Darstellungssystem Geogrid), mobile Bodenanlagen (Transhospital, Teleskop-Mastanlagen), Ausbildungs- und Trainingssimulatoren (Domtrainer, Gefechtsübungszentrum), Systeme für Flugzieldarstellung (Schleppkörper Do SK 6 und Dats 3), Product Support in technischer Hinsicht und in Form von logistischer Betreuung und Wartung, mobile Brücken (Dornier-Faltfestbrücke DoFB), die von der Dornier-Tochter Eurobridge Mobile Brücken GmbH/Friedrichshafen entwickelt und vertrieben werden.

Vor dem Hintergrund der verstärkten internationalen Aufgaben von Streitkräften, Polizei, Zoll und Grenzschutz kommt dem Informationsverbund für hoheitliche Sicherungsaufgaben künftig eine wesentliche Bedeutung zu. Der von Dornier entwickelte Informationsverbund soll alle berechtigten Nutzer in die Lage versetzen, das Zusammenwirken der an unterschiedlichen Stellen vorhandenen Daten zu organisieren. Alle Informationen (Texte, Daten, Grafiken, Bilder, Videos usw.) werden in Form standardisierter, elektronischer Dokumente erstellt. Ein breitbandiges Kommunikationsnetzwerk verbindet Informationslieferanten und -nutzer miteinander.

Divisionalbereich Flugkörper

Zentrum dieses Divisionalbereiches ist die 1995 gegründete Lenkflugkörpersysteme GmbH (LFK GmbH) in Ottobrunn bei München, ein Tochterunternehmen von Dasa (81 Prozent) und Dornier (19 Prozent). Die LFK GmbH entwickelt und fertigt als Systemhaus zumeist im Rahmen internationaler Kooperationsprogramme Lenkflugkörpersysteme zur Panzerabwehr, Luftverteidigung und Flugabwehr, Flugkörpersysteme, die gegen Seeziele eingesetzt werden können sowie Abstandsflugkörper zur Flugzeugbewaffnung. Die Lenkflugkörpersysteme umfassen Waffenanlagen, Flugkörper und Peripherie. Ferner entwickelt und fertigt die LFK GmbH Flugkörper- und Waffenanlagenbaugruppen, Ausrüstung und Unterstützungsgeräte.

Die LFK GmbH beschäftigt rund 1.500 Mitarbeiter. Die wichtigsten Kunden sind die Teilstreitkräfte der Bundeswehr im Verbund mit der Hauptabteilung Rüstung und dem Bundesamt für Wehrtechnik und Beschaffung, die Streitkräfte anderer NATO-Staaten oder befreundeter Staaten. Im Komponentenbereich bedient sie Lenkflugkörpersystemhäuser, Ausrüster von militärischen Flugzeugen, Hubschraubern und Schiffen, Bundesbehörden sowie Anlagenausrüster.

Fast alle Lenkflugkörperprogramme werden im Rahmen internationaler Kooperationen abgewickelt. Ein wichtiger Partner der LFK GmbH ist Aerospatiale Missiles (Chatillon). Unter dem Dach der gemeinsamen Tochter Euromissile in Paris (beide Partner halten je 50 Prozent) werden zum Beispiel die Programme Milan, Hot, Polyhem, Roland und das Seezielflugkörpersystem ANNG abgewickelt.

Eine andere Beteiligungsgesellschaft der LFK GmbH ist die EMDG (Euromissile Dynamics Group/Paris). Die Partner im Rahmen der EMDG sind Aerospatiale und British Aerospace. Die EMDG ist mit der dritten Generation Panzerabwehrsysteme Trigat-MR und LR befaßt. Weitere Tochterunternehmen der LFK GmbH sind: Ramsys, Comlog und Euromeads. In der Arbeitsgemeinschaft Taurus entwickelt die LFK GmbH zusammen mit Bofors Missiles AB eine Familie von Präzisions-Abstandswaffen zur Flugzeugbewaffnung.

Die LFK GmbH ist an den Standorten Ottobrunn, Nabern bei Kirchheim-Teck, Schrobenhausen, Ulm und Friedrichshafen vertreten. Am Standort Ottobrunn befindet sich der Sitz der Geschäftsführung und die Leitung der Geschäftseinheiten Bodenziele, Luft-, Seeziele, Abstandswaffen sowie Subsysteme und Komponenten.

In Nabern sind Fertigungsaktivitäten sowie die Betreuung Flugkörpersysteme mit Ersatzteilwesen, technischem Kundendienst und Werkinstandsetzung angesiedelt. Am Standort Schrobenhausen findet die Flugkörper-Integration-Wartung statt. Der Standort Friedrichshafen fertigt das Flugabwehrsystem Stinger.

Divisionalbereich Zivile Ausrüstungssysteme

Schwerpunkte dieses Divisionalbereiches sind die Nortel Dasa Network Systems GmbH & Co. KG (Nortel Dasa) sowie die Geschäftseinheit Flughafen- und Einsatzleitsysteme in Friedrichshafen.

Gegründet wurde die Nortel Dasa im April 1995 als Gemeinschaftsunternehmen der Dasa und der Northern Telecom Ltd. Kanada (Nortel), um das Engagement beider Konzerne in Deutschland im Telekommunikationsmarkt zu konzentrieren; an dem Joint Venture sind Dasa und Nortel jeweils zu 50 Prozent beteiligt.

Die Nortel Dasa mit etwa 850 Mitarbeitern ist Komplettanbieter von Telekommunikations-Netzausrüstungen auf dem deutschen Markt. Ausgewählte Produkte werden auch weltweit vertrieben. Die Marktposition basiert einerseits auf Nortel's umfassender, weltweit erprobten Produktpalette für die Sprachvermittlung, Datennetze, Übertragungstechnik und Mobilfunk. Andererseits bringt die Dasa ihre Satcom-Technologie sowie die Systemintegrationsfähigkeit und lange Erfahrung in der Realisierung schlüsselfertiger Projekte mit ein.

Das Angebot richtet sich an öffentliche Netzbetreiber, die Nortel Dasa umfassend von der Geschäftsplanung mit innovativen Netzkonzepten bis zur Wartung von Netzmanagement in der Betriebsphase unterstützt. Für Betreiber von Unternehmensnetzen erarbeitet das Unternehmen effiziente, kundenspezifische Lösungen.

In Friedrichshafen unterhält Nortel Dasa ein eigenes Technologiezentrum, um bestehende Produkte für die spezifischen Marktsituationen in Deutschland weiter zu entwickeln. Andere Produkte, zum Beispiel die Satellitenkommunikation werden hier von Grund auf konzipiert und entwickelt.

Die Geschäftseinheit „Flughafen- und Einsatzleitsysteme" zeichnet für die operative Leitung der Daimler-Benz Airport Systems verantwortlich. In dieser Einheit sind sämtliche Fähigkeiten und Leistungen des Daimler-Benz-Konzerns im Flughafengeschäft zusammengefaßt: z. B. bei Neubauten und Erweiterungen aller Art, sowohl als Generalunternehmer als auch für Einzelleistungen. Bei Regionalflughäfen und Verkehrslandeplätzen führt Daimler-Benz Airport Systems sogenannte Turn-key-Projekte als Generalunternehmer von der Planung über die Finanzierung bis zum Betrieb durch. Bei Großflughäfen vertritt Daimler-Benz Airport Systems als Ausrüstungs-Generalunternehmer das Leistungsspektrum des gesamten Daimler-Benz-Konzerns und baut projektspezifische internationale Partnerschaften auf. Die Leistungsschwerpunkte umfassen: Flughafen-Gesamtsysteme und -Infrastruktur, Consulting, Flughafenausrüstung, Flugsicherung, Flughafen-Managementsysteme und Einsatzleitsysteme.

Des weiteren bestehen gute Geschäftsperspektiven in den zivilen Bereichen Spracherkennungs- und Bediensysteme für Kraftfahrzeuge und andere Einsatzzwecke, Kfz-Sensorik einschließlich Kfz-Abstandsradarsystemen sowie elektronische Schiffsleitsysteme.

Divisionalbereich Dienstleistungsgeschäfte, Unternehmensentwicklung

In diesem Bereich ist unter anderen die Elekluft GmbH (Bonn) angesiedelt. Die Elekluft GmbH bietet eine umfangreiche Palette verschiedener Dienstleistungen an. Dazu zählen Standortmanagement und -planung für Firmen zur Verbesserung ihrer Wirtschaftlichkeit. Zum Leistungsumfang gehört auch der gesamtverantwortliche Betrieb technischer Anlagen und Systeme sowie DV-gestützte Prozeßoptimierung für Planung und Realisierung von DV-Netzwerken. Qualitätsmanagement, QM-Systeme für Analysen von Betriebsabläufen und schnelle kostengünstige Materialbewirtschaftung für internationale Märkte runden das Spektrum ab.

Perspektiven des Geschäftsbereiches

Der Geschäftsbereich Verteidigung und Zivile Systeme sieht sich als führender deutscher Partner in der Verteidigungstechnik, mit Schwerpunkt Verteidigungselektronik, für den nationalen Kunden sowie für internationale Programme und Kooperationen – als Systemanbieter wie auch als Lieferant von Subsystemen und Komponenten. Die gemeinsame technologische Kompetenz des Geschäftsbereiches bildet die Basis für die guten Perspektiven auch auf dem Gebiet der zivilen Aktivitäten. Dasa-Vorstand und Geschäftsbereichsleiter Werner Heinzmann: „Mit unseren innovativen Mitarbeitern und unserem hohen Technologiepotential haben wir eine aussichtsreiche Zukunft als High-Tech-Unternehmen."

Friedrichshafen, 1. Dezember 1997

Ihre Ansprechpartner:

Daimler-Benz Aerospace AG
Verteidigung und Zivile Systeme

Bernd Stürzl
Tel. (07545) 8-4613, Fax -5888 (FN)
Tel. (0731) 392-5487, Fax -3755 (UL)

Michael Hartwig
Tel. (07545) 8-9124, Fax -5888 (FN)

Peter Schmid
Tel. (0731) 392-3681, Fax -3755 (UL)

Wolfram Lautner
Tel. (089) 607-29233, Fax -25515
(LFK GmbH, München-Ottobrunn)

100 % Baumwolle.

Die Produktion einer Hutablage hängt bei uns auch ein bißchen vom Wetter ab.

► Wer die Natur schonen will, braucht die Hilfe der Natur. Für die nachwachsenden Rohstoffe, die wir beim Fahrzeugbau einsetzen, brauchen wir neben Know-how auch genügend Sonne und Regen. Damit am Ende seines langen Autolebens möglichst viele Teile Ihres Mercedes auf den Kompost wandern. Und nicht etwa auf die Deponie.

Mercedes-Benz
Die Zukunft des Automobils.

Die Deutsche Telekom AG: Europas Nummer eins

Die Deutsche Telekom AG ist die Nummer eins unter Europas Telekommunikationsanbietern und drittgrößter Carrier weltweit. 1997 erwirtschaftete der Deutsche Telekom Konzern einen Umsatz von rd. 67,1 Mrd. DM und damit mehrwertsteuerbereinigt eine Steigerung von rd. 6,5 % gegenüber dem Vorjahr.

Die Deutsche Telekom – ein Unternehmen im Wandel

Die letzten sieben Jahre waren für die Deutsche Telekom ein wichtiger Abschnitt auf dem Weg von der Monopolverwaltung zu einem marktorientierten international agierenden High-Tech-Unternehmen. Seit ersten Januar 1995 ist die Deutsche Telekom privatisiert. Die Umwandlung in eine Aktiengesellschaft und der Gang an die Börse im November 1996 waren der Schlüssel für unsere künftige Wettbewerbsfähigkeit. Sie markierten den entscheidenden Schritt, um unser Unternehmen in den uneingeschränkten Wettbewerb auf dem globalen Telekommunikationsmarkt zu führen.

Konzernbildung

Das Unternehmen Deutsche Telekom hat in den vergangenen Jahren zu einer eigenen Identität gefunden. Und es wird systematisch zu einem Konzern ausgebaut. Auf Teilmärkten, die sich besonders dynamisch entwickeln, beispielsweise bei Mobilfunk oder den Systemkunden, wurden privatwirtschaftliche Tochtergesellschaften gegründet, um im Rahmen des Konzernverbundes strategische Flexibilität zu gewinnen und Marktchancen wahrzunehmen.

Die Entwicklung neuer Dienste

Die Deutsche Telekom und ihre Töchter sind mit ihren Produkten und Diensten in vielen Bereichen führend: Rund 4 Mio. Kunden verbuchte der Konzern beispielsweise zum Jahresende 1997 bei der Mobilkommunikation. Die Zahl der bereitgestellten Telefonanschlüsse wuchs auf mehr als 45 Mio. Mit 17 Mio. angeschlossenen Haushalten verfügt die Deutsche Telekom über das größte Kabelnetz der Welt. Innerhalb weniger Jahre ist das ISDN mit deutlich mehr als 7 Mio. B-Kanälen zu einem neuen Nervensystem der deutschen Wirtschaft geworden. Ein weiterer großer Erfolg ist die Entwicklung des T-Online-Dienstes mit heute rund 1,9 Mio. Kunden.

Glasklarer Vorsprung

Die deutschen Datenautobahnen: Mit über 120 000 Kilometer verlegter Glasfaser verfügt die Deutsche Telekom über das dichteste Glasfasernetz der Welt. Während überall noch von den Informationen Superhighways gesprochen wird, hat die Deutsche Telekom Hochgeschwindigkeits-Datenautobahnen bereits in Betrieb genommen. Alle Ferngespräche in Deutschland sind digitalisiert und laufen mittlerweile über diese Highways, und die Umrüstung aller 5000 Ortsnetze auf digitale Technik war Ende 1997 abgeschlossen.

Die Jahrhundertaufgabe Aufbau Ost

Mit dem Infrastrukturaufbau in den neuen Bundesländern haben wir eine Jahrhundertaufgabe übernommen. Die Deutsche Telekom ist diese Herausforderung offensiv angegangen und konnte nach kürzester Zeit erhebliche Erfolge verbuchen: Insgesamt stieg zwischen 1990 und 1996 in Ostdeutschland und Berlin die Zahl der Telefonanschlüsse um mehr als sechs auf fast 8,3 Mio. Seit Ende 1995 ist Euro-ISDN in den neuen Bundesländern überall verfügbar.

Internationalisierung

Mit eigenen Auslandstochtergesellschaften in Brüssel, Paris, London, New York, Tokio, Moskau und Singapur ist die Deutsche Telekom in den großen Metropolen der Welt vertreten. Die Internationalisierungsstrategie verwirklicht die Deutsche Telekom, wie bereits erwähnt, auch in Allianzen und Jointventures mit starken ausländischen Partnern – so beispielsweise in der strategischen Allianz mit France Télécom und Sprint (Global One). Kooperationen gibt es auch in Osteuropa: Zusammen mit dem amerikanischen Telekommunikationsanbieter Ameritech, hält die Deutsche Telekom unter anderem eine 67%ige Beteiligung an der ungarischen Telefongesellschaft Matáv. In Tschechien, Polen und der Ukraine betreibt die Deutsche Telekom über ihre Tochter DeTeMobil Mobilfunknetze.

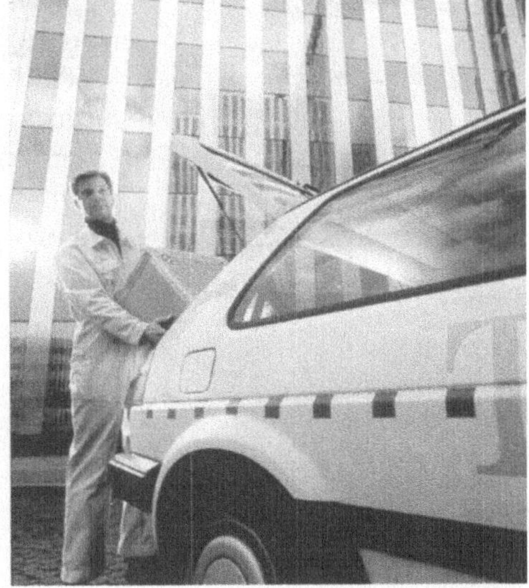

Die Firma ELEKTRA Tailfingen wurde 1922 als elektrotechnischer Betrieb für Gebäude-Installationen gegründet. Daneben befaßte man sich mit der Herstellung von Gleichstromanlassern und Hebelschaltern. Der Firmengründer Karl Schneider entwickelte einen Nähmaschinen-Regler, der zum Patent angemeldet wurde. Dies war der Beginn der industriellen Fertigung.

Im Zuge der Umstellung der Versorgungsnetze von Gleich- auf Wechselstrom in den 20er Jahren weitete sich das Erzeugnis-Programm auf Drehstrom-Motoranlasser und Walzenschalter aus. Weltwirtschaftskrise und Kriegszeit konnten die stete Aufwärtsentwicklung nur vorübergehend hemmen.

In der Nachkriegszeit wurde die Erzeugnispalette mit Nockenschaltern, Motorschutzschaltern und Industriesteckvorrichtungen wesentlich erweitert. Viele Neukonstruktionen entstanden in diesen Bereichen, mit denen die Firma wesentliche Marktanteile sowohl im Inland als auch im Ausland gewinnen und stetig ausbauen konnte.

In den 70er Jahren wurde ein umfangreiches, gut gestaltetes Programm von Steuerungen, vor allem für Klimaanlagen und Maschinen aller Art, aufgenommen. Dazu kamen Baustrom- und Campingverteiler sowie Prüf- und Meßgeräte in technisch ausgereifter Konstruktion und Bauweise. Auch dieser Sektor ließ sich erfolgreich im Markt einführen und durchsetzen. Er trug zur weiteren Aufwärtsentwicklung der Firma maßgeblich bei.

Die ELEKTRA verfügt heute über eine breite und vollständige Erzeugnis-Palette im Bereich der elektrischen Energieverteilung, die allen Ansprüchen der Bedarfsträger gerecht wird. Selbstverständlich ist das Unternehmen nach DIN EN ISO 9001 zertifiziert und verfügt über moderne und leistungsfähige Produktions-Anlagen mit einem eingespielten und bewährten Mitarbeiterstab.

Derzeit richten sich die Umsatzziele schwerpunktmäßig auf den Export-Markt. Dabei sind beachtliche Erfolge zu verzeichnen, die die verhaltene Inlands-Konjunktur stützen.

Für den europäischen Markt und für das kommende Jahrtausend ist die ELEKTRA bestens vorbereitet und gerüstet. Sie wird ihren erfolgreichen Weg, der auf Qualität, Lieferbereitschaft und Preiswürdigkeit basiert, auf bewährte Art und Weise fortsetzen.

Trendsetter der Druckluft

Festo macht Pneumatik in Deutschland industriefähig

Mächtig Druck hat Festo Mitte der 50er Jahre gemacht: Als Initiator der damals in Deutschland noch unbekannten Industriepneumatik präsentierte das Esslinger Unternehmen innovative Produkte, die Arbeit verrichten und zugleich Arbeit schaffen. Schnell wuchs der Geschäftsbereich Pneumatic heran, sogar so erfolgreich, daß sich Festo zu einer weltweiten Unternehmensgruppe entwickelte, die weit über 5000 Mitarbeiter beschäftigt. Heute zeigt sich die Pneumatik noch nicht am Ende der Entwicklung, denn mit der Integration von elektronischen Baugruppen in pneumatische Komponenten eröffnen sich innovative Einsatzfelder.

Ohne Kraft oder Bewegung gibt es keine Leistung – beide technischen Größen sind unmittelbar im Spiel, wenn Gegenstände zu greifen, heben, halten, klemmen oder zu verschieben sind. Maschinen und Anlagen brauchen leistungserzeugende Technologien wie beispielsweise die Pneumatik, die das Medium Druckluft zum Arbeiten und Steuern effizient nutzt.

Schon der griechische Mathematiker Archimedes (287–212 v. Chr.) hat die Gesetzmäßigkeit entdeckt, daß sich Druckluft fast mit Schallgeschwindigkeit ausbreitet. So profitiert der Anwender von einer verzögerungsfreien Nutzung der Druckluft direkt vor Ort, also an der gewünschten Stelle in einer technischen Anlage. Beaufschlagt man den Druck auf eine Fläche, beispielsweise die eines Kolbens, so hat man eine Kraft erzeugt. Der Kolben wird verschiebbar in einen Zylinder eingebaut, wobei eine Kunststoff-Dichtung das System vor Luftaustritt bewahrt. Zur Steuerung dieser Zylinderbewegung gibt es Ventile, die die Luftzufuhr regeln.

Rasch entwickelten sich aus diesem Grundsystem heraus noch weitere Komponenten wie Linearantriebe, Greifer und Positionier-Komponenten. Es entstanden komplexe pneumatische Anlagen, sowohl in Ausführungen für den allgemeinen Einsatz als auch für besondere Anwendungen.

Innovation aus Tradition – die Festo Gruppe

Die erste Diplomarbeit über die Pneumatik wurde schon 1958 von Dr. E. h. Dipl.-Ing. Kurt Stoll an der Technischen Hochschule Stuttgart (heute Universität Stuttgart) geschrieben. Erste Pneumatikentwicklungen verwirklichte er im väterlichen Unternehmen. Die Festo Pneumatic fand damals ihren Anfang, Kurt Stoll war Motor, Initiator und Organisator dieses Geschäftsbereiches.

Zusammen mit seinem Bruder, Dr. Wilfried Stoll, leitet er das weltweit tätige Unternehmen. Heute verfügt Festo über Niederlassungen in über 170 Ländern und 51 eigenen Gesellschaften. Gegründet würde das Unternehmen 1925 von Gottlieb Stoll, ursprünglich eine Fabrik für Holzbearbeitungsmaschinen. Mit dem Erfolg des Pneumatic-Geschäftsbereiches entstanden Fertigungen in Esslingen-Berkheim und St. Ingbert-Rohrbach insgesamt mit über 5000 Mitarbeitern. Ständig entwickelt und forscht Festo an neuen Produkten, und die permanente Aktivität bei der Neuanmeldung von Patenten dokumentiert die Innovationsfreudigkeit in der Antriebs- und Automatisierungstechnik. Mit über 12 500 Katalogartikeln zeigt Festo eine Produktvielfalt, mit der das Feld der Pneumatik komplett abgedeckt ist – angefangen bei Ventilen und Zylindern über vormontierte, anschlußfertige Einheiten bis hin zu den Dienstleistungen wie Beratung und Schulung.

Stammsitz von Festo ist Esslingen-Berkheim. Ursprünglich gesehen kommt Festo von der Holzbearbeitung und entwickelte sich weiter zum Pneumatik-Trendsetter der Industrie.

Gerade der Weiterbildungsaspekt wird bei Festo ernst genommen, denn herkömmliche Ausbildungsprogramme für Techniker unterliegen heutzutage der kurzlebigen Information, gerade in der soft- und hardware-vorherrschenden Industrie. Schon 1965 entstand der Geschäftsbereich Didactic, der diesem Wandel mit systemübergreifenden Ausbildungskonzepten begegnet. Nur so sind moderne Automatisierungssysteme zu verstehen und zu verbessern.

Durch die Umwandlung in eine AG & Co. zeigt Festo eine richtungweisende Änderung für die Zukunft. Das Unternehmen zeigt sich den Anforderungen internationaler Märkte gewappnet und gewährleistet die Kontinuität der Führung. Strukturell gesehen besteht die Festo Gruppe aus der Festo Aktiengesellschaft, der die Festo Auslandsgesellschaften zugeordnet sind, und der Festo AG & Co., die die Automatisierungstechnik vertritt, sowie der Festo Didactic GmbH & Co. und der Festo Tooltechnic GmbH & Co.

Pneumatik – offen für andere Technologien

Bereits bewährt hat sich der Pneumatikzylinder als lineares Antriebselement. Da die Antriebstechnik und die Automatisierung immer mehr zusammenwachsen und zudem der Automatisierungsgrad zunehmend steigt, sorgt die Kombination von Pneumatik und Elektronik für moderne, anwenderfreundliche Automatisierungskonzepte.

„Intelligente Pneumatic": Mit dem Anschluß an die elektronische Steuerungstechnik bilden Pneumatik und Elektronik eine kommunikative Einheit, ergänzen sich optimal und stellen so die Schnittstelle zwischen der Hardware der Fabrikleitebene und den Sensoren/Aktoren der Maschinenebene dar. Eine Ventilinsel mit integrierten Steuerungen bietet Magnetventile, Sensoreingänge, elektrische

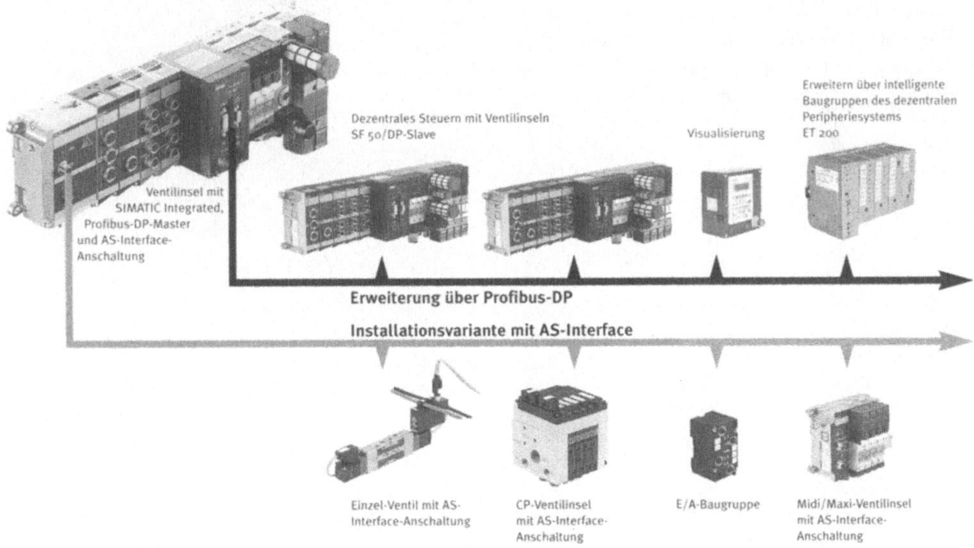

Eine installationsarme Lösung mit moderner Ventil-Technologie ist mit den steuerungsoffenen und modularen Ventilinseln von Festo zu realisieren. Sowohl SPS- als auch gängige Feldbus-Anschlüsse sind in diese Ventilinsel-Konzepte integrierbar.

Ausgänge, Steuerung und Bediengerät zugleich. Dezentrale Strukturen mit modernen Feldbus-Systemen sind mit der Pneumatik ideal zu realisieren. Im Master-/Slave-Betrieb erfüllen pneumatische Komponenten zuverlässig ihre Aufgabe und zeigen sich daher als sehr integrationsfreundliche und offene Bausteine im gesamten Automatisierungskonzept.

Die Systemfähigkeit der Pneumatik in einer sich permanent verändernden Technik zeigt sich schon über Jahrzehnte. Sieht man das Kosten-/Nutzenverhältnis der pneumatischen Aktoren, so gibt es bisher keine Alternativen. Von der low-cost-Automation bis hin zur High-tech-Anwendung, die Pneumatik ist stets anpassungsfähig, innovativ und hat sich in modernen Automatisierungssystemen fest etabliert.

Noch sind die Grenzen der Pneumatik nicht erreicht. Es gilt, die Leistungsdichte durch Miniaturisierung des Bauvolumens noch zu verbessern, die Anschlußtechnik noch anwenderfreundlicher zu gestalten und die Konstruktion servicegerechter umzusetzen. Mit den Mikroprozessoren stehen noch Ressourcen offen, noch mehr Intelligenz in die Zylinder oder Ventile zu bringen. In Sachen Miniaturisierung, Modularität und Integration heißt es auch weiterhin für Festo, der Unternehmensphilosophie treu zu bleiben und Innovation zu zeigen.

Festo AG & Co.
Ruiter Straße 82
73734 Esslingen
Telefon 0711/347-4078
Telefax 0711/347-2180
E-Mail pkh@festo.de

HESS auf Expansionskurs
Innovative Lichtsysteme setzen Trends im Markt

HESS Form + Licht ist derzeit eines der dynamischsten Unternehmen in der Lichtbranche. Der Umsatz konnte von 10 Mio. DM im Jahr 1987 auf 47 Mio. DM im Jahr 1997 gesteigert werden, wovon etwa 16 Prozent aus dem Export resultieren. Den Grundstein für das heutige Unternehmen legte Former- und Gießermeister Willi Hess 1947 mit der Gründung einer Aluminiumgießerei in Villingen. Unter der Leitung seines Sohnes Jürgen G. Hess nahm das Unternehmen 1978 mit der Straßenleuchte „Modell Villingen" die Produktion von Leuchten auf.

Komplette Gestaltung des öffentlichen Lebensraums

Für Architekten und Planer ist HESS seit Jahren ein kompetenter Partner für die lichttechnische Planung und Gestaltung von Städten, Gemeinden, Grünflächen und Parkanlagen sowie Wohn- und gewerblichen Bauten. Das Unternehmen bietet für diese Bereiche ein breites Spektrum an Leuchten, die eigenständiges Design mit ausgereifter Lichttechnik sowie hoher Produktqualität und -sicherheit vereinen. Ergänzt wird das Leuchtenangebot durch Licht- und Absperrpoller, Brunnen, Lichtschachtabdeckungen, Baumscheiben und Baumschutzgitter sowie Stadtmöbel. Als einer der wenigen Leuchtenhersteller ermöglicht HESS damit, Straßen, Plätze und Anlagen optisch durchgängig zu gestalten.

Straßenleuchte Corona
aus der Collection Wilmott

In Zusammenarbeit mit namhaften Designern entstanden in den vergangenen fünf Jahren neue Ansätze zur Inszenierung von Licht im öffentlichen Lebensraum sowie zur Außen- und Innenbeleuchtung von Objekten. Mit der im vergangenen Jahr eingeführten Collection Wilmotte setzt HESS einen Kontrapunkt zu den herkömmlichen, urbane Räume prägenden Straßenlampen. Die in Zusammenarbeit mit dem international renommierten Architekten und Stadtplaner Jean-Michel Wilmotte entwickelten Leuchten erfüllen über ihre Funktion als Lichtquelle hinaus den Anspruch, integraler Bestandteil einer zukunftsorientierten Innenarchitektur von Städten zu sein. Die kürzlich eingeführte Collection Winkels interpretiert das Thema Licht in der Stadt auf neue Weise. Lichtfarbe wird bei dieser breit gefächerten Leuchtenfamilie gezielt dazu eingesetzt, um Plätze und Straßen hierarchisch zu gliedern, besonderes hervorzuheben und die Attraktivität einer Stadt bei Nacht insgesamt zu steigern. Beide Collectionen werden durch Stadtmöbel komplettiert.

Mit dem für den Innen- und Außenbereich konzipierten Programm Avangardo, das in Zusammenarbeit mit dem Architekten Klaus Begasse entstand, dehnte HESS seine Aktivitäten Mitte der neunziger Jahre auf die Beleuchtung von Objekten aus. In jüngster Zeit stattete HESS zum Beispiel den Bahnhof von Dresden, die Messe Erfurt, das Design- und Entwicklungszentrum von Daimler-Benz in Sindelfingen, die Expo Portugal sowie den neu gestalteten Stadtteil Kirchberg in Luxemburg aus.

Wandleuchte Campo
aus dem Programm Avangardo

HESS Lichttechnik unterstützt Architekten und Planer

Wesentlichen Anteil am Erfolg des Unternehmens hat die HESS Lichttechnik. In einem Meßlabor, das in Zusammenarbeit mit der TU Karlsruhe eingerichtet wurde, werden alle Leuchten computerunterstützt vermessen und lichttechnisch optimiert. Wesentlicher Bestandteil der HESS-Leuchten sind die Spiegel-Reflektoren. Durch ihren Einsatz gelingt es, Lichtstärke- und Lichtdichteverteilung einer Leuchte exakt den Standorterfordernissen anzupassen und den Energieverbrauch zu reduzieren.

Knapp 40 qualifizierte Außendienstmitarbeiter mit elektrotechnischer Fachausbildung beraten bundesweit Architekten, Planer und Energieversorger in allen Fragen zu den Produkten und zu deren Einsatz. In Frankreich, Großbritannien, Italien und den USA ist HESS mit eigenen Niederlassungen vertreten. In weiteren 14 EU-Ländern und 15 außereuropäischen Staaten kooperiert HESS mit dort ansässigen Handelsunternehmen. Auch in den nächsten Jahren wollen die Geschäftsführer Jürgen G. Hess, Udo Schlude und Sieglinde Hess das Unternehmen auf Expansionskurs halten. Bis zum Jahr 2002 soll der Umsatz auf 70 Mio. DM klettern.

HESS Form + Licht
Schlachthausstr. 19
78050 VS-Villingen
Telefon 07721/920-0
Fax 077221/920-250

Richard Hirschmann GmbH & Co

HIRSCHMANN
Rheinmetall Elektronik

Über 70 Jahre Erfahrung auf dem Gebiet der Kommunikationstechnik

Mit einer ebenso einfachen wie genialen Erfindung begann 1924 die Erfolgsgeschichte des Hauses Hirschmann: dem „Eins-Zwei-Stecker" („Bananenstecker") des Firmengründers Richard Hirschmann. Der aus nur zwei Teilen bestehende Stecker ersetzte die damals üblichen störanfälligen Klemm- und Schraubkonstruktionen zwischen Radioempfänger und Antennenkabel.

Aus dem Esslinger Ein-Mann-Betrieb entwickelte sich das Unternehmen zu einer international tätigen Firmengruppe mit eigenen Produktionsstätten in Deutschland, Österreich und Ungarn sowie zusätzlichen Vertriebsniederlassungen in den wichtigsten europäischen Ländern und in Übersee. Seit 1997 gehört die Richard Hirschmann GmbH & Co zur Rheinmetall AG, Düsseldorf, und bildet dort unter dem Dach der Führungsgesellschaft Rheinmetall Elektronik AG zusammen mit sieben weiteren Firmen den Unternehmensbereich Industrielle Elektronik, in dem die elektronische Kompetenz der Rheinmetall-Gruppe gebündelt ist.

Senden, Empfangen, Übertragen und Verbinden, so lassen sich die Aktivitäten von Hirschmann in den vergangenen gut 70 Jahren auf einen kurzen Nenner bringen. Das Unternehmen begnügte sich nicht damit, Steckverbindungen für Antennen herzustellen, sondern präsentierte bereits in den 30er Jahren erste eigene Radio- und Autoantennen. Als 1950 der UKW-Rundfunk in Deutschland eingeführt wurde, waren Antennen aus dem Hause Hirschmann ebenso von Beginn an „auf Sendung" wie zwei Jahre später beim Start des Fernsehens.

Seit 1972 wandte sich das Unternehmen verstärkt der Telekommunikation zu. Standen in den ersten Jahren große Gemeinschaftsantennenanlagen im Vordergrund, so wurde zu Beginn der 80er Jahre die Deutsche Bundespost als Kunde immer wichtiger. Die erste Rundfunkempfangsstelle für ein Breitbandkabelnetz der Bundespost kam von Hirschmann. Es folgten Richtfunksende- und Empfangsanlagen für die regionale Einspeisung von Fernseh- und Hörfunkprogrammen in Breitbandkabelnetze. Das erste System dieser Art in Europa wurde 1983 von Hirschmann für das Kabelpilotprojekt Ludwigshafen/Vorderpfalz errichtet.

Bereits Ende der 70er Jahre gelang Hirschmann der Sprung in zwei neue Technologien: die optische Übertragungstechnik sowie die Satellitenempfangstechnik. 1980 präsentierte das Unternehmen den ersten durch IEC genormten optischen Steckverbinder. Zwei Jahre später folgte ein Steckverbinder für Kunststoff-Lichtwellenleiter. Einen weiteren Durchbruch auf dem Gebiet der optischen Übertragungstechnik schaffte Hirschmann 1984, als das Unternehmen an der Universität Stuttgart das weltweit erste optische Lokale Netzwerk mit aktiven Sternkopplern installierte, das dem internationalen ETHERNET-Standard entsprach.

Auf der Internationalen Funkausstellung 1981 stellte Hirschmann die erste Satellitenempfangsanlage mit rauscharmem Vorverstärker für den privaten Einsatz vor. Mit dieser Anlage ließen sich die Signale des Orbital Test Satellite (OTS) empfangen und aufbereiten. Zwei Jahre später kamen die ersten kommerziellen Fernsehprogramme via Satellit in die Haushalte. Ob „Eutelsat" oder später „Astra" sowie andere nationale und internationale Satelliten: Hirschmann ermöglichte überall auf der Welt den Empfang zahlreicher Fernseh- und Hörfunkprogramme.

Heute gehört Hirschmann zu den ersten Adressen im Bereich der modernen Kommunikationstechnik. Als Steckverbindungsspezialist deckt das Unternehmen den weiten Bereich der Automatisierung in Bus-, Sensor- und Aktortechnik ab und bietet eine breite Palette von Steckverbindern für Labortechnik, Maschinen- und Anlagenbau sowie Gebäudetechnik an. Für die Automobilindustrie entwickelt und fertigt Hirschmann automotive Steckverbinder sowie konfektionierte Verbindungsleitungen und ist der führende Hersteller von mobilen Antennensystemen in Europa. Mit seinen Komponenten für die unternehmensweite Vernetzung besitzt das Unternehmen heute ebenfalls eine führende Position in Europa. Innovative Produkte und Systeme für den komplexen Bereich der Multimedia-Kommunikation runden das High-Tech-Angebot des Elektronikspezialisten sowohl auf dem Gebiet der professionellen wie auch der Inhouse-Übertragungstechnik ab.

Richard Hirschmann GmbH & Co
Stuttgarter Straße 45–51
D-72654 Neckartenzlingen
Telefon (0 71 27) 14-0
Telefax (0 71 27) 14-12 14

Die iss innovative software services GmbH stellt sich vor:

Wer wir sind

Die Firma **iss innovative software services GmbH** entwickelt gemeinsam mit Kunden individuelle Softwarelösungen unter Einsatz moderner Methoden, Techniken und Werkzeugen des Projektmanagements und der Softwareentwicklung. Wir sind seit Oktober 1996 am Markt präsent und beschäftigen inzwischen rund 40 Mitarbeiter. Unser Team setzt sich vorwiegend aus jungen engagierten Ingenieuren der Elektrotechnik mit umfangreichen Kenntnissen in der Softwareentwicklung sowie erfahrenen Entwicklern mit mehrjähriger Berufserfahrung zusammen.

Was wir machen

Unsere Geschäftsfelder erstrecken sich über folgende Aufgabengebiete:

- Mikrocontroller-Applikationen für Steuergeräte im Automobilbau aus den Bereichen Motor- und Getriebesteuerung sowie der Karosserieelektronik mit Kommunikation über die CAN-Bus-Technologie.
- Vorgehensmodellunterstützung und Integration von Softwarewerkzeugen in die Entwicklungsumgebung.
- Smalltalk-Applikationen z. B. für vertriebsunterstützende Systeme in der Automobilindustrie.
- Aufbau und Einführung von Qualitätsmanagementsystemen nach ISO 9000 und Bereitstellung des QM-Handbuchs online und interaktiv am Arbeitsplatz.
- Systemprogrammierung, z. B. Entwicklung grafischer Oberflächen für Leitstände.

Unsere Produkte

- VAMOS-BE ist eine bewährte Business Engineering Methode zur graphisch interaktiven Modellierung von Geschäftsprozessen. Mit ihr lassen sich Schwachstellenanalysen auf der Basis dynamischer Animation und Simulation durchführen zur Gewinnung objektiver und kundenspezifischer Optimierungsvorschläge.
- REIS-GT dient zum nutzerorientierten Requirement Engineering mit graphischer Notation. Die Modellierung wird durch einen komfortablen graphischen Editor unterstützt. Die Entwicklung und Dokumentation erfolgt rechnerge-

stützt top-down in Funktions-, Verfahrens- und Datenmodellen unter Gewährleistung der Semantik und Syntax der Methode REIS.

- A2C ist eine Assembler-Maintenance-Umgebung, die automatisch eine graphische Dokumentation für existierende Assemblermodule in Form eines Jump-Level-Graphen erzeugt. Das Tool unterstützt die graphisch interaktive Neuentwicklung von Assemblerprogrammen auf der Basis von Ablaufgraphen und die Transformation von strukturierten Assemblerprogrammen in höheren Programmiersprachen.
- aida (active information development assistant) unterstützt die einfache Beschreibung von AIP-Applikationen (AIP = Aktive Informations-Präsentation). AIP ist ein Konzept zur kostengünstigen Erstellung von Multimediaanwendungen auf der Basis von im Unternehmen verfügbaren Informationen in Form von z. B. MS-Office-Dateien (Winword, Excel, Powerpoint, Project).

Wie Sie mit uns in Kontakt kommen

iss innovative software services GmbH
Nobelstr. 15 – 70569 Stuttgart
Tel.: 0711/6 86 68-0
Fax.: 0711/6 86 68-29
E-Mail: iss@iss-stuttgart.de
im Internet: http://www.iss-stuttgart.de

480 000 kommunikationstechnische Anschlüsse in 860 Gebäuden wurden in nur fünf Monaten realisiert. Dabei übernahm IBW GmbH für die Bundesanstalt neben der technischen Beratung auch die Schulung, die Fachoberbauleitung sowie die dazu notwendige Gesamtprojektsteuerung. Als größtem europäischen Vernetzungsprojekt mit einem Investitionsvolumen von 250 Millionen DM wurde „Route 96" der Deutsche Projektmanagement Award 1997 verliehen.

Diese hohe Projektauszeichnung ist für uns der Ansporn, nicht nur in der Technik richtungweisende Lösungen zu präsentieren, sondern auch weiterhin unsere interdisziplinären Dienstleistungen in nationalen und internationalen Projekten zu beweisen.

Wir wünschen dem Bezirksverein Württemberg und dem VDE insgesamt eine weiterhin interessante, erfolgreiche und herausfordernde Zukunft.

IBW – Wagner · Beratende Ingenieure im württembergischen Sindelfingen wird dabei über die Grenzen hinweg ihren Teil der Innovation aus Tradition leisten.

Dipl.-Ing. Thomas F. D. Wagner, Geschäftsführer
Dipl.-Ing. (FH) Dirk Traeger, Fachreferent Datentechnik

IBW Thomas Wagner GmbH
Vogelhainweg 6
71065 Sindelfingen
Telefon 07031/7903-0
Telefax 07031/7903-79 0399
E-Mail IBWagner@aol.com
Internet www.IB-Wagner.de

Vom Elektroinstallationsbetrieb zum High-Tech-Unternehmen

Setzt der Elektrohandwerker einen Lichtschalter oder eine Steckdose in die Wand, so tut er dies vermehrt mit einer VDE-geprüften Unterputz- oder Hohlwanddose von KLÄGER. Sucht ein Industrieeinkäufer einen kompetenten Partner zum Spritzgießen von Kunststoff oder Keramik, so führt auch sein Weg recht schnell zur Firma GERHARD KLÄGER nach DORNSTETTEN im Schwarzwald.

Die vier Geschäftsfelder ENGINEERING, FORMENBAU, PRODUKTION und ELEKTRO bilden ein breites Spektrum an High-Tech-Produkten und Dienstleistungen, welche in die EU, USA und nach Asien exportiert werden. Internationale Kunden aus den Branchen Elektrogroßhandel, Elektroindustrie, Maschinenbau, Medizintechnik, Konsumgüter-, Luft- und Raumfahrt- sowie Automobilindustrie vertrauen auf die KLÄGER-KOMPETENZ und tragen, zusammen mit den Elektro-Installationsartikeln, zu einer Palette von fast 2000 Produkten bei.

Es begann am 1. Januar 1953. Ing. Gerhard Kläger übernahm im Alter von 25 Jahren den Elektroinstallationsbetrieb und die Motorenwickelei seines Vaters. Schon damals zeigte er Pioniergeist und entwickelte „seinen" ersten Installationsartikel – die Schalterdose! 1959 erhielt der junge Ingenieur für seine Entwicklungen die ersten Patente. In den Folgejahren kamen laufend neue patentierte Elektro-Produkte hinzu und es wurden die ersten Elektro-Großhandlungen mit „Kläger-Installationsmaterial" beliefert. Bis 1966 wurde die Produktion weiter ausgebaut und 1967 erfolgte die Fertigstellung des 1. Bauabschnitts vom heutigen Firmengebäude.

Nun begann erstmalig die Produktion von Kunststoffprodukten für Kunden anderer Branchen. Neben der reinen Kunststoff-Teileherstellung wurden Produktionsbereiche zur Produktveredelung, Baugruppenmontage und ein hochmoderner Formenbau eingerichtet.

Heute stellt sich das Unternehmen, unter der Leitung von Dr.-Ing. Roland Kläger, als kunststoff- und keramikverarbeitender Betrieb mit hochinnovativer Ausrichtung dar. Ein Team von 90 hochqualifizierten Mitarbeitern produziert auf über 10 000 m^2 Fläche und modernsten Systemarbeitsplätzen für Montage- und Veredelungsarbeiten im Dreischichtbetrieb, neben den sogenannten Fremdprodukten, qualitativ hochwertige und VDE-geprüfte Elektro-Installations-Systeme zur Unterputz- und Hohlwandverlegung, welche bundesweit über den Elektro-Fachgroßhandel vertrieben werden.

Die Grenzen des Wachstums sind noch lange nicht erreicht, denn durch die in der Unternehmensphilosophie fest verankerte hochinnovative Ausrichtung in allen Bereichen des Unternehmens und den sich damit neu zu erschließenden Märkten befindet sich KLÄGER mitten in einem neuerlichen Wandel.

Kabel verbinden die Gegenwart mit der Zukunft

Dieses Motto des Firmengründers Oskar Lapp stand am Beginn vieler bedeutender Produktentwicklungen von LAPP KABEL. Als Oskar Lapp vor über 40 Jahren mit ÖLFLEX® die erste industriell gefertigte Steuerleitung der Welt entwickelte, zog er damit einen Schlußstrich unter das mühsame Einziehen von Einzeladern und Schaltlitzen in Schläuche. Gleichzeitig legte er den Grundstein für die erfolgreiche Entwicklung des Unternehmens mit Stammsitz in Stuttgart-Vaihingen. Durch die Nähe zum Markt und dank der detaillierten Kenntnisse der Anwendungsfelder unserer Kunden entstanden immer neue innovative Kabel und Leitungen. Auf der Grundlage abgestimmter Systeme wurde im Laufe der Jahre das Angebotsspektrum kontinuierlich erweitert. So ist heute die LAPP GRUPPE mit über 30 Unternehmen, rund 50 Vertretungen und ca. 1700 Mitarbeitern weltweit einer der führenden Anbieter von Kabeln, Leitungen, Kabelzubehör, Steckverbindungen und Kommunikationstechnik.

In den unterschiedlichsten Branchen sind Produkte der LAPP GRUPPE international längst zu Standards geworden. So steht der Name des Klassikers ÖLFLEX® heute weltweit als Synonym für flexible Steuerleitungen. Nicht anders ist es mit den weiteren Dachmarken UNITRONIC® Datenleitungen, HITRONIC® Lichtwellenleitersysteme, SKINTOP® Kabelverschraubungen und FLEXIMARK® Kennzeichnungssysteme – auch sie gelten als Inbegriff für Qualität, Präzision und Zuverlässigkeit. Im Maschinenbau, in der Kfz-Industrie und der Meß-/Steuer/-Regeltechnik genauso wie im EDV-Bereich, in der Automatisierungstechnik und im Bereich Elektro-/Installations-Technik. Und sollte unter 40.000 Standardartikeln nicht die richtige Lösung für die Aufgabenstellung des Kunden dabei sein, werden individuelle Lösungen entwickelt.

Unsere Dachmarken wie auch alle anderen Produkte und Spezialanfertigungen sind Bausteine für den Erfolg und für Qualität, die auch höchsten Anforderungen genügt. Dies wird durch viele internationale Approbationen bestätigt. Mit neuen Entwicklungen werden wir auch in Zukunft wichtige Impulse geben. Denn Aufgeschlossenheit für neue Ideen, Offenheit im Umgang mit unseren Kunden und die Konsequenz, daraus Produkte und Lösungen zu entwickeln, sind elementare Bestandteile unserer Unternehmensphilosophie. Automation, Kommunikation, Globalisierung und zukünftige Trends sehen wir nicht als Risiko, sondern als Chance. Die enge Zusammenarbeit mit Kunden, das Beobachten und die Präsenz auf den Märkten in aller Welt sind die Basis für diese Beweglichkeit. Wir halten die Augen offen, hören zu und entwickeln uns weiter, damit wir unsere Produkte weiterentwickeln. Dahinter steht das Versprechen all unserer Mitarbeiterinnen und Mitarbeiter, sich täglich mit Kompetenz, Engagement und Offenheit für die Interessen unserer Kunden einzusetzen.

Friedrich Lütze GmbH & Co.
– Die Unternehmensgründung –

Friedrich Lütze, der Unternehmensgründer, wuchs in Sarata unweit von Odessa auf. Nach Kriegswirren und Gefangenschaft ging Friedrich Lütze 1952 nach Württemberg, der Heimat seiner Vorfahren.

Ein Jahr später heiratete er in Waiblingen die Kaufmannstochter Gertrud Winter und begann mit ihrer tatkräftigen Hilfe eine berufliche Existenz aufzubauen.

Selbständig zu sein war das große Ziel von Friedrich Lütze.

1958 war es dann soweit:

Im Wohnhaus der Schwiegereltern wurde die Firma „Friedrich Lütze" zum Vertrieb von Kabeln und elektrotechnischen Komponenten gegründet.

1964 wurde die Firma in eine GmbH umgewandelt und ein Jahr später konnten bereits die eigenen Geschäftsräume im Industriegebiet von Weinstadt-Großheppach – noch heute Stammsitz des Unternehmens – bezogen werden.

Der Firmengründer und Geschäftsführer Friedrich Lütze

Friedrich Lütze GmbH & Co. – Die Expansion –

Anfang der 70er Jahre begann eine Phase der Innovation und Expansion:

1972 Einführung vom LSC-Verdrahtungssystem, das sich – ständig weiterentwickelt – noch heute erfolgreich auf dem Markt behauptet.

1974 Beginn der eigenen Fertigung von elektrotechnischen Komponenten und kompakten Interface-Modulen.

1976 Gründung der beiden Tochtergesellschaften:
- die Lütze SARL in Frankreich
- die Lütze Ges.mbH & Co. in Österreich

1979 Gründung der Lütze AG in der Schweiz.

1980 Einrichtung einer eigenen Entwicklungsabteilung, um auch individuellen Kundenwünschen Rechnung tragen zu können.

1986 Erweiterung mit der Industrieanlage „Werk 11" in Beutelsbach

1989 Gründung der Lütze INC. in den USA, deren Leitung der Sohn des Firmengründers, Udo Lütze, nach seiner Ausbildung in den USA übernimmt.

1992 Einstieg in die Lütze Feldbus-Technologie, die mittlerweile Maßstäbe in der Steuerungstechnik setzt.
1993 Gründung der fünften Tochtergesellschaft, Lütze Ltd. in England.
1995 Zertifizierung durch die Deutsche Gesellschaft für Qualitätssicherung (DQS) nach DIN ISO 9001; eine wichtige Voraussetzung für die Behauptung auf internationalen Märkten und für die Auszeichnung 1996 zum Success-Lieferant für Siemens.
1997 Gründung der Friedrich Lütze International GmbH zur Koordinierung der weltweiten Aktivitäten.

Die Lütze Gruppe ist heute ein Unternehmen der Elektronik- und Elektrotechnikbranche, das weltweit operiert.

Spezialisiert auf die Entwicklung und Herstellung elektronischer und elektrotechnischer Bauelemente und -systeme für die Installation, Steuerung und Automatisierung von Fertigungseinrichtungen hat die Lütze GmbH & Co. zahlreiche Patente erworben.

Als Systemlieferant bietet Lütze ein umfassendes und aufeinander abgestimmtes Produktprogramm an. Von Steuerleitungen über ein Verdrahtungssystem für Schaltschränke bis hin zur zukunftsweisenden Interface- und Feldbustechnologie erhalten die Kunden – individuell auf die jeweiligen Bedürfnisse zugeschnitten – alles aus einer Hand.

In namhaften Großunternehmen werden zahlreiche Lütze Produkte als Konstruktionselemente vorgeschrieben.

Friedrich Lütze GmbH & Co. – Das 40jährige Jubiläum –

Das 40jährige Firmenjubiläum im Jahr 1998 gibt Anlaß, die Weichen für die Zukunft zu stellen. Udo Lütze, Sohn des Firmengründers, der zur Zeit die USA Tochtergesellschaft leitet, übernimmt in den nächsten Jahren Zug um Zug die Verantwortung für die Lütze Gruppe.

Friedrich Lütze GmbH Co.
Postfach 12 24 (PLZ 71366)
Bruckwiesenstraße 17–19
D-71384 Weinstadt-Großheppach
Telefon 0 71 51/60 53-0
Telefax 0 71 51/60 53-2 77
http://www.luetze.de
e-mail: info@luetze.de

Das Firmengebäude in Weinstadt-Großheppach

LÜTZE-DIOPLEX-Feldinsel
Eine Modulfamilie in IP67 zum Einsatz an nahezu jedem Ort.

LÜTZE-DIOFACE-Feldstation
Ein kompaktes, modulares System zum Anschluß von bis zu 320 E/As auf einer Grundfläche von nur 50 x 16 cm.

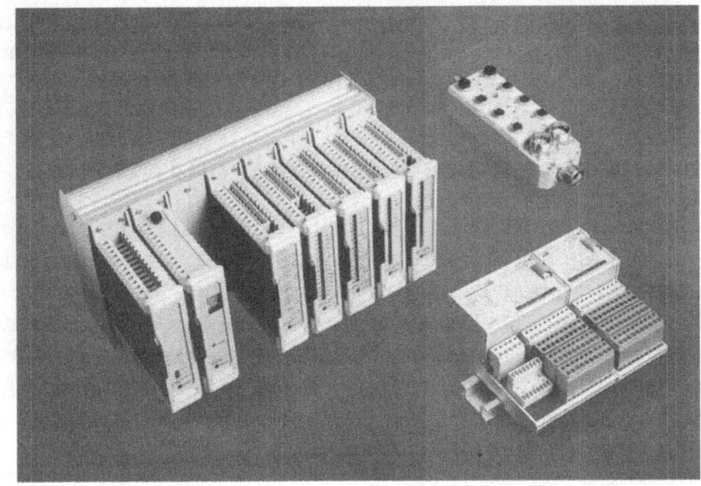

LÜTZE-DIOCOM-Feldmodul
Ein variables System zur optimalen Anpassung an die jeweilige Anwendung.

Lütze Feldbuskomponenten

Mannesmann Mobilfunk: Der Erfolg begann im Südwesten

mannesmann mobilfunk

Eine faszinierende Erfolgsstory: Heute telefonieren deutlich über 4 Millionen Kunden im D2-Netz von Mannesmann Mobilfunk. Wer hätte das gedacht, als vor rund sechs Jahren, im Juni 1992, der kommerzielle Betrieb des D2-Netzes startete? Denn Mobilfunk war bis dahin eine exklusive Angelegenheit, die sich nur wenige leisten konnten. Das sollte sich bald ändern: Bereits sechs Monate nach dem Start konnte der erste private Netzbetreiber in Deutschland den hunderttausendsten Kunden begrüßen. Die Entwicklung ging rasant weiter. Heute ist mobile Kommunikation in Deutschland für viele unverzichtbar – und ein selbstverständlicher Teil des alltäglichen Lebens. Großen Anteil hat hieran Mannesmann Mobilfunk mit seinen rund 6000 Mitarbeitern. Was viele nicht wissen: Die Erfolgsstory nahm zu einem guten Teil ihren Anfang in Baden-Württemberg.

Denn Dr. Peter Mihatsch, der „Gründungsvater" von Mannesmann Mobilfunk, war Geschäftsführer der Mannesmann-Kienzle GmbH in Villingen-Schwenningen, als er 1988/89 zusammen mit Dr. Werner Dieter, dem damaligen Vorstandsvorsitzenden der Mannesmann AG, die Bewerbung von Mannesmann um die erste private Mobilfunklizenz auf den Weg brachte. Und das Team, das daraufhin für die Bereiche Marketing und Vertrieb ein Bewerbungs-Konzept erarbeitete, war bis Herbst 1989 im Bildungszentrum von Mannesmann-Kienzle in Donaueschingen untergebracht. Als das Unternehmen im Dezember 1989 das Rennen um die D2-Lizenz gewann, war deshalb der Jubel im Ländle besonders groß. Auch wenn die Zentrale des neuen Unternehmens nicht an der Donau angesiedelt wurde, sondern an den Rhein, nach Düsseldorf, zog.

Erfolgreiche Niederlassung im Südwesten

Mannesmann Mobilfunk ist auch heute im Ländle stark präsent. Denn in Stuttgart hat die Niederlassung Südwest ihren Sitz, die in Baden-Württemberg, der vorderen Pfalz und einem Teil Südhessens den Vertrieb organisiert und auch Funknetzplanung sowie Netzbetrieb eigenständig verantwortet. Mit mehr als 1300 Funkzellen ist das D2-Netz im Südwesten sehr gut ausgebaut – eine besondere Leistung bei der topografisch schwierigen Region mit Schwarzwald und Schwäbischer Alb.

Zudem ist Stuttgart einer von mehreren Standorten der telefonischen Kundenbetreuung von Mannesmann Mobilfunk: Hier beantworten Mitarbeiter unter der kostenlosen Rufnummer 0172 / 1212 rund um die Uhr und an 365 Tagen im Jahr alle Fragen zum mobilen Telefonieren mit D2 privat – ob es um die Bedienung der Mailbox, das Mobiltelefonieren im Ausland oder Fragen zur letzten Rechnung geht.

Der erste Mitarbeiter der Niederlassung Südwest nahm im Mai 1990 in Bad Cannstatt seine Arbeit auf, damals noch als Gast in den Räumen einer Schwestergesellschaft des Mannesmann-Konzerns. Heute, acht Jahre später, beschäftigt die Stuttgarter Dependance rund 500 Mitarbeiter und hat Ende 1997 ein neues repräsentatives Domizil in Stuttgart-Weilimdorf bezogen.

Breite Palette an Diensten und Services

In das neue Gebäude ist auch ein D2-Shop integriert. Dort – und natürlich auch in den anderen Shops und Centern von Mannesmann-Mobilfunk – können Kunden nicht nur die D2-Karte, den Schlüssel zum D2-Netz, erwerben, sondern auch die Geräte aus der neuesten Handy-Generation und passendes Zubehör. Zudem können sich Kunden über die umfangreichen Dienst- und Serviceleistungen beraten lassen.

Die Palette reicht vom persönlichen Anrufbeantworter, der Mailbox, über Anrufsperrung und Anrufumleitung bis hin zu Info-Diensten, wie zum Beispiel Verkehrsinformationen, Pannenhilfe oder Sport- und Wirtschaftsinfos im Abo. Immer beliebter werden auch die mobile Datenübertragung mit D2-Message und D2-Data. Mannesmann Mobilfunk erweitert ständig das Angebot an attraktiven Diensten – und sorgt auch auf diesem Wege dafür, daß die Erfolgsgeschichte des Unternehmens laufend fortgeschrieben wird – in Baden-Württemberg und dem Rest der Republik.

Anschrift: Mannesmann Mobilfunk GmbH
Niederlassung Süd-West
Ingersheimer Str. 10
Stuttgart 70499
Telefon 0711/1396-0
Telefax 0711/8661416

Kundenbetreuung: Rund um die Uhr erreichbar unter der kostenlosen Rufnummer 0172/1212

Internet: Weitere Informationen unter http://www.D2privat.de

Das Testhaus.

Testen von elektronischen Komponenten und Ausfallanalysen vom Gerät bis in die Mikroelektronik

microtec ist ein unabhängiges Testlabor für Mikroelektronic und ist seit 1982 ein kompetenter Partner für die Elektroindustrie. Die Qualität der Leistungen wird bereits ab 1992 durch die Zertifizierung nach DIN EN ISO 9001 und zusätzlich nach DIN EN 45001 (CECC) gewährleistet. Im Vordergrund stehen dabei die Belange der Kunden nach schneller und termingerechter Auftragsbearbeitung mit hoher Qualität zu Marktpreisen.

Mit einem Team von über 30 Vollzeit- und ebenso vielen Teilzeitmitarbeitern werden für unsere Kunden im Jahr mehrere Millionen Halbleiterbauelemente getestet. Der moderne Testgerätepark und der Einsatz aller Mitarbeiter erlaubt es in drei Schichten auch höchste Kundenanforderungen zu erfüllen, microtec hat sich dabei auf Microcontroller, Standard- und Peripherieschaltkreise, Mixed-Signal-ICs und ASICs spezialisiert.

In einer Produktionsumgebung werden Wafer (bis 8-Zoll) und Endprodukte aller Gehäusearten getestet. Größtenteils werden die notwendigen Testprogramme und die geforderte Testhardware von einem qualifizierten Team selbst entwickelt.

Visuelle Inspektion und Richten der Bauteile (scanning & straightening), Gurten für die automatische Bestückung oder Programmieren von z. B. OTPs (einmal programmierbaren Bauelementen) sowie Dry-Pack für SMD Bauelemente ergänzen die Leistungen. Damit kann ein Halbleiterhersteller seinen Kunden die Komponenten fehlerfrei und bestückungsfertig liefern.

Um die Frühausfallrate von Halbleiterbauelementen zu reduzieren, können diese kontrolliert bei hoher Temperatur vorgealtert werden (burn-in). microtec verfügt über das notwendige Know-how und die entsprechende Geräteausstattung. Die Entwicklung und die Bereitstellung der bauteilspezifischen Adaptionen gehören ebenso zur Leistung wie die Auswertung der Ergebnisse.

Neben dem kompletten Backend (Testen, Scannen, Tape&Reel etc.) können Bauelemente im Haus qualifiziert werden u. a. durch Umweltprüfungen, ESD-, Latch-up-, Leck- und Bond-pull-Tests sowie Lötbarkeitsuntersuchungen.

Die Ausfallursache von Komponenten kann im Prüflabor nach einer elektrischen Fehlerlokalisierung/-analyse und dem Öffnen visuell beurteilt werden. Dazu stehen verschiedene Lichtmikroskope und ein Raster-Elektronenmikroskop (REM) zur Verfügung.

Dipl.-Ing. (FH) Walter Schock, microtec GmbH, Stuttgart

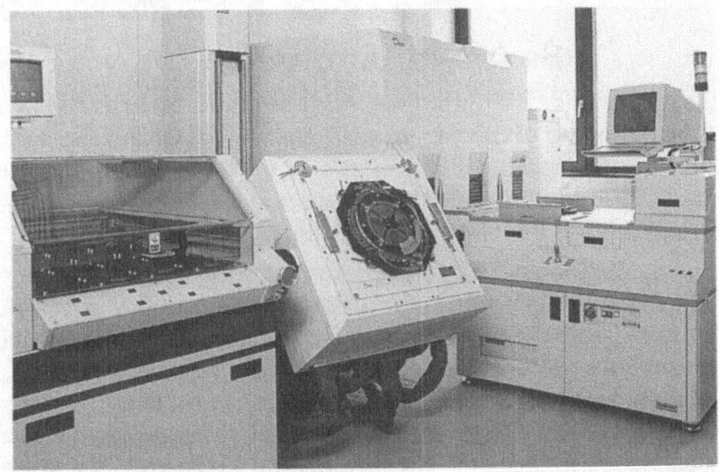

Testlabor mit Duo

Die Funktionalität moderner elektronischer Baugruppen, Geräte und Systeme wird immer mehr in die hochkomplexen Chips (systems-on-chip) verlagert. Deshalb wird gutes Halbleiterwissen für Gerätehersteller immer wichtiger. Aus diesen Gründen befaßt sich microtec seit über zwei Jahren in dem neu formierten Ingenieurteam GFA auch mit der Gerätetechnik. Schwerpunktmäßig werden dabei Ausfallanalysen an elektronischen Baugruppen, Geräten und Systemen durchgeführt.

Nach einem technischen Überblick wird zusammen mit dem Kunden die Untersuchung abgestimmt. Sofern keine geeigneten Prüfmittel verfügbar sind, werden diese bei microtec entwickelt und gebaut. Wenn notwendig können sporadische Fehler oder Langzeiteffekte durch Dauerversuche ermittelt werden. In die Betrachtungen werden auch Fertigungs- und Prozeßfehler einbezogen.

Somit steht dem Kunden eine ganzheitliche Untersuchung von elektronischen Systemen und elektronischen Bauelementen bei microtec zur Verfügung.

Das gesamte Leistungsspektrum wird abgerundet durch Beratungen und Fachveranstaltungen für Test- und Qualitätssicherung, Prozeßoptimierung und die Erstellung von technischer Dokumentation.

Kontaktadresse:

microtec GmbH
Testlabor für Mikroelektronik
Motorstraße 49
70499 Stuttgart
Tel.: (0711) 86709-0
Fax.: (0711) 86709-50
homepage: http://www.mtec-testhaus.de
e-mail: microtec@mtec-testhaus.de

PFISTERER

Beste Verbindungen für die Zukunft

Elektrotechnik und Energieversorgung sind nicht denkbar ohne Verbindungs-, Anschluß- und Abzweigelemente. Seit seiner Gründung im Jahr 1921 beschäftigt sich das Stuttgarter Unternehmen Karl Pfisterer in Untertürkheim und an den Produktionsstandorten Winterbach und Gussenstadt mit diesen Knotenpunkten in den Netzen der elektrischen Energieversorgung.

Bis zu Beginn der fünfziger Jahre wurden in den Netzen vorwiegend blanke Leitungen verwendet. Anfang der sechziger Jahre kam es dann durch die neu verfügbaren Kunststoffkabel zu einer Umgestaltung der Niederspannungsnetze. Dieser Wandel von der Niederspannungs-Freileitung zum Kabel konnte auch deshalb so rasch erfolgen, weil geeignete und leicht montierbare Klemmen entwickelt wurden. Pfisterer hat diesen Technologiewandel rechtzeitig erkannt und wesentlich mitgestaltet. So ermöglichte es die von Pfisterer entwickelte Schraubkompaktklemme (SCK) – eine auch unter Spannung zu montierende Mehrfachabzweigklemme –, auf einfache Art einen Abzweig z. B. zur Versorgung eines neuen Hauses herzustellen. Von diesem Klemmentyp sind bis heute in Europa ca. 15 Mio. Stück im Einsatz.

Ab Mitte der siebziger Jahre gab es Kunststoffkabel und die notwendigen Garnituren auch für den Bereich der Mittelspannung. Auf diesem neuen Feld war Pfisterer ebenfalls von Anfang an mit Bauteilen zum Anschließen, Verbinden und Abzweigen vertreten.

In völlig neuer Weise löste das CONNEX-Kabelstecksystem die Aufgabe, Mittelspannungskabel von 10 bis 30 kV anzuschließen. Wesentliche Merkmale dieses äußerst erfolgreichen Systems sind seine kompakte Bauweise, Überflutbarkeit sowie die einfache und schnelle Montage. Diese Vorteile führten rasch zur weltweiten Verbreitung der neuartigen Anschlußtechnik. Bis heute sind ca. eine Million CONNEX-Kabelstecker aus dem Hause Pfisterer im Einsatz.

Seit etwa Mitte der achtziger Jahre geht auch beim Bau von 110-kV-Netzen zur Versorgung von Ballungsräumen der Trend hin zum Kunststoffkabel. Pfisterer reagierte darauf mit der Entwicklung seines Hochspannungs-Kabelsteckers. Darüber hinaus hatte der zunehmende Einsatz von Kunstoffkabeln die Entwicklung neuer Armaturen und Garnituren zur Folge.

Heute liegen die Kernkompetenzen des Unternehmens Pfisterer in den Tätigkeitsfeldern Kontakttechnik mit Nennströmen bis 2500 A, Aufhängung und Abspannung mit Nennkräften bis 1000 kN und steckbare Isolieranordnungen mit Prüfspannungen bis 275 kV. Dank der vielfältigen Möglichkeiten, die die hauseigenen Prüfeinrichtungen bieten, und der vorhandenen modernen Entwicklungswerkzeuge wie CAD in dreidimensionaler Version war und ist Pfisterer als mittelständisches, innovatives Unternehmen bestens gerüstet für die zukünftigen Entwicklungen und Herausforderungen im Bereich der Energieversorgung.

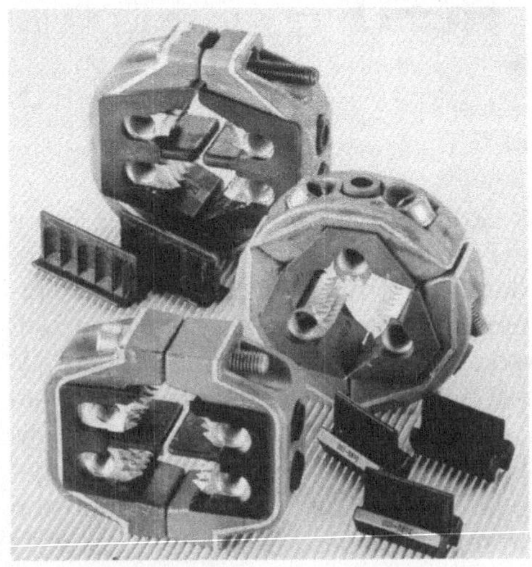

SCK-Kabelabzweigklemmen

CONNEX-Kabelabschlußsystem am Leistungstrafo

Verbindung, Anschluß und Abzweig sind wesentliche Knotenpunkte in den Netzen der Energieversorgung. Ihre Bedeutung wird noch zunehmen angesichts der bevorstehenden Durchleitungsproblematik (TPA), denn an diesen Netzübergangsstellen wird ein zusätzlicher Bedarf an Meßwerten entstehen. Pfisterer arbeitet deshalb intensiv daran, moderne Sensorik z. B. für Strom, Spannung und Temperatur in die ohnehin am Netzknoten sitzenden klassischen Elemente zu integrieren. Weitere Trends, die den Einsatz von neuen integrierten Sensoren erforderlich machen, sind die Automatisierung der Netzführung, die Überwachung einer zukünftig steigenden Auslastung und das Online-Monitoring von Betriebsmitteln zur Zustandsüberwachung.

Pfisterer-Lösungen waren und sind wegweisende Verbindungen für den Strom und werden es auch in Zukunft sein.

Karl Pfisterer
Elektrotechnische Spezialartikel GmbH & Co. KG
Inselstraße 140
70327 Stuttgart
Telefon: 07 11-30 12-0
Fax: 07 11-30 12-197
E-Mail: dialog@pfisterer.s.uunet.de
http://www.pfisterer.de

REFU elektronik GmbH – Moderne Antriebstechnik für eine gute Zukunft

Die Geschichte der Firma REFU elektronik GmbH, Metzingen, ist seit der Gründung 1965 eng gekoppelt mit dem rasanten Fortschritt elektronischer Drehstromantriebe. Den ersten Frequenzumformer, der vor allem für schnellaufende Bohrspindeln eingesetzt wurde, stellte REFU 1968 vor. Die Drehzahl von Drehstrommotoren durch ein Verändern der Speisefrequenz zu steuern war damals neu. Als erster setzte REFU dann 1980 Mikroprozessoren in den Frequenzumrichtern ein und vereinfachte damit die Inbetriebnahme und Bedienung der Geräte deutlich. Seit 1989 bietet das Unternehmen Frequenzumrichter mit feldorientierter Regelung. Die Vorteile der Gleichstromantriebe lassen sich damit auch mit robusten und wartungsfreien Drehstrom-Normmotoren erreichen. Nicht nur das volle Drehmoment bei Drehzahl Null, sondern auch hochdynamische Momentanregelzeiten – heutzutage perfektioniert auf nur 0,4 ms – werden realisiert.

Im Laufe der Zeit wurden die Frequenzumrichter bei steigenden Stückzahlen immer kleiner, preiswerter und mit einem zunehmenden Funktionsumfang ausgestattet. Es zeichnet sich eine zunehmende Dezentralisierung der Intelligenz beim Einsatz der Antriebe ab. Diese zählen immer mehr zu intelligenten aktiven Komponenten in automatisierten Maschinen und Prozessen.

Die modernen REFU Frequenzumrichter und Wechselrichter verfügen daher alle über eine Bibliothek mit frei verknüpfbaren Technologiefunktionen. Diese enthält u. a. PID- und PI-Regler, mathematische und logische Funktionsglieder, Komparatoren, Zeitglieder, Zähler etc. Durch eine geeignete Verknüpfung können die Geräte Funktionen übernehmen, die weit über das herkömmliche Maß von Antriebsreglern hinausgehen. Externe Steuer- und Regeleinrichtungen lassen sich einsparen, SPS-Programmierkenntnisse sind nicht notwendig.

Auch das Bedienen und Parametrieren ist heute mit Quick-setup-Menü, Graphikdisplay, automatischer Selbstanpassung der Geräte komfortabel und anwenderfreundlich. Bei Serieninbetriebnahmen lassen sich die Daten entweder über das abnehmbare Bedienfeld mit integrierter Kopierfunktion oder über eine PC-Software schnell und damit kostengünstig auf das nächste Gerät übertragen. Die PC-Software REFUwin verfügt darüber hinaus über eine integrierte Oszilloskop-Funktion, mit der sich die in Echtzeit im Umrichter ermittelten Daten auf dem PC für eine Antriebsoptimierung bei der Inbetriebsetzung darstellen lassen.

Mit der aktuellen, modularen Gerätereihe REFUdrive 500 bietet REFU durchgängige Antriebslösungen im Leistungsbereich von 1,5 kW bis 400 kW. Die Geräte finden ihren Einsatz zum Beispiel bei Pumpen, Rührern, Extrudern, Gebläsen und Zentrifugen in der Chemischen Industrie, für die Faserherstellung in der Textilindustrie, bei Hebezeugen, Fördersystemen und bei Prüfständen.

Für hohe Drehzahlen, wie sie z.B. für das Innenrundschleifen gefordert werden, sind die REFU Frequenzumrichter mit Ausgangsfrequenzen bis 3000 Hz erhältlich.

Neben dem herkömmlichen Produktprogramm ist das Unternehmen auch auf kundenspezifische Entwicklungen (z. B. Traktionsantriebe) spezialisiert.

Heute ist REFU ein mittelständisches Unternehmen mit rund 240 Mitarbeitern in Deutschland und weltweiten Vertriebs- und Servicestützpunkten. Auf die gute Qualität der Produkte, Dienstleistungen und aller betrieblichen Aktivitäten wird großer Wert gelegt. REFU ist seit 1995 zertifiziert nach DIN EN ISO 9001.

REFU elektronik
Gesellschaft für regelbare elektronische
Frequenzumformer mbH
Postfach 1554 · D-72545 Metzingen
Uracher Straße 91 · D-72555 Metzingen
Telefon (0 71 23) 9 69-1 12
Telefax (0 71 23) 9 69-1 20
http://www.refu.com
marketing@refu.com

SIEMENS

Wachstum durch Innovationen

Seit nunmehr 100 Jahren sind Siemens und der VDE in Württemberg eng verbunden. Beide haben hier sowohl auf dem Gebiet der Elektrotechnik als auch auf dem der Elektronik Erhebliches geleistet und große Erfolge erzielt: Der VDE, weil er es sich zur Aufgabe gemacht hat, die Schlüsseltechnologien Elektrotechnik, Elektronik und Informationstechnik weiterzuentwickeln und zu fördern; das Unternehmen Siemens, weil es sich die Elektrotechnik selbst zur Aufgabe gemacht hat. „Nur die Elektrotechnik, aber die ganze Elektrotechnik" – so lautet der Grundsatz, dem sich das Haus Siemens verschrieben hat. Die engen Kontakte beruhen dabei nicht nur auf dem gemeinsamen Aufgabengebiet. Repräsentanten der Siemens AG in Stuttgart haben sich immer im VDE engagiert oder waren dort in leitender Funktion tätig.

Die heute enge Verbindung von VDE und dem Unternehmen Siemens beruht auf einer aktiven Gegenwart und einer traditionsreichen gemeinsamen Vergangenheit, denn die zeitliche Nähe der Gründung des ersten Siemens-Regionalbüros und des VDE-Bezirksvereins Württemberg ist sicher kein Zufall.

Die erste Filiale im Königreich Württemberg

Ende 19. Jahrhundert – die Elektrotechnik trat ihren Siegeszug an und entwickelte sich rasant. Siemens errichtete – nur wenige Jahre vor der Gründung des württembergischen VDE-Bezirksvereins – die erste Niederlassung in Württemberg. In einer Annonce der ‚Stuttgarter Kronik' stand 1894 zu lesen: „Wir bringen hierdurch zur gefälligen Kenntnis, daß wir in Stuttgart eine eigene Geschäftsstelle für das Königreich Württemberg errichtet haben, unter der Leitung unseres Ingenieurs Herrn Bernhard Kellner, Hegelstraße Nr. 9. Derselbe wird für jede Art elektrischer Anlage, insbesondere auf dem Gebiete der elektrischen Beleuchtung und Kraftübertragung mit Auskunft gerne zur Seite stehen, und bitten wir, bei eintretendem Bedarf, sich gefälligst an den denselben wenden zu wollen." Entsprechender Bedarf trat bald ein: Noch im selben Jahr errichtete Siemens & Halske die ‚städtische Kraftzentrale' und bereits ein Jahr später erhält Stuttgart eine elektrische Straßenbahn. Die ‚Elektrische' bringt einen enormen Fortschritt: Sie ist dreimal so schnell wie die Pferdebahn und kann größere Steigungen bewältigen.

Siemens-Meilensteine im Südwesten

Die Nachfrage nach den Siemens-Produkten in Württemberg steigt. Allein von Stuttgart aus kann diese nicht mehr bedient werden und so wird 1907 in Ulm ein Siemens-Installationsbüro eröffnet.

Die Beziehungen Siemens zu Württemberg werden immer fester – auch in schlechteren Zeiten. Während des Ersten Weltkrieges liefern und installieren die Siemens-Schuckertwerke trotz erheblicher Schwierigkeiten wegen Materialknappheit eine 64-seitige Rotationspresse für das Stuttgarter ‚Neue Tagblatt'. Für die in der Stadt eingerichteten Lazarette liefert Siemens auch elektro-medizinische Geräte, wie z. B. Röntgenapparaturen.

Durch das zunehmende Verkehrsaufkommen ergeben sich nach dem Krieg weitere Aufträge für das Unternehmen. Siemens liefert die Elektroinstallationen für den Stuttgarter Hauptbahnhof und die Elektrotechnik für die Flughäfen in Stuttgart-Böblingen und später in Echterdingen.

Kaum hatte sich die Wirtschaft von den Krisen der 20er und 30er Jahre erholt – das Büro Ulm mußte beispielsweise von 1932–35 wegen der Wirtschaftskrise geschlossen bleiben –, da brachte der Zweite Weltkrieg neues Leid. Stuttgart und Heilbronn hatten beide besonders unter den Luftangriffen zu leiden. Auch die Siemens-Niederlassung in Stuttgart wurde getroffen und brannte bis auf die Grundmauern nieder. Unter großem Einsatz der Mitarbeiter ging es weiter. „Überleben durch Improvisieren" war nicht nur das Motto der Siemensianer zu dieser Zeit. Dies galt gleichermaßen für die Versorgung mit Lebensmitteln und Waren und so tauschte auch die Stuttgarter Niederlassung am liebsten Lieferungen und Leistungen gegen Rohstoffe ein.

In der Nachkriegszeit normalisierte sich das Leben der Menschen langsam wieder und mit der Wirtschaft ging es bergauf. Auch Siemens expandierte: Das Technische Büro Heilbronn wurde 1947 eröffnet, nachdem dort bereits von 1936–40 ein Auslieferungslager bestanden hatte, und das Unternehmen erhielt einige große Aufträge. So lieferte Siemens die elektro- und fernmeldetechnischen Anlagen für den Stuttgarter Neckarhafen, den Landtag oder das Württembergische Staatstheater. Darüber hinaus übernahm Siemens für den Stuttgarter Fernsehturm die Konstruktion und Installation des Fernsehsenders sowie die der elektrischen Ausrüstung für die beiden Schnellaufzüge.

Starke Präsenz im Land der Tüftler

Und heute? Siemens hat das dichte Netz von Zweigniederlassungen sowie Service- und Vertriebsstandorten in ganz Baden-Württemberg kontinuierlich ausgebaut. Siemens ist derzeit in Stuttgart, Mannheim, Heilbronn, Karlsruhe, Freiburg, Ulm und Konstanz zu Hause. Hinzu kommt noch eine Vielzahl von Werken, in denen für Kunden – die in Baden-Württemberg genauso zu Hause sind wie in vielen Ländern auf der ganzen Welt – innovative Anlagen, Systeme und Produkte entwickelt, gefertigt und komplettiert werden: Mobilfunktechnik aus dem Entwicklungszentrum Ulm, Siemens-Automatisierungstechnik aus Karlsruhe, Vermittlungssysteme und Bestückungsautomaten aus Bruchsal, Transformatoren aus Kirchheim/Teck, Kondensatoren aus Heidenheim, Schriftenleser und Postsortieranlagen aus Konstanz und Xenon-Scheinwerferlampen aus Herbrechtingen.

Um auch weiterhin innovativ sein zu können, investiert Siemens erhebliche Mittel in die Entwicklung und Ausrüstung seiner Standorte. 1997 hat Siemens rund 150 Millionen DM in Baden-Württemberg investiert und hier für rund 3 Milliarden DM Waren und Dienstleistungen eingekauft.

In den baden-württembergischen Standorten der Siemens AG waren am 30. September 1997 mehr als 17 800 Mitarbeiterinnen und Mitarbeiter beschäftigt. Hinzu kamen über 1000 Auszubildende, eine Vielzahl von Werkstudenten und Praktikanten. Somit hatten 1997 insgesamt rund 19 000 Menschen ihren Arbeits- und Ausbildungsplatz bei Siemens. Damit ist das Unternehmen der drittgrößte Arbeitgeber in Baden-Württemberg.

Siemens – Das innovative Unternehmen

Das 150jährige Firmenjubiläum hat Siemens 1997 genutzt, um sich der Ursprünge und Faktoren des langjährigen Erfolgs zu besinnen – und um vorauszuschauen. Mit Innovationen die Zukunft gestalten – dieser Aufgabe hat sich das Unter-

nehmen verschrieben und investiert dafür erhebliche Mittel: So hat die Siemens AG 1997 die Ausgaben für Forschung und Entwicklung um 11 Prozent auf mehr als 8 Milliarden gesteigert. Dabei geht es nicht nur um Innovationen in Technik und Produktion, sondern um Innovationen in einem umfassenderen Sinn. Management, Organisation und interne Abläufe betreffende Innovationen sind dabei nicht zu unterschätzen. Denn nur mit Innovationen in unseren Wertschöpfungsprozessen, in der Art unserer internen Zusammenarbeit und unserer Kooperation mit externen Partnern, kann das Unternehmen seinen Kunden neue Produkte, Dienstleistungen und somit mehr Nutzen schaffen.

Wie innovativ Siemens dadurch ist, zeigen folgende Zahlen: Bereits 1997 fielen 75 Prozent des Siemens-Umsatzes auf Produkte und Dienstleistungen, die erst in den letzten fünf Jahren auf den Markt gekommen sind. In der Patentstatistik liegt Siemens in Deutschland auf Platz 1 aller Unternehmen, in Europa auf Platz 2. Im Durchschnitt sind das 28 neue Erfindungen pro Arbeitstag aus Siemens-Laboren und Entwicklungszentren.

Egal ob Prozessoren für Neurocomputer oder digital-vernetzte Krankenhäuser, Silizium-Solarzellen oder elektromechanische Bremssysteme: Siemens ist sowohl in Baden-Württemberg als auch auf der ganzen Welt dabei, wenn es darum geht, mit Innovationen die Zukunft zu gestalten.

Siemens AG
Zweigniederlassung Stuttgart
Weissacher Straße 11
70499 Stuttgart
Telefon 0711/137-0
Fax 0711/137-2518

Siemens AG
Zweigniederlassung Heilbronn
Neckarsulmer Straße 59
74076 Heilbronn
Telefon 07131/183-0
Fax 07131/182-299

Siemens AG
Zweigniederlassung Ulm
Nicolaus-Otto-Straße 4
89079 Ulm
Telefon 0731/9450-0
Fax 0731/9450-267

Siemens AG
http://www.siemens.de

Siemens in Baden-Württemberg
http://www.siemens.de/regionen/baw

VARTA: Visionen mit Energie

Elektrotechnik in Baden-Württemberg – seit mehr als 50 Jahren ist Varta ein Teil davon. 1946 suchte und fand der damalige Varta-Chef, Dr. Herbert Quandt, in Ellwangen eine Möglichkeit, die im Krieg zerstörte Ostberliner Fertigung neu aufzubauen. Die Anfänge waren daher vergleichsweise bescheiden, aus denen in gut 50 Jahren Schritt für Schritt der Unternehmensbereich Gerätebatterien wuchs.

Seit den 80er Jahren gewann das Geschäft mit Gerätebatterien aber immer mehr an Dynamik und damit auch innerhalb des Konzerns an Bedeutung. Seit 1987 verdoppelte sich der Umsatz des Unternehmensbereichs Gerätebatterien fast. Setzte Varta vor zehn Jahren mit Gerätebatterien noch 645 Millionen DM um, erreichte der Umsatz 1997 rund 1,3 Milliarden DM.

Ellwangen ist heute das unbestrittene Zentrum des ebenso innovativen wie expansiven Gerätebatteriegeschäfts, das längst zum größten Unternehmensbereich im Varta-Konzern geworden ist. Seit Anfang der 90er Jahre wurden nach Ellwangen auch alle zentralen Funktionen verlagert, die zuvor am Hauptsitz der Varta, in Hannover, angesiedelt waren. Spartenleitung, Marketing, Werbung, Produktentwicklung und Fertigung finden sich deshalb in unmittelbarer Nachbarschaft. Den bislang letzten großen Schritt in dieser Entwicklung vollzog Varta Ende 1997 und Anfang 1998, als die Knopfzellenfertigung aus Singapur nach Deutschland zurückverlagert wurde. Ihr neuer Standort: Ellwangen.

Für Varta ging es dabei darum, die neueste Prozeßtechnik mit der jüngsten Produktentwicklung – einer Kombination von Chemie und Präzisionstechnik – zusammenzubringen. Die Antwort gaben neuentwickelte Hochgeschwindigkeits-Produktionsanlagen, die deutlich erhöhte Stückzahlen pro Zeiteinheit und gleichzeitig eine drastische Reduzierung des Bedienungspersonals ermöglichten. Dadurch läßt sich der Lohnkostennachteil in Deutschland ausgleichen und gleichzeitig das Know-how der sehr gut ausgebildeten deutschen Ingenieure und Chemiker nutzen. Denn Deutschland hat immer noch einen wichtigen Wettbewerbsvorteil, wenn es darum geht, Technologien miteinander zu kombinieren.

Mit 1300 Mitarbeitern allein in Ellwangen ist Varta mit Abstand der größte Arbeitgeber am Ort. Noch eine zweite Fertigung steht in Baden-Württemberg, eine halbe Autostunde von Ellwangen entfernt. In Dischingen produzieren rund 400 Mitarbeiter Primärzellen vom Typ Alkali-Mangan, die sogenannten Alkalines.

Daß das Geschäft mit Gerätebatterien eine so rasante Entwicklung durchlaufen würde, hätte wohl vor 20 Jahren kaum jemand vorherzusagen gewagt. Aber seitdem explodierte das Spektrum möglicher Verwendungen von Batterien geradezu. Handys, Camcorder, Laptops – immer neue, innovative Geräte wurden Teil

des Alltags. Was sie alle verbindet: Sie machen mobiler und unabhängiger. Jeder kann selbst entscheiden, wann und wo er erreichbar sein will, wann und wo er seine Arbeit tun will. Und der Wunsch nach Mobilität und entsprechend mobiler Energieversorgung wächst immer noch. Das Angebot der Varta an Gerätebatterien wurde damit so etwas wie ein ständig wandelndes Spiegelbild der Konsum- und Arbeitswelt.

Gleichzeitig mit der Ausweitung der Produktpalette wuchs auch die Internationalität des Geschäfts. Lange Zeit dominierte der deutsche Markt das Geschehen. Aber in den letzten zehn Jahren kam das stärkste Wachstum aus den Auslandsmärkten. Heute ist Deutschland zwar immer noch der wichtigste Ländermarkt, wo Varta 30 Prozent seiner Gerätebatterien verkauft. Über 70 Prozent aber gehen an Kunden im Ausland.

Unterstützt und ermöglicht wird diese Entwicklung durch einen der stärksten Trends im Markt: die Miniaturisierung. Immer kleinere, immer anspruchsvollere Geräte stellen laufend neue Aufgaben an den Batterie-Hersteller in einem rasch wachsenden Markt. Für Varta ist dies eine der wichtigsten Herausforderungen überhaupt.

Konsequent bedarfs- und kundenorientiert produziert und liefert Varta heute Batterien unterschiedlichster Technologien, jede davon optimiert für einen ganz bestimmten Einsatzzweck. In Hörgeräten oder Miniaturuhren, tragbaren Audiogeräten oder Stereoanlagen arbeiten als Energielieferanten beispielsweise einmal entladbare Batterien mit elektrochemischen Systemen wie Zink-Kohle, Alkali-Mangan oder Lithium. Besonders intensiv genutzte technische Geräte wie schnurlose Telefone, Handys oder Camcorder werden energetisch versorgt von wiederaufladbaren Varta-Akkus: hochwertigen Akku Packs oder Rund- und Knopfzellen der Systeme Nickel-Cadmium, Nickel-Metallhydrid oder Lithium-Ion.

VARTA AG
Presse- und Öffentlichkeitsarbeit
Vom Leineufer 51
30419 Hannover
Telefon (05 11) 7 90 38 21
Telefon (05 11) 7 90 37 17
e-mail: press@varta.com
http://www.varta.de

6 Entwicklung der Energieversorgung

Von der lokalen zur flächendeckenden Stromversorgung – zur Geschichte der Elektrizitätsversorgung in Württemberg bis zum Zweiten Weltkrieg

Die elektrische Energie für Licht, Kraft, Wärme und Kommunikation zu nutzen, ist heute eine Selbstverständlichkeit. Strom ist zu einem wichtigen, ja unverzichtbaren Bestandteil unserer Existenz geworden. Nicht von ungefähr hat man die Wirkungen der elektrotechnischen Innovationen als „zweite Industrielle Revolution" bezeichnet. „Wie das Geld durch Fernwirkung, Teilbarkeit, Substituierbarkeit und Geschwindigkeit zum Motor des kapitalistischen Systems geworden ist, so kann die Elektrizität als Motor unserer technischen Zivilisation verstanden werden".[1] Der Siegeszug der Elektrizität hat das Alltagsleben grundlegend verändert. Was noch für unsere Großeltern mit großen Mühen und Plagen verbunden war, bewältigen wir heute per Knopfdruck, ohne auch nur einen Gedanken zu verschwenden, wie alles so geworden ist. Es ist nicht nur Nostalgie, wenn man zurückblickt auf längst vergangene Zeiten, sich die früheren Lebensverhältnisse vor Augen führt und die Entwicklung bis heute Revue passieren läßt. Die Beschäftigung mit der Geschichte ist für die eigene Standortbestimmung eminent wichtig und nützlich, verhütet manches vorschnelle Urteil und schärft den Blick für aktuelle Probleme. In diesem Sinne beschäftigt sich der folgende Beitrag mit der Geschichte der Elektrizitätsversorgung in Württemberg bis zum Zweiten Weltkrieg[2].

Verfasser dieses Beitrags: Dr. Jürgen Gysin, Stuttgart

1 Sandgruber, Roman: Strom der Zeit – Das Jahrhundert der Elektrizität; Linz 1992, S. 14

2 Die Geschichte der württembergischen Elektrizitätswirtschaft ist bereits sehr gut und ausführlich von Wolfgang Leiner in seinem dreibändigen Werk „Geschichte der Elektrizitätswirtschaft in Württemberg", erschienen Stuttgart 1982 und 1985, dargestellt worden. In diesem Beitrag kann es nur darum gehen, die wesentlichen Grundzüge der Entwicklung skizzenhaft herauszuarbeiten. Vgl. zur Geschichte der Stromversorgung im nationalen Rahmen das aus Anlaß des 100jährigen Jubiläums der VDEW von Wolfram Fischer herausgegebene Werk: Die Geschichte der Stromversorgung, Frankfurt 1992

Weichenstellungen im 19. Jahrhundert

Die technischen Voraussetzungen für das Entstehen einer öffentlichen Elektrizitätsversorgung[3] wurden in der zweiten Hälfte des 19. Jahrhunderts geschaffen[4]. Ein ganz wesentliches Problem, nämlich das der leistungsfähigen Stromerzeugung, wurde 1866/67 mit der Entdeckung des sog. dynamo-elektrischen Prinzips von *Werner Siemens* gelöst. In der Folgezeit kamen solche „Dynamos", die von einer Dampfmaschine oder einem anderen Motor angetrieben wurden, in der Galvanotechnik und insbesondere für die Beleuchtung mit Bogenlampen zum Einsatz. Auch in Württemberg wurden in den 1870er und 1880er Jahren eine Vielzahl solcher Einzelanlagen für die Beleuchtung in Theatern und Fabriken oder für die öffentliche Straßenbeleuchtung eingerichtet.[5] Neben den dauerhaften Einrichtungen wurde die elektrische Beleuchtung auch immer wieder für besonders spektakuläre Anlässe, z. B. bei Ausstellungen oder Festveranstaltungen, verwendet. Das Licht einer Bogenlampe war allerdings so grell, daß es nur für die Beleuchtung von Straßen und Plätzen im Freien oder von großen Hallen und Sälen, aber nicht für Wohnungen geeignet war. Die 1881 von *Thomas Alva Edison* eingeführte Kohlenfadenglühlampe half diesem Mangel ab. Mit der Erfindung der Glühlampe wurde der Siegeszug des elektrischen Lichtes eingeläutet, der sich allerdings über einige Jahrzehnte hinzog. Parallel dazu entwickelte sich die öffentliche Elektrizitätsversorgung als eigenständige Branche.[6]

---

3 Ohne hier auf die problematische Frage der Definitionen einzugehen, wollen wir unter öffentlicher Stromversorgung „die Erzeugung und Verteilung elektrischer Energie an Dritte gegen Entgelt" verstehen. D. h. das entscheidende Abgrenzungskriterium zwischen Eigenanlage und Elektrizitätswerk ist der Stromverkauf an Dritte. Vgl. dazu Leiner, Wolfgang: Geschichte der Elektrizitätswirtschaft in Württemberg, Bd. 1: Grundlagen und Anfänge (bis 1885); Stuttgart 1982; S. 14; Ott, Hugo (Hrsg.): Statistik der öffentlichen Elektrizitätsversorgung Deutschlands 1890–1913 (Historische Energiestatistik von Deutschland; Band 1); St. Katharinen 1986; S. VIII

4 Im Folgenden sind nur einige wenige wesentliche Erfindungen kurz erwähnt. Eine umfassende Zusammenstellung enthält Johannsen, Hans R.: Eine Chronologie der Entdeckungen und Erfindungen vom Bernstein bis zum Mikroprozessor (Geschichte der Elektrotechnik; 3) Berlin, Offenbach 1986; eine Fülle von Material enthält auch Dettmar, Georg: Die Entwicklung der Starkstromtechnik in Deutschland, Bd. 1; 2. Aufl. (Reprint von 1940); Berlin, Offenbach 1989

5 vgl. Leiner, Bd. 1 (1982), S. 93 ff. und die Auflistung auf S. 272 ff.

6 „Die öffentliche Elektrizitätswirtschaft ... konnte erst entstehen, nachdem Edison eine brauchbare Glühlampe in den Handel gebracht und damit die Verwendung kleiner und kleinster Lampeneinheiten geschaffen hat. Außerdem war damit die sogenannte Teilung des elektrischen Lichtes möglich geworden, die mit den damaligen Bogenlampen nicht zu erreichen war", urteilte Büggeln, Heinrich: Die Entwicklung der öffentlichen Elektrizitätswirtschaft in Deutschland, unter besonderer Berücksichtigung der süddeutschen Verhältnisse; Stuttgart 1930; S. 2. Ott (1986), S. VIII weist aber zurecht darauf hin, daß „die Eigenanlagen in der Frühphase der Stromerzeugung (bis 1914 – J.G.) ... bis zum Ausbau der flächendeckenden Versorgung eine erhebliche Rolle gespielt haben". Noch 1913 hatten die industrieeigenen Anlagen in Deutschland die 3,5fache Leistungskapazität der Erzeugungsanlagen der Elektrizitätswerke.

Das erste öffentliche Elektrizitätswerk Deutschlands nahm 1884/85 in Berlin den Betrieb auf. Weitere deutsche Städte, z. B. Elberfeld (1887), Lübeck (1887), Darmstadt (1888), Hamburg (1888), folgten dem Berliner Beispiel. In Württemberg entstand das erste Elektrizitätswerk[7] 1891/92 in Lauffen am Neckar im Zusammenhang mit einer weiteren wichtigen Innovation, der Drehstromtechnik. Mit der spektakulären Drehstromfernübertragung von Lauffen nach Frankfurt wurde 1891 auf der elektrotechnischen Weltausstellung die neue zukunftsträchtige Technik der Öffentlichkeit vorgestellt. Damit war zwar die Voraussetzung für den Aufbau einer Überlandstromversorgung geschaffen, doch auch hier dauerte es noch Jahre, bis sich die technische Innovation der Drehstromtechnik gegen die einfachere Gleichstromtechnik durchsetzte[8].

Drehstromfernübertragung Lauffen – Frankfurt

Initiator dieses bahnbrechenden Versuches war der technische Leiter der Ausstellung *Oskar von Miller*, der zur gleichen Zeit im Auftrag des Württembergischen Portland-Cementwerks in Lauffen die Errichtung eines Kraftwerks und des Leitungsnetzes für die Stromversorgung der Stadt Heilbronn plante. Er kannte daher die örtlichen Gegebenheiten in Lauffen und gewann mit der Maschinenfabrik Oerlikon und der AEG zwei potente Partner für die technische Ausstattung. Eine 300-PS-Wasserturbine trieb über Kegelräder den von der Maschinenfabrik Oerlikon gelieferten Drehstromgenerator. Die Erregermaschine wurde über Riemen angetrieben und übertrug den Erregerstrom mit umlaufenden Kupferbändern und Rollen auf das Polrad mit 16 Polpaaren. Erzeugt wurde Drehstrom mit 55 Volt Phasenspannung und einer Frequenz von 40 Per./sek. Die Leistung betrug 210 kW. Mittelst neuartiger Transformatoren wurde der Strom auf rund 8000 Volt hochgespannt. Zwei Transformatoren für je 100 kW Leistung (Übersetzung 1:160) mit im Dreieck angeordneten Schenkeln stammten von der AEG. Sie standen in offenen Ölfässern, während ein von Oerlikon gelieferter weiterer Transformator für 150 kW (Übersetzung 1:155) mit Deckel und Glasdurchführungen ausgeführt

---

7 In der Literatur findet man immer wieder die Stuttgarter Blockzentrale von Reißer als erstes deutsches und dementsprechend erstes württembergisches Elektrizitätswerk genannt. Dies ist jedoch nicht korrekt, wie Leiner, Bd. 1 (1982), S 125ff. und auch Borst, Otto: Aus der Frühzeit der neckar-schwäbischen Elektrotechnik, in: Mittlerer Neckar 11/1979 nachgewiesen haben. Nach der Statistik bei Ott (1986); S. 391 gab es aber schon 1890 zwei Elektrizitätswerke in Württemberg. Wie dem auch sei, das Elektrizitätswerk der Portland-Cementfabrik AG in Lauffen war zumindest das erste bedeutendere Werk in Württemberg.

8 Die Begründung bei Büggeln (1930), S. 18 ist durchaus treffend: „Wohl erkannte man schon bald, daß man nur mit Wechselstrom große Gebiete versorgen kann. Aber die Möglichkeit, Gleichstrom in Akkumulatoren aufspeichern und die Maschinen zur Zeit der schlechten Belastung, besonders bei Nacht, stillsetzen zu können, hat zunächst der Verwendung von Gleichstrom Vorschub geleistet." Zumal in der Anfangszeit die Beleuchtung das Hauptanwendungsgebiet der Elektrizität war.

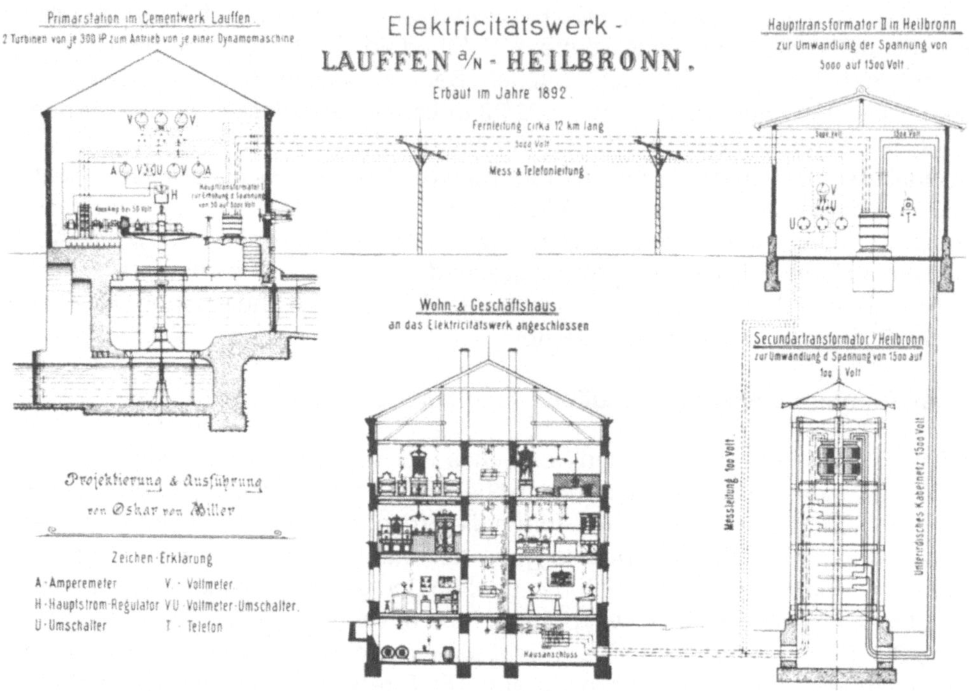

Das Elektrizitätswerk Lauffen-Heilbronn des Württembergischen Portland-Cement-Werkes war das erste Werk in Württemberg
Quelle: Moderne Energie für eine neue Zeit, ZEAG Heilbronn 1991.

war. In Frankfurt standen ebenfalls drei Transformatoren mit einer Übersetzung von 1:123 (AEG) bzw. 1:116 (Oerlikon). Die Sternpunkte der Transformatoren waren ober- und unterspannungsseitig geerdet. Die 175-km-Freileitung von Lauffen nach Frankfurt bestand aus über 3000 Holzmasten mit über 10 000 Porzellanisolatoren, die ölgefüllte Rinnen besaßen, und 4 Millimeter starken Kupferleitungsdrähten (insgesamt 60 t Kupfer). Die Übertragungsspannung betrug rund 14 000 Volt, die durch Verkettung erreicht wurde. Als Wirkungsgrad der Übertragung wurden immerhin 77,4 % ermittelt.[9]

9 Die Beschreibung der technischen Einrichtung ist entnommen aus der Schrift: Zur Erinnerung an die Kraftübertragung Lauffen-Frankfurt 1891, hrsg. vom Württembergischen Portland-Cement-Werk zu Lauffen am Neckar, Heilbronn o. J. (1956)

Die Anfänge der öffentlichen Stromversorgung

Die Motive für das Zustandekommen des ersten württembergischen Elektrizitätswerks der Portland-Cementwerke AG in Lauffen waren eigentlich ganz typisch für die Pionierzeit der Stromversorgung[10]. Auf der einen Seite gab es das Bestreben nach der nutzbringenden Verwertung einer vorhandenen Kraftquelle – in diesem Fall einer überschüssigen Wassserkraft am Neckar, in anderen Fällen auch einer Dampfkraft –, auf der anderen Seite stand die Unzufriedenheit der Bürger mit der vorhandenen Beleuchtung und/oder der Wunsch fortschrittlicher Gemeindevertreter, die modernste und sauberste Lichtquelle, eben die elektrische Beleuchtung, einzuführen.

Doch das „neue Licht" mußte sich erst gegen die weit billigere Konkurrenz der Petroleum- und Gasbeleuchtung durchsetzen. „Petroleum- und Gasbeleuchtung waren viel billiger und in vielen Fällen auch gleichmäßiger und besser als die elektrische Beleuchtung... Eine weitere Hemmung war der recht beträchtliche Zählerpreis, der sich noch im Jahre 1900 einschließlich Anbringung auf etwa 120 Mark stellte. ... Es kam oft vor, daß in kleineren Haushaltungen die Zählermieten im Jahr höher waren als die Kosten für Stromverbrauch, ein natürlich unhaltbarer Zustand und ein großes Hindernis für die Verbreitung der neuen Beleuchtung."[11] Zwar arbeiteten die meisten frühen Elektrizitätswerke zur Vermeidung der hohen Zählerkosten mit Pauschaltarifen. Doch das elektrische Licht blieb bis zur Jahrhundertwende, ja eigentlich noch bis zum Ersten Weltkrieg, ein teures, für viele Haushalte unerschwingliches Luxusgut. Allein die Hausinstallation kostete mit rund 300 Mark nahezu so viel wie der Jahreslohn eines Durchschnittsverdieners. Für eine Edisonsche Glühbirne (etwa 8 Mark) war ein Tagesverdienst erforderlich und die Kilowattstunde Strom (50 bis 80 Pfennig) kostete soviel wie ein Stundenlohn. Deshalb überwog zunächst auch die Stromanwendung für geschäftliche Zwecke, z. B. zur Beleuchtung von Fabriken, Läden und Gastwirtschaften oder öffentlicher Straßen und Gebäude.

Zwar wurde der Einsatz von Elektromotoren schon früh als Chance für das unter dem Konkurrenzdruck der Industrie leidende Kleingewerbe gesehen – für die bürgerlichen Kollegien der Stadt Heilbronn war dies sogar das ausschlaggebende Argument für die Zustimmung neben der Gas- auch die Stromversorgung zuzulassen. Doch der Kraftbedarf spielte im Vergleich zum Lichtstrombedarf bis zur Jahrhundertwende eine untergeordnete Rolle.

---

10 vgl. zur Entstehungsgeschichte des Elektrizitätswerks Lauer, Erich: 100 Jahre Strom für Heilbronn, in: Moderne Energie für eine neue Zeit – Die Drehstromfernübertragung Lauffen a.N. – Frankfurt a.M. 1991, S. 117ff. und auch Leiner, Bd. 1 (1982), S. 190ff.

11 Büggeln (1930), S. 85. Vgl. zum Konkurrenzkampf Strom – Gas: Braun, Hans-Joachim: Gas oder Elektrizität? Zur Konkurrenz zweier Beleuchtungssysteme, 1880–1914, in: Technikgeschichte 47 (1980)

Trotz der Hemmnisse und eigentlich ungünstigen Nachfrageverhältnisse entstanden im letzten Jahrzehnt des 19. Jahrhunderts eine ganze Reihe von Elektrizitätswerken. An der Schwelle zum 20. Jahrhundert gab es in Württemberg immerhin über 80 Werke[12]. Eine im Auftrag des württembergischen Landtags 1926/27 verfaßte Denkschrift über „Die Elektrizitätsversorgung in Württemberg" faßt die Entwicklung bis zur Jahrhundertwende folgendermaßen zusammen: „Im Anschluß an die Durchführung des Versuchs (Drehstromfernübertragung Lauffen – Frankfurt – J.G.) nahm das Portlandcementwerk Lauffen im Jahre 1892 die Fernversorgung der Stadt Heilbronn auf. Aus dem gleichen Jahr stammen kleinere Werke der Argen-Aktiengesellschaft in Wangen und der Firma Gebrüder Junghans in Schramberg. An der in den 90er Jahren einsetzenden allgemeinen Ausbreitung der Elektrizitätswirtschaft nahm Württemberg zunächst in der Weise teil, daß an vielen Orten kleinere, bereits vorhandene Wasserkraftanlagen für die Elektrizitätsversorgung umgebaut wurden. Mitbestimmend wirkte hierbei das um diese Zeit einsetzende Aufkommen der Großmüllerei, das die Kleinmüller nötigte, sich nach anderen Erwerbsquellen umzusehen. Neben den privaten Unternehmen nahmen frühzeitig die städtischen Gemeinden die Elektrizitätserzeugung als öffentliche Aufgabe in eigene Hand. So wurden im Jahr 1895 in Stuttgart und Ulm, im Jahre 1896 in Esslingen städtische Dampfelektrizitätswerke in Betrieb genommen. Von kleineren Werken aus dieser Zeit sind solche in Oberndorf, Tuttlingen, Nürtingen, Nagold, Sulz und Trossingen zu erwähnen. Meistens blieb das Versorgungsgebiet auf enge Grenzen beschränkt"[13].

Bei den bis zur Jahrhundertwende entstandenen Elektrizitätswerken handelte es sich in der Tat um Ortselektrizitätswerke, die meist nur einige wenige Kunden mit Strom belieferten. Die Kommunen hatten zwar häufig Einfluß bei der Entstehung einzelner Elektrizitätswerke genommen – die Beleuchtung öffentlicher Straßen und Gebäude war eine wichtige, in kleineren Orten oftmals die größte Einnahmequelle für das neu entstehende Werk –, doch sie übernahmen (noch) nicht das Risiko des Betriebes. Einige Kommunen, vor allem größere Städte wie z. B. Stuttgart und Ulm, hatten aber die Möglichkeit der Übernahme des Elektrizitätswerkes nach Ablauf einer bestimmten Frist vertraglich vereinbart[14]. Mit Ausnahme

12 Nach Ott (1986), Tab. 66/S. 391 waren es 85, nach Leiner, Bd. 2,1 (1985), S. 45 gab es im Jahre 1900 dagegen 88 Elektrizitätswerke.

13 Württembergischer Landtag: Beilage 426 ausgegeben am 12. Januar 1927, S. 542 f.

14 In dieser Beziehung ist die oben zitierte Denkschrift nicht korrekt, denn in Stuttgart, Ulm und Esslingen wurden die Elektrizitätswerke zunächst von den Anlagenbauern betrieben und erst nach der Jahrhundertwende in kommunaler Regie übernommen. Vgl. zu Stuttgart Haeberle, Karl, Erich: Stuttgart und die Elektrizität – Geschichte der Stuttgarter Elektrizitäts- und Fernwärmeversorgung; Stuttgart 1983; zu Ulm Haug, Albert: 100 Jahre Strom in Ulm – zur Geschichte der Ulmer Kraftwerke und Stromversorgung; Ulm 1995

des im Entstehen begriffenen kommunalen Elektrizitätswerkes in Untertürkheim waren alle Werke im Jahre 1900 private Unternehmen. Es ist auch deutlich zu erkennen, daß ein wichtiges, ja bei der Mehrzahl sogar das wesentliche Motiv für die Gründung dieser frühen Elektrizitätswerke die Verwertung der überschüssigen Energie einer bereits vorhandenen Anlage gewesen ist – bei 64 der 1900 bestehenden 85 bzw. 88 Werke war es eine Wasserkraftanlage.[15] Unter diesen Umständen standen die neugegründeten Unternehmen zunächst einmal vor dem Problem, sich einen Markt zu schaffen.[16] Bei der vorhandenen schwachen Nachfrage vertraten die damaligen Experten nicht von ungefähr die Meinung, daß die Elektrizitätsversorgung nur in bevölkerungs- und industriereichen Städten rentabel sei. Doch die meisten Mühlen mit ihren brachliegenden Wasserkräften lagen in ländlichen Gebieten und bei der begrenzten Übertragungsmöglichkeit des verwendeten Gleichstroms mußten sich die neuen Elektrizitätswerksbesitzer wohl oder übel Kunden an ihrem Standort suchen. Die meisten kleineren ländlichen Werke kämpften daher von Anfang an ums Überleben und viele gingen später in den größeren Überlandwerken auf.

An der Schwelle zum neuen Jahrhundert gab es zwar acht Elektrizitätswerke[17], die bereits mit Drehstrom arbeiteten. Doch einzig in Heilbronn und zeitweise auch bei dem Elektrizitätswerk der Argen AG wurden die Kunden mit Drehstrom beliefert. Ansonsten diente das übergelagerte Drehstromnetz zur Fernübertragung der in einem weiter entfernt liegenden Kraftwerk erzeugten Energie, später dann auch zum Fremdbezug. Vor der Jahrhundertwende hatte die Drehstromtechnik auch noch mit vielen Mängeln zu kämpfen. Das Elektrizitätswerk der Argen stellte z. B. die Ortsnetze der drei angeschlossenen Städte Wangen, Isny und Leutkirch im Jahre 1900 von Drehstrom auf Gleichstrom um, weil durch Zwischenschaltung eines Akkumulators die lästigen Stromschwankungen aufgefangen werden konnten. Dafür nahm man die durch die Umformung entstehenden

15 vgl. Leiner, Bd. 2 (1985), S. 45. Nach der dort abgedruckten Tabelle verfügten 16 Werke über Dampfmaschinen und 4 über Verbrennungsmotoren. Ott (1986), Tab. 66 D/S. 394 nennt dagegen 48 mit Wasserkraft, 15 mit Dampfkraft, 3 mit Verbrennungsmotoren und 19 im gemischten Betrieb arbeitende Werke.

16 vgl. dazu Büggeln (1930), S. 76ff., der sehr anschaulich den Weg der frühen Elektrizitätswerke beschreibt, der oftmals mit der Einrichtung der Beleuchtung für den eigenen Bedarf begann. „Aber schon bald entschlossen sich einzelne Inhaber solcher Wassertriebwerke, Beleuchtungsstrom auch an Dritte gegen Bezahlung abzugeben, besonders dann, wenn es möglich war, den eigenen Betrieb während der Beleuchtungszeiten einzuschränken oder auch ganz stillzulegen."

17 nach Leiner, Bd. 2 (1985), S. 45. Nach Ott (1986), Tab. 66E/S. 395 arbeiteten 73 Werke ausschließlich mit Gleichstrom, ein Werk ausschließlich mit Drehstrom und 11 Werke mit beiden Spannungen.

Verluste gerne in Kauf. Die Ortsnetzspannungen waren noch keineswegs einheitlich und reichten von 100 bis zu 220 Volt. Bei den Drehstromwerken betrugen die Übertragungsspannungen 3000 und 5000 Volt.

Umformersatz der Elektrizitätswerke der Argen AG Wangen
Da die Spannungs- und Frequenzschwankungen zu einem lästigen Flackern des Lichtes führten, wurde Drehstrom in den Anfangsjahren nur zur Übertragung vom entlegenen Kraftwerk zu den Verbrauchszentren genutzt und dort in Gleichstrom zur Belieferung des Kunden umgeformt
Quelle: Archiv EVS, Stuttgart – auch für alle nachfolgenden Abbildungen in Kapitel 6.

Eine nicht zu unterschätzende Bedeutung in der Entstehungsgeschichte der öffentlichen Elektrizitätsversorgung kommt den elektrotechnischen Firmen zu. Bevor es nach der Jahrhundertwende zu einer starken Konzentration kam, versuchten viele kleinere und mittlere Unternehmen auf dem neuen Feld der Elektrotechnik Fuß zu fassen. Bei der Suche nach Aufträgen waren die vielen Wasserkraftbesitzer in Württemberg ein bevorzugtes Klientel. Viele kleinere Elektrizitätsbesitzer sind dank der Überredungskünste der Vertreter dieser jungen elektrotechnischen Industrie entstanden. Um ihre Anlagen zu verkaufen, übernahmen die Firmen meist sämtliche Vorarbeiten, von der Planung der gesamten Einrichtung über die Verhandlungen mit den Ortsbehörden, die Kundenakquisition und Festlegung der Stromtarife bis zum Einholen der staatlichen Genehmigung[18]. Oftmals finanzierten sie die Erstellung des Elektrizitätswerks vor, und nicht selten führten sie auch den Betrieb in der Anfangszeit selbst. Ein besonders in Württemberg sehr rühriges Unternehmen war die in Stuttgart ansässige elektrotechnische Fabrik Wilhelm Reißer. Das 1863 als Gas- und Wasserleitungsgeschäft gegründete Unternehmen verlegte seine Geschäftstätigkeit Anfang der 1880er Jahre auf die Installation von elektrischen Beleuchtungsanlagen und übernahm 1883 die Vertretung der in Berlin ansässigen Deutschen Edison-Gesellschaft, der späteren AEG. Zunächst lag die Hauptätigkeit in der Einrichtung von Einzelbeleuchtungsanlagen in Fabriken und öffentlichen Gebäuden, bald kam auch die Errichtung von Elektrizitätswerken dazu. Zwischen 1893 und 1908 „sind insgesamt 54 größere und kleinere Elektrizitätswerke, auch Überlandzentralen errichtet worden, deren Bereich 78 700 Einwohner umfaßt und für welche 53 250 Glühlampen angeschlossen sind"[19]. Ebenfalls in Württemberg sehr aktiv war die elektrotechnische Abteilung der Maschinenfabrik Esslingen, die später mit der Württ. Gesellschaft für Elektrizitätswerke AG eine eigene Finanzierungsgesellschaft gründete. Auch die Firmen Robert Bosch und C. & E. Fein rüsteten einige Elektrizitätswerke aus. In den beiden größten Städten des Landes, in Stuttgart und Ulm, war dagegen schon ein großer auswärtiger Anlagenbauer tätig, die

---

18 Die neu entstehende Branche Stromversorgung und die Elektrotechnik stellten auch die staatlichen Behörden vor Probleme. „Vor dem Ersten Weltkrieg gab es weder eine reichs- noch landesrechtliche spezialgesetzliche Regelung über die Verhältnisse in der Elektrizitätswirtschaft", schreibt Kehrberg, Jan Otto Clemens: Die Entwicklung des Elektrizitätsrechts in Deutschland: der Weg zum Energiewirtschaftsgesetz von 1935; Frankfurt u. a. 1997, S. 21. In Württemberg konnte die Gemeinde eine Konzession (Wegbenutzungsrecht) für die Dauer von 25 Jahren ohne Mitwirkung der staatlichen Behörden erteilen. Dies begünstigte natürlich die Entstehung von kleinen Ortselektrizitätswerken. Eine gewisse Kontrolle hatten die Landesbehörden aber aufgrund der generellen „polizeilichen Aufsicht". Elektrische Anlagen waren genehmigungspflichtig. Das Ministerium des Inneren und die ihm unterstellten Behörden prüften die elektrischen Anlagen und verlangten ggf. Änderungen, um sicherzustellen, daß „jede Beeinträchtigung der öffentlichen Sicherheit oder der bestehenden öffentlichen Verkehrseinrichtungen und jede Gefährdung des Lebens oder der Gesundheit von Menschen, sowie Feuersgefahren ausgeschlossen bleiben"; zit. nach den Vorschriften für die elektrische Starkstrom- einschließlich Mittelspannungs- und Hochspannungsanlagen vom 29. August 1900. Dabei wurde bei elektrischen Starkstromanlagen die Einhaltung der Sicherheitsvorschriften des VDE verlangt. Eine Genehmigungspflicht entstand auch bei der Benutzung öffentlicher, dem Staat gehörender Straßen, bei der Überspannung von Gewässern und von Telegrafen- und Telefonleitungen. Die Wasserkraft- und Dampfkesselanlagen unterlagen ohnehin der staatlichen Aufsicht und Konzessionierung.

19 Verzeichnis ausgeführter Anlagen der Firma Wilh. Reißer Elektrotechnische Fabrik 1863–1913, S. V. Nach der in diesem Verzeichnis enthaltenen Liste war die Fa. Wilh. Reißer maßgebend am Bau von 70 Gleichstrom-Elektrizitätswerken und Überlandzentralen beteiligt, an 11 anderen hat sie mitgewirkt. Vgl. auch Leiner, Wolfgang: Geschichte der Elektrizitätswirtschaft in Württemberg, Bd. 2,1; Stuttgart 1985; S. 31ff.

Kraftwerk Algershofen an der Donau
Die technische Ausstattung der kleinen, aus Mühlen hervorgegangenen Ortszentralen war sehr einfach

Elektrizitäts-Aktiengesellschaft, vormals Schuckert & Cie. aus Nürnberg, später in Continentale Gesellschaft für Elektrizitätswerke umbenannt, ein Vorläufer der Firma Siemens-Schuckert.

Begünstigt wurde die Gründung von Elektrizitätswerken auch dadurch, daß sich die Anfangsinvestitionen für Eigentümer einer Wasserkraftanlage in Grenzen hielten – vorausgesetzt die vorhandenen Wasserbauten reichten aus. Der „Dynamo", d. h. der Gleichstromgenerator, konnte mittels Riemen an die vorhandene Turbine oder das vorhandene Wasserrad angeschlossen werden – gegebenenfalls mußte ein Getriebe zwischengeschaltet werden. Etwas aufwendiger war die Erstellung des Ortsleitungsnetzes und der erforderlichen Schaltanlage. Vergleichsweise teuer war allerdings die Anschaffung einer Akkumulatorenanlage, die üblicherweise bei kleinen Gleichstromwerken als Energiespeicher und Reserve diente[20].

20 Dazu ein durchaus exemplarisches Beispiel. Nach der überlieferten Abschlußrechnung der Firma Wilh. Reißer betrugen die Einrichtungskosten des 1897/98 zu einem Elektrizitätswerk umgerüsteten Sägewerks von Johann Schilling in Schwendi rund 12100 Mark. Die Einzelpositionen waren: 1. Maschineneinrichtung: 17 PS Dynamo nebst Riemen und Zubehör (1615 M); 2. Akkumulatoren, 64 Elemente (3682,80 M); 3. Schaltbrettanlage (2486,48 M); 4. Fernleitung vom Kraftwerk zur Zentrale (2486,48 M); 5. Verteilungsnetz (2260,74 M); 6. Straßenbeleuchtung (322,10 M); 7. Sonstiges (674,66 M). Die Rechnung befindet sich noch im Besitz der Familie Schilling, die dem Verfasser dankenswerterweise Einsicht gewährte.

Von der lokalen zur Überlandstromversorgung

Die Zeitspanne zwischen Jahrhundertwende und Erstem Weltkrieg ist gekennzeichnet durch den beginnenden Übergang von der auf einen einzelnen Ort beschränkten Stromlieferung zur Überlandversorgung eines mehrere Ortschaften umfassenden Gebietes. Für die Versorgung mehrerer, räumlich auseinanderliegender Ortschaften war die Wechsel- oder Drehstromtechnik erforderlich. In der bereits zitierten Denkschrift an den Landtag wird diese Entwicklungsperiode folgendermaßen charakterisiert: „Etwa von der Wende des Jahrhunderts ab setzte in Württemberg die Erstellung eigentlicher Überlandzentralen ein ... Unter Überlandzentralen sind Dampf- oder Wasserwerke mit Drehstromerzeugung zu verstehen, die zur Versorgung eines größeren Kreises von Gemeinden, namentlich auch ländlicher Bezirke, bestimmt sind. Den Anlaß zur Errichtung solcher Werke gab neben den Fortschritten der Technik, unter denen die Einführung des Drehstroms und der Dampfturbine zu erwähnen ist, die wirtschaftliche Erstarkung der Elektrizitätsindustrie, die häufig der Träger solcher Unternehmungen wurde, und das erwachende Bedürfnis der ländlichen Bevölkerung nach Versorgung mit Licht- und Kraftstrom." Gleichzeitig betont die Denkschrift aber: „Bei der damals vorhandenen Ungewißheit über die künftige Gestaltung des Stromabsatzes erforderten die meisten dieser Gründungen nicht geringen Wagemut."[21] Im Unterschied zu der Gründerzeit der Elektrizitätswerke gingen jetzt auch wichtige Impulse von der Nachfrage aus. Dabei spielte nicht zuletzt die Weiterentwicklung der Elektrotechnik eine entscheidende Rolle. Die Metallfadenglühlampen – Tantallampe 1904, Osramlampe 1906, Wolframlampe 1910 – verringerten den Stromverbrauch um ein Vielfaches bei verbesserter Leuchtkraft und längerer Lebensdauer. Durch die einsetzende Massenfertigung begannen auch die Preise für Glühlampen stark zu fallen[22]. Entscheidend für die Zunahme der Stromanwendung und damit auch der Stromnachfrage war aber die Weiterentwicklung des Elektromotors. „Erst mit dem verstärkten Auftreten des Drehstromasynchronmotors nach der Jahrhundertwende war die technische Voraussetzung geschaffen für einen robusten elektrischen Kleinmotor, der seinen Siegeszug antrat."[23] Denn jetzt erkannten Landwirte und Kleingewerbetreibende

---

21 Württembergischer Landtag, Beilage 426 (1927), S. 550

22 vgl. zur technischen Entwicklung der Glühlampe: Die Entwicklung der Starkstromtechnik in Deutschland, Teil 2: Von 1890 bis 1920, nach einer Manuskript-Vorlage von Prof. G. Dettmar und Prof. K. Humburg hrsg. von Kurt Jäger, VDE-Ausschuß Geschichte der Elektrotechnik; Berlin, Offenbach 1991, S. 212ff.

23 Ott (1986), S. XXII. Vgl. zu den Erwartungen an den Elektromotor Wengenroth, Ulrich: Die Diskussion der gesellschaftspolitischen Bedeutung des Elektromotors um die Jahrhundertwende, in: Energie in der Geschichte – Energy in History. Zur Aktualität der Technikgeschichte; Düsseldorf 1984, S. 305ff.

im Elektromotor den rettenden Strohhalm, um die durch Abwanderung der Arbeitskräfte in die aufstrebende Industrie entstandene Lücke zu schließen. „Nur die Versorgung mit elektrischer Energie ist imstande, den Landwirt einigermaßen von seinen Leuten unabhängig zu machen und so die vielbeklagte Leutenot zu lindern", orakelte das Württembergische Wochenblatt für Landwirtschaft schon 1905. Und der Landessachverständige für das landwirtschaftliche Maschinenwesen gab 1912 ein Merkblatt mit dem Titel „Elektrizität in der Landwirtschaft" heraus, in dem es u. a. heißt: „Weitaus am wichtigsten ist für die Landwirtschaft die Verwendung (des elektrischen Stroms – J. G.) zu Kraftbetriebszwecken. Der Elektromotor ist die äußerlich einfachste, die kleinste, geräuschloseste und in jeder Hinsicht anspruchloseste Kleinkraftmaschine, die es gibt." Darüber hinaus befürwortete der Landessachverständige auch die Stromanwendung für andere Zwecke: „Die elektrische Beleuchtung ist keineswegs als Luxus aufzufassen, vielmehr bietet die sehr feuersichere und windsichere Glühlampe, z. B. im Stall bei später Heimkunft mit den Pferden, beim Melken, und namentlich in Krankheitsfällen oftmals sehr wesentliche Vorteile ... Zu Heizungszwecken, zum Kochen usw. wird elektrische Energie zur Zeit noch in geringerem Umfange benützt, dagegen hat das elektrische Bügeleisen bereits ausgedehnte Verwendung gefunden."[24]

Ähnlich wie bei den Ortselektrizitätswerken bildeten sich auch bei den Überlandwerken unterschiedliche Formen heraus. Da gab es zunächst einmal die rein privaten Unternehmen, häufig in Form einer Aktiengesellschaft. Neben dem bereits erwähnten Elektrizitätswerk der Argen AG in Wangen, das seine Versorgung auf das württembergische Allgäu ausdehnte, sind an erster Stelle die 1901 von dem Kaufmann Heinrich Mayer gegründeten und 1905 in eine AG umgewandelten Neckarwerke mit der Dampfzentrale in Altbach bei Esslingen zu nennen. 1912 ging darin auch die schon 1900 gegründete Enzgauwerke GmbH, Bissingen, auf. 1905 richtete der Berliner Elektrokonzern Körting Elektrizitätswerke AG das Elektrizitätswerk Glatten (in der Nähe von Freudenstadt gelegen) ein. Auch die Gründung der heute noch bestehenden Kraftwerk Altwürttemberg AG (KAWAG) erfolgte bereits 1909, damals allerdings unter der Firma Elektrizitätswerk Beihingen-Pleidelsheim AG. 1911 begann die Stuttgarter elektrotechnische Fabrik Robert Bosch in Munderkingen ein Überlandwerk unter der Firma Elektrizitätswerk Munderkingen AG aufzubauen, das allerdings bereits 1914 vom Bezirksverband Oberschwäbische Elektrizitätswerke (OEW) übernommen wurde. Das letzte rein private Überlandwerk wurde 1911/12 im Jagstkreis in Ellwangen auf Betreiben des dortigen Kreispräsidenten gegründet. Die Gründerfirma, der Berliner Elektrokonzern Bergmann Elektrizitätsunternehmungen AG, überstand aber die Anfangsschwierigkeiten nicht und verkaufte das im Entstehen begriffene Werk schon 1913 an die Rheinische Schuckert-Gesellschaft für elektrische Industrie in Mannheim weiter, die es unter der Firma Ueberlandwerk Jagstkreis AG

24 Beilage im Württembergischen Wochenblatt 1912, S. 816

Dampfzentrale des von dem Berliner Elektrokonzern gegründeten Elektrizitätswerkes Glatten. Die Steinkohlen mußten mit Fuhrwerken vom einige Kilometer entfernten Bahnhof herantransportiert werden

Dampfkraftwerk in Ellwangen der Ueberlandwerk Jagstkreis AG (UJAG)

(UJAG) weiterführte. Bei diesem Werk zeigten sich mit aller Deutlichkeit die Schwierigkeiten bei der Stromversorgung ländlicher Gebiete. Denn im Unterschied zu einer Stadt, wo auf engstem Raum viele Abnehmer vorhanden waren, die über kurze Leitungen beliefert werden konnten, lagen die meist kleinen Ortschaften auf dem Land weit auseinander, so daß ein langes und kostspieliges Leitungsnetz errichtet werden mußte. Und zudem war die Nachfrage der Landwirtschaft mit hohen Belastungsspitzen (Dreschspitze) bei niedrigem Durchschnittsverbrauch alles andere als lukrativ.[25] Einige spektakuläre Zusammenbrüche von ländlichen Überlandzentralen wirkten auch nicht gerade ermutigend für potentielle Kapitalgeber.

Während der industriereiche und dicht besiedelte mittlere Neckarraum schon bald nach der Jahrhundertwende von privaten Überlandwerken erschlossen wurde, blieben die ländlichen, dünner bevölkerten Gebiete ohne Elektrizität – abgesehen von den Orten, in denen Gleichstromwerke vorhanden waren. Zwar nahm die Zahl der Ortselektrizitätswerke weiter zu und einige gingen auch dazu über, benachbarte Ortschaften anzuschließen. Doch diese kleinen Werke waren nicht in der Lage, eine weiträumige und flächendeckende Stromversorgung aufzubauen.

Getrieben von dem Wunsch nach Elektrizität entwickelten sich deshalb in den ländlichen Regionen Selbsthilfeinitiativen. „Die zunehmende Leutenot auf dem Lande und das stets wachsende Bedürfnis nach einer bequemen und brauchbaren Beleuchtungsart veranlaßte gleichzeitig in verschiedenen Gegenden Bestrebungen zur Ausnützung der vorhandenen Wasserkräfte zur Gewinnung von elektrischer Kraft"[26], heißt es zum Beispiel in der Druckschrift eines solchen Komitees von 1908. Die 1906 gegründete Genossenschaft „Elektrische Kraftübertragung Herrenberg eG", in der sich Privatpersonen, Gewerbetreibende und Gemeinden zusammenschlossen, um für ihre Stromversorgung ein Überlandwerk zu errich-

---

25 Das ungünstige Stromnachfrageverhalten der Landwirte und die Folgen für die Versorgungsqualität und Rentabilität beschreibt ausführlich Büggeln (1930), S. 82 und S. 94f., wo es heißt: „Der landwirtschaftliche Motor ist, ... ein äußerst schlechter Faktor in der Elektrizitätswirtschaft. Er hat die kürzeste Benutzungsdauer, verschlechtert also den Belastungsfaktor des Unternehmens. Er schafft unangenehme Stromspitzen, für welche die nötige Maschinenleistung vorhanden sein muß ... gleichzeitig ... werden auch die Leitungsnetze übermäßig beansprucht, was nicht nur große Verluste bringt, sondern auch die Spannung unangenehm beeinflußt."

26 Zur Frage der Errichtung einer großen elektrischen Überlandzentrale auf genossenschaftlichem Weg für die Bezirke Biberach, Blaubeuren, Ehingen, Münsingen und Riedlingen sowie eventuell Gammertingen (Hohenzollern), Druckschrift von 1908

ten, zeigte den Weg und ermunterte zur Nachahmung.[27] Mit der „Elektrizitätsgenossenschaft für die Heidenheimer und Ulmer Alb" entstand 1909 ein weiteres genossenschaftlich organisiertes Stromversorgungsunternehmen, 1910 folgten das Alb-Elektrizitätswerk in Geislingen und das Elektrizitätswerk Braunsbach im hohenlohischen Kochertal.

Je deutlicher und lauter der Ruf nach Elektrizität aus den ländlichen Gegenden artikuliert wurde, um so stärker engagierte sich die staatliche Verwaltung[28]. So entsandte das Innenministerium seine sachverständigen Beamten zur Beratung der überall auf dem Lande entstehenden Komitees, an deren Spitze meist ohnehin die Oberamtleute standen. Die staatlichen Berater setzten sich für die Gründung von öffentlich-rechtlichen Zweckverbänden ein, also für eine Form der kommunalen Selbsthilfe, die sich bereits auf dem Gebiet der Wasserversorgung bewährt hatte[29]. In den jeweiligen Verbandssatzungen wurde zum einen die „Gemeinnützigkeit" festgeschrieben, zum anderen aber auch festgelegt, daß alle beteiligten Gemeinden an die Stromversorgung angeschlossen werden mußten. Eine solche „Versorgungspflicht" gab es bei den privaten Elektrizitätswerken nicht. Sie wurde erst später im Energiewirtschaftsgesetz von 1935 allgemein festgelegt[30]. Bis zum Ersten Weltkrieg entstanden die folgenden Elektrizitäts-Zweckverbände: 1907 der Gemeindeverband Elektrizitätswerk für den Bezirk Calw, dem Gemeinden aus den Oberämtern Calw, Leonberg, Nagold und Neuenbürg angehörten, und der später seinen Namen in Elektrizitätswerk Teinach-Station änderte; 1909 der Bezirksverband Oberschwäbische Elektrizitätswerke (OEW), dem fast alle oberschwäbischen Amtskörperschaften beitraten und der das gesamte Oberland sowie die angrenzenden hohenzollerischen Gebiete in drei

---

27 Dies zeigt z. B. der Bericht des Bezirksverbandes Oberschwäbische Elektrizitätswerke über seine Tätigkeit und die Ergebnisse der bisher in seinem Auftrag ausgeführten Arbeiten; Stuttgart 1911, wo es auf S. 3 heißt: „Im Jahre 1907 wurde zum ersten Male in Württemberg durch die Gründung der Herrenberger Genossenschaft bewiesen, daß es möglich und unter einer Reihe von Voraussetzungen zweckentsprechend ist, wenn die Interessenten die Versorgung des Landes mit elektrischen Strom, den bisher nur kleine Zentralen oder Privatgesellschaften geliefert hatten, von größeren Zentralen aus selbst in die Hand nehmen." Büggeln (1930), S. 103f. verweist auf die anfänglich großen wirtschaftlichen Probleme der EKH, die seiner Ansicht nach auf falsche Tarife zurückzuführen war.

28 vgl. zur Haltung des württembergischen Staates die Studie von Stier, Bernhard: Württembergs energiepolitischer Sonderweg – Kommunale Stromselbsthilfe und staatliche Elektrizitätspolitik 1900–1950, in: Zeitschrift für Württembergische Landesgeschichte 54 (1995)

29 Da die öffentlich-rechtlichen Zweckverbände der staatlichen Aufsicht unterlagen, konnte der württembergische Staat auf diese Weise Einfluß ausüben, ohne selbst direkt tätig zu werden. Vgl. zur Geschichte der Zweckverbände Schauwecker, Heinz: Zweckverbände in Baden-Württemberg – Kommunale Zusammenarbeit in zwei Jahrhunderten; Stuttgart 1990

30 vgl. dazu Kehrberg (1997)

Ausbaustufen erschließen wollte[31]. In den Oberämtern Maulbronn, Vaihingen, Leonberg und Brackenheim schlossen sich ebenfalls 1909 die Kommunen zum Gemeindeverband Elektrizitätswerk Enzberg zusammen. 1910 entstanden die Gemeindeverbände Überlandwerk Hohenlohe-Öhringen und Elektrizitätswerk Kocherstetten, 1911 der Gemeindeverband Überlandwerk Tuttlingen und schließlich 1913 der Gemeindeverband Überlandwerk Aistaig.

Die in den Verwaltungsberichten des Ministeriums des Innern enthaltenen Karten „Die Elektrizitätswerke des Königreichs Württemberg" der Jahre 1911 und 1913[32] geben einen guten Einblick über den Entwicklungsstand und die Struktur der Elektrizitätsversorgung in Württemberg vor dem Ersten Weltkrieg. Die vielen weißen Flecken, die insbesondere 1911, aber auch noch 1913 vorhanden sind, zeigen, daß von einer flächendeckenden Stromversorgung noch keine Rede sein konnte. 1913 waren vor allem weite Teile Oberschwabens und des Jagstkreises noch ohne Stromversorgung. Das lag daran, daß die OEW noch nicht den Betrieb aufgenommen hatte und der Ausbau des Überlandwerkes Jagstkreis durch die Krise des Bergmann-Konzerns ins Stocken geraten war. Aus der großen Zahl der kleinen Ortszentralen heben sich bereits deutlich die zum größten Teil noch mitten im Aufbau steckenden Überlandwerke mit ihren umfassenderen Versorgungsgebieten ab. Insgesamt gab es in Württemberg 1913 nach der Zusammenstellung im Verwaltungsbericht des Ministeriums des Innern 273 Elektrizitätswerke[33]. Die Denkschrift von 1926/27 führt die relativ rasche Elektrifizierung in Württemberg auf diese Vielzahl an Elektrizitätswerken zurück, was durchaus den „natürlichen Verhältnissen des Landes" entspräche. 206 Werke (75 %) verfügten über Wasserkraft. Doch nur 63 (23 %) erzeugten Strom ausschließlich mit Wasserkraft, die Mehrzahl (143) besaß daneben auch andere Erzeugungsanlagen – 74 zusätzlich Dampfkraft (Steinkohle), 53 zusätzlich Verbrennungsmotoren, 16 zusätzlich Dampfkraft und Verbrennungsmotoren. 22 Werke erzeugten den Strom ausschließlich mit Dampfkraft, 31 allein mit Verbrennungsmotoren, zwei mit Dampfkraft und Verbrennungsmotoren. 97 Werke verwendeten Akkumulatoren, um die elektrische Energie zu speichern.

---

31 vgl. zur Entstehungsgeschichte der einzelnen Verbandsüberlandwerke Leiner, Bd. 2 (1985) und Schauwecker (1990); zur Geschichte der OEW auch Diemer, Kurt: 75 Jahre Oberschwäbische Elektrizitätswerke; Bad Buchau 1984 und Gysin, Jürgen: Elektrische Hilfen für Haus und Hof. Die Elektrifizierung Oberschwabens durch den Bezirksverband Oberschwäbische Elektrizitätswerke; Bad Buchau 1991

32 Zusammenstellung der Elektrizitätswerke Württembergs. Anlage zum Verwaltungsbericht der K. Ministerialabteilung für Strassen- und Wasserbau 1909/1910; Stuttgart 1912 (Stand 1911) und K. Ministerium des Innern, Abteilung für Strassen- und Wasserbau: Zusammenstellung der Elektrizitätswerke Württembergs mit einer Übersichtskarte. Anlage 3 zum Verwaltungsbericht für die Rechnungsjahre 1911/1912; Stuttgart 1913 (Stand 1913)

33 Andere Zahlen bei Ott (1986), Tab. 66A/S. 391, der 284 Werke angibt und Leiner, Bd. 2,1 (1985), S. 45, nach dem es 1913 sogar 299 Werke waren. Die nachfolgenden Berechnungen basieren auf der Zusammenstellung des Ministeriums des Inneren, s. Anm. 32.

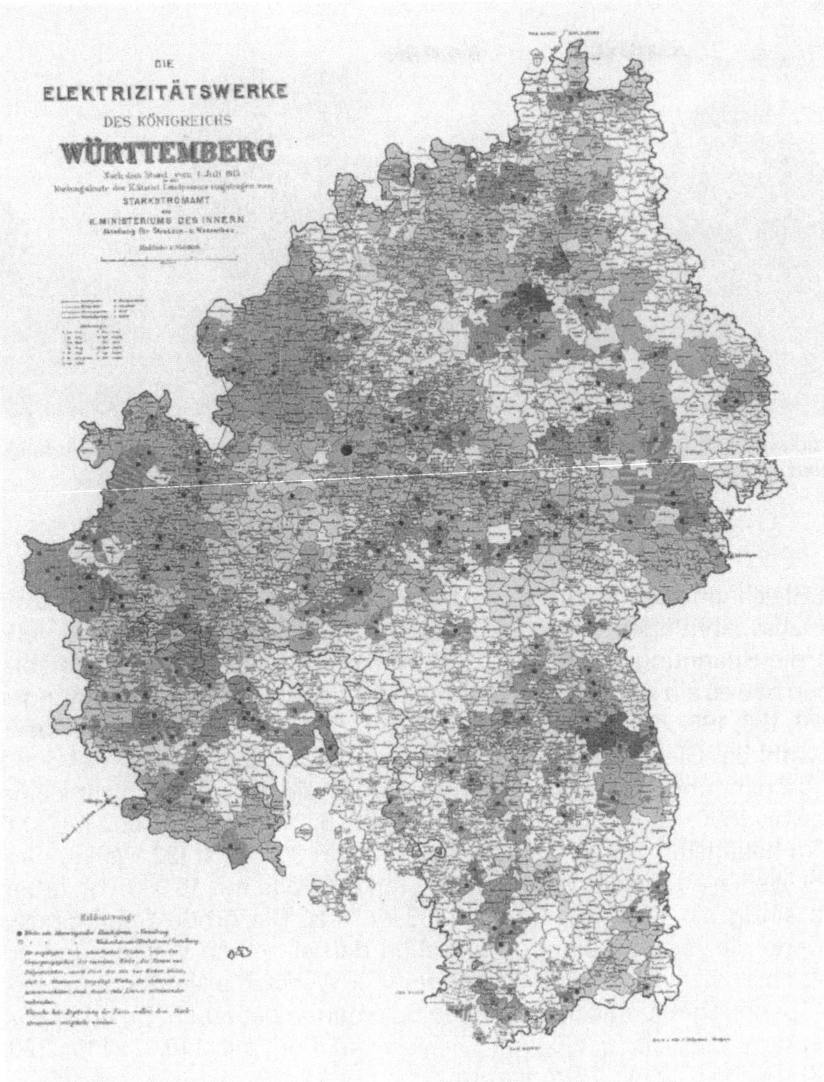

Die Karte der Elektrizitätswerke Württembergs von 1913 zeigt noch einige Versorgungslücken, vor allem in Oberschwaben und auf der Ostalb

Die verwendeten Gebrauchs- und Verteilungsspannungen waren noch sehr uneinheitlich. Gleichstrom herrschte zwar noch vor, aber der Drehstrom hatte eine weitere Verbreitung, vor allem zur Stromübertragung über größere Entfernungen gefunden. 184 Werke arbeiteten noch ausschließlich mit Gleichstrom,

Der Bezirksverband Oberschwäbische Elektrizitätswerke (OEW) baute gleich von Anfang an ein 55-kV-Netz für den überregionalen Strombedarf auf

40 mit Gleich- und Drehstrom sowie bereits 49 ausschließlich mit Drehstrom. Die Gebrauchsspannungen waren noch sehr uneinheitlich. Am weitesten verbreitet waren die Spannungen 220 Volt (170 Werke) und 110 Volt (103 Werke). Aber daneben gab es ein wildes Durcheinander der verschiedensten Spannungen, wie 100, 120, 150, 190, 200, 210, 235, 300, 440, 500, 550 und 700 Volt; wobei diese Vielfalt sowohl bei Gleich-, wie auch bei Drehstrom vorhanden war. Bei den Übertragungsspannungen der Drehstromwerke war die Bandbreite nicht kleiner. Sie reichte von 1500, über 2000, 2500, 3000, 4000, 5000, 10 000, 15 000 bis zu 50 000 Volt. Am häufigsten waren die Spannungen von 3000 Volt (32 Werke) und 5000 Volt (29 Werke) zu finden. Während 18 Werke bereits mit 15 000 Volt arbeiteten, betrieb einzig die OEW ein 50- bzw. 55-kV-Netz. Die große Spannungsvielfalt erschwerte die Zusammenarbeit zwischen den einzelnen Werken und erhöhte die Betriebskosten. Dies galt insbesondere für Werke, die Netze mit unterschiedlichen Spannungen und verschiedenen Stromarten betrieben. So arbeiteten z. B. die Neckarwerke mit 2x150 Volt Gleichstrom und mit 110, 2x110, 220, 440, 440/250 sowie 10 000 Volt Drehstrom.

Die Bedeutung des Ersten Weltkrieges für die weitere Entwicklung der Elektrizitätsversorgung

Während des Ersten Weltkrieges wuchs die Wertschätzung des elektrischen Stromes und damit auch die Bedeutung der Elektrizitätsversorgung. Der schon bald nach Kriegsausbruch einsetzende Mangel an Petroleum, dem bis dahin weitaus wichtigsten Leuchtmittel, führte ebenso wie der Mangel an Arbeitskräften und

Der Anschluß ans Stromnetz wurde in den meisten Orten mit einem „Lichterfest" gefeiert

Treibstoffen für Verbrennungsmotoren zu einem sprunghaften Ansteigen der Stromnachfrage. Jetzt erst fand das elektrische Licht in den Haushalten größere Verbreitung. Obwohl nach Kriegsbeginn kein weiteres Elektrizitätswerk mehr entstand, stieg die Zahl der Hausanschlüsse stark an und damit verbunden auch die angeschlossene Lampen- und Motorenzahl sowie schließlich der Stromverbrauch. Die Ursache lag zum einen an dem Anschluß weiterer Ortschaften im Zuge des planmäßigen Ausbaus der Überlandwerke, zum anderen aber auch in der zunehmenden Elektrifizierung. Verfügten noch vor Kriegsbeginn kaum 50 % der Häuser eines an die Stromversorgung angeschlossenen Ortes über einen eigenen Netzanschluß, so erhöhte sich dieser Anteil während des Krieges rasch, ebenso der Elektrifizierungsgrad innerhalb des einzelnen Haushalts, Gewerbe- oder landwirtschaftlichen Betriebes. Diese Entwicklung wird am Beispiel der Oberschwäbischen Elektrizitätswerke, der OEW, deutlich. Zwischen 1914 und 1918 stieg in Oberschwaben die Zahl der angeschlossenen Orte von 100 auf 244 (+144 %), die Hausanschlüsse nahmen von 3771 auf 14 397 (+282 %) zu, die angeschlossene Lampenzahl von 24 839 auf 105 178 (+323 %), die Motorenzahl von 1800 auf 4860 (+170 %) sowie der Stromverbrauch von 3 Millionen kWh[34] auf 14,5

---

34 Die Zahl bezieht sich auf das erste volle Geschäftsjahr 1915. Sämtliche Zahlen sind der OEW-internen Betriebsstatistik entnommen, die im EVS-Zentralarchiv (Bestand 120) vorhanden ist.

Dampfkraftwerk Ulm OEW. Die schlechte Kohleversorgung der Dampfkraftwerke gegen Ende und nach dem Ersten Weltkrieg führte zu Versorgungsengpässen

Millionen kWh (+383 %). Bei den anderen Werken verlief die Entwicklung ähnlich[35].

Für diesen Ansturm auf den elektrischen Strom waren die Elektrizitätswerke nicht gewappnet. Sie hatten ihre zumeist ohnehin im Aufbau befindlichen Stromversorgungsanlagen für den in der Vorkriegszeit eher gemächlich zunehmenden Bedarf eingerichtet. Als gegen Ende des Krieges auch noch die Kohleversorgung für die mittlerweile recht zahlreichen Dampfkraftwerke stockte, ließen sich Versorgungsengpässe nicht mehr vermeiden. „Die Nöte der Versorgung riefen in den Wirtschaftskreisen eine lebhafte Bewegung hervor, die auf möglichste Verbesserung der bisherigen Versorgung eingerichtet war", beschrieb die Denkschrift von 1926/27 die Situation. Und weiter: „Wesentliche Verbesserungen versprach man sich einerseits von einer möglichst umfassenden Verwertung aller noch verfügbaren und ausbauwürdigen Wasserkräfte, auf der anderen Seite von einer planmäßigen, die Erzeugung und Verteilung regelnden Zusammenfassung der gesamten Elektrizitätswirtschaft des Landes."[36] Hier wird bereits die Richtung der weiteren Entwicklung in der Zwischenkriegszeit angedeutet.

35 Bei der Überlandwerk Jagstkreis AG z. B. stieg die Zahl der Haushalte zwischen 1914 und 1918 von 3500 auf 12 500, der Lampen von 20 000 auf 80 000 und der Elektromotoren von 2000 auf 6000; Zahlen entnommen aus: 75 Jahre Energie für Ostwürttemberg und das bayerische Ries, hrsg. von der UJAG; Ellwangen 1988, S. 6

36 Württembergischer Landtag, Beilage 426 (1927), S. 552

Der Weg zur flächendeckenden Stromversorgung – die Entwicklung in der Zwischenkriegszeit

Nach dem Abklingen der Nachkriegswirren setzten die Überlandwerke den in der Kriegszeit zum Erliegen gekommenen Ausbau ihrer Stromnetze fort. Die noch nicht angeschlossenen Ortschaften drängten auf einen raschen Anschluß, und dies obwohl die Gemeinden jetzt im Unterschied zur Vorkriegszeit für den Anschluß ans Stromnetz meist einen Zuschuß bezahlen mußten. Die Karte der Elektrizitätswerke von 1921 zeigt zwar eine nahezu flächendeckende Erschließung. Doch tatsächlich gab es zu diesem Zeitpunkt noch genügend kleinere Teilgemeinden, die noch nicht über Strom verfügen konnten. So schickte sich z. B. die OEW gerade erst an, in der durch den Krieg verzögerten 2. Ausbaustufe die Orte mit über 150 Einwohnern anzuschließen. Die kleineren Orte folgten in der 3. Ausbaustufe, die sich bis 1930 hinzog. Die flächendeckende Elektrifizierung bis hin zu kleineren Weilern wurde in Württemberg daher erst in den 30er Jahren erreicht.

Eine ganze Reihe der kleineren Pionierunternehmen konnte mit der fortschreitenden Technik und dem steigenden Finanzbedarf nicht mehr Schritt halten und veräußerte ihre Anlagen an die umliegenden Überlandwerke.[37] Es wurden auch noch einige weitere Elektrizitäts-Zweckverbände gegründet, jetzt allerdings entweder zur Finanzierung und/oder Übernahme bereits vorhandener privater Überlandwerke, wie die Gemeindeverbände Ingelfingen, Hohebach, Kocherstetten, Jagst-Kocherwerke und Franken, sowie der Bezirksverband Heimbachkraftwerke, oder aber als „Stromabnehmerverbände“, d. h. um die Kundeninteressen gegenüber dem privaten Versorgungsunternehmen zu vertreten, wie die Bezirksverbände Stromverband Jagstkreis im Gebiet der UJAG, Neckar-Enzwerke (später Neckar-Elektrizitätsverband) im Gebiet der Neckarwerke AG und Enzgauwerke GmbH sowie im Gebiet der Kraftwerke Altwürttemberg AG der Bezirksverband Ueberlandwerk Altwürttemberg und der Gemeindeverband zur Versorgung des Landbezirks Heilbronn. Diese Stromabnehmerverbände handelten die Tarifverträge aus, waren in den Aufsichtsräten der privaten Werke vertreten und strebten eine Beteiligung an dem jeweiligen Überlandwerk an, was ihnen in den meisten Fällen auch früher oder später gelang.[38]

37 1922 war die Zahl der Werke bereits auf 246 gesunken, 1925 waren es 241 und 1935 gab es noch 198 Elektrizitätswerke in Württemberg; Zahlen nach den staatlichen Zusammenstellungen.

38 Vgl. Württembergischer Landtag, Beilage 426 (1927), S. 554f. und Schauwecker (1990); Leiner, Bd. 2,2 (1985), S. 331ff. spricht in diesem Zusammenhang von einer „zweiten Kommunalisierungswelle“.

In der Zwischenkriegszeit begannen die Elektrizitätswerke eine rege Werbetätigkeit zu entfalten. In Kundenzeitschriften wurden die neuesten Errungenschaften des ständig wachsenden Elektrogerätemarktes vorgestellt und auf die Vorzüge der Elektrizität verwiesen. Dabei stand die Werbung für die Elektrowärme (v. a. Herd und Heißwasserspeicher) im Mittelpunkt. Doch trotz aller Werbung blieb die Geräteausstattung der Haushalte noch recht bescheiden. Neben dem elektrischen Licht, über das gegen Ende der dreißiger Jahre nahezu jeder Haushalt verfügte, war das elektrische Bügeleisen das verbreitetste Elektrogerät. Doch bestenfalls jeder 10. Haushalt kochte elektrisch, Kühlschränke und Waschmaschinen waren noch sehr selten, weil für einen normalen Haushalt zu teuer. In der Landwirtschaft fanden neben dem Elektromotor elektrische Futterdämpfer, Heuaufzüge und Jauchepumpen sowie die ersten Melkmaschinen Eingang. Am fortgeschrittensten war die Stromanwendung aber in der Industrie, wo die elektrische Energie in zunehmendem Maße die traditionelle Dampfmaschine als Antriebskraft ablöste.

Die zunehmende Elektrifizierung spiegelt sich auch in der Entwicklung des Strombedarfes wider, der in den 20er Jahren zunächst noch langsam, in den 30er Jahren dann merklich schneller wuchs – bei der OEW z. B. von rund 19 Millionen kWh (1920) über 119 Millionen kWh (1930) auf 248 Millionen kWh (1937). Parallel dazu nahm auch der durchschnittliche Stromverbrauch zu. Im Versorgungsgebiet der OEW z. B. stieg der Stromverbrauch pro (Klein-)Abnehmer zwischen 1915 und 1919 von 160 auf 190 kWh, erreichte 1930 knapp 300 kWh und 1935 rund 340 kWh.[39] Es ist deutlich eine positive Wechselwirkung zwischen Zunahme des Absatzes und Sinken der Preise zu erkennen. Je höher die Stromlieferungen, desto besser die Auslastung der Anlagen und desto niedriger die spezifischen Kosten pro kWh. Da die Elektrizitätswerke die Kostenvorteile an die Stromkunden weitergaben, fielen die Strom(arbeits)preise von anfänglich 50 Pfennigen für eine kWh bis auf 7 Pfennige (1939 bei Anschluß eines Elektroherdes). Damit war der elektrische Strom für jedermann erschwinglich geworden.

Die kriegsbedingten Versorgungsprobleme hatten zum einen auch zu einer öffentlichen Diskussion über die Zweckmäßigkeit der aus einer Vielzahl privater, kommunaler und körperschaftlicher Unternehmen zusammengewürfelten Struktur der württembergischen Elektrizitätswirtschaft geführt und beschleunigten andererseits den Übergang zum Verbundbetrieb, d. h. dem Stromaustausch zwischen den einzelnen Werken und der gegenseitigen Reservevorhaltung. Die Frage der zweckmäßigsten Organisation der Elektrizitätsversorgung und insbesondere die Frage, ob der Staat die für die ganze Wirtschaft so wichtig gewordene Elektrizitätsversorgung nicht besser selbst in die Hand nehmen sollte, be-

39 Der Stromverbrauch pro Kopf stieg in Württemberg von 64 kWh (1914) auf 92 kWh (1920), 130 kWh (1924) und 164 kWh (1925). Dies war im Reichsvergleich (1925: 176 kWh) unterdurchschnittlich. Zahlen nach Württembergische Jahrbücher, Jg. 1928, S. 231.

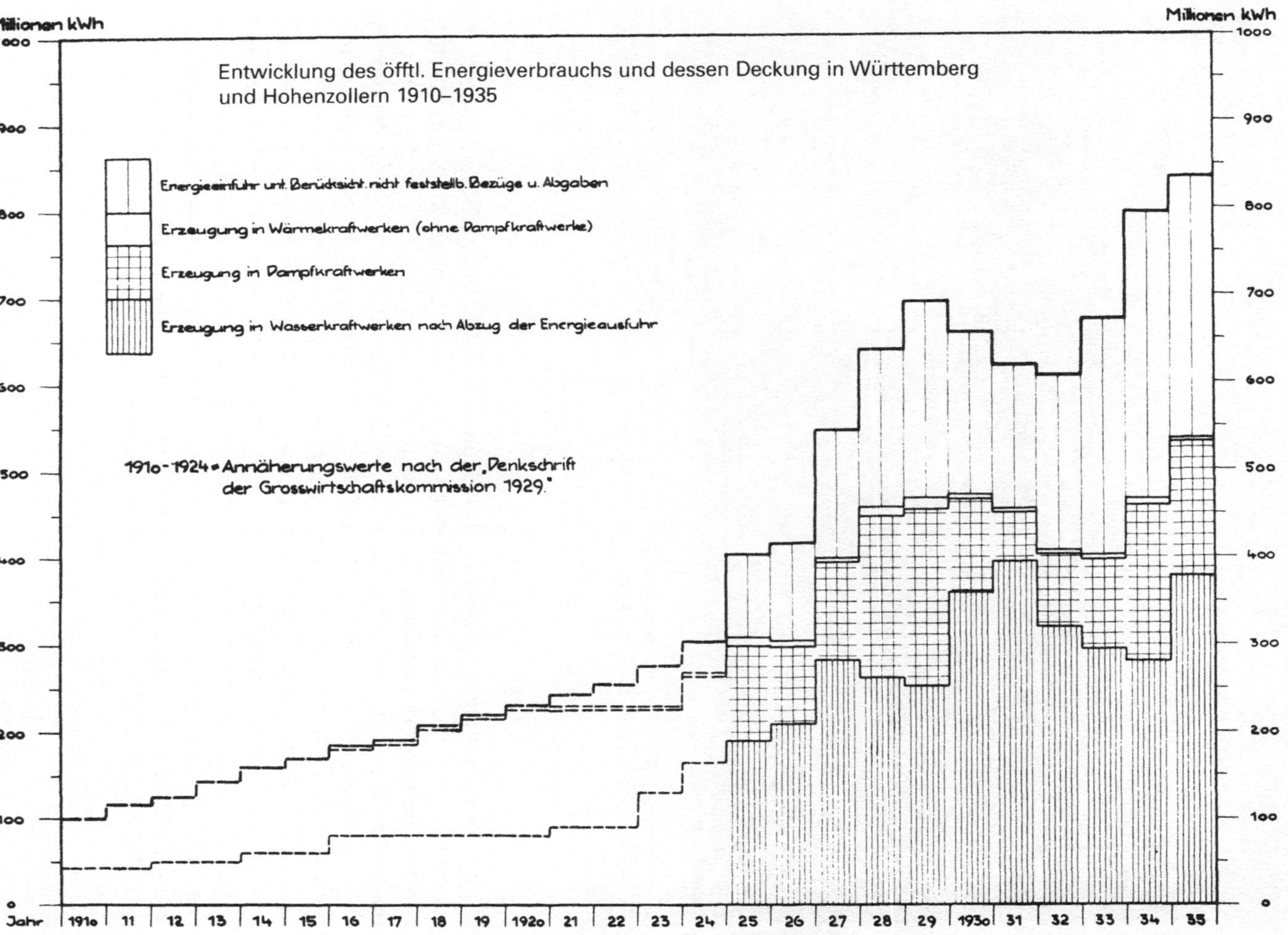

Entwicklung des öfftl. Energieverbrauchs und dessen Deckung in Württemberg und Hohenzollern 1910–1935

Schaltwarte der WLAG in Niederstotzingen
Die Leitung Obertürkheim–Niederstotzingen der WLAG war die erste 110-kV-Strecke in Württemberg

wegte immer wieder die Gemüter. Im Gegensatz zu den benachbarten süddeutschen Ländern, wo der Staat mit der Gründung der Landesversorgungsunternehmen Badenwerk und Bayernwerk (beide 1921) eingriff, hielt sich die württembergische Regierung weitgehend zurück. In Württemberg kam es statt dessen zur Gründung zweier Leitungsgesellschaften, der Württembergischen Landeselektrizitäts-AG (1918) und der Württembergischen Sammelschienen AG (1923), an denen sich die jeweils angeschlossenen Werke und der Staat beteiligten[40]. Die Leitungsgesellschaften erbauten das für den Stromaustausch und Verbundbetrieb innerhalb des Landes sowie den Strombezug von den Nachbarländern erforderliche Hochspannungsnetz – die WLAG eine 110-kV-Leitung in Ost-West-Richtung mit Anschlüssen an das Bayernwerk (1924) und an das Badenwerk (1928); die WÜSAG eine 60-kV-Ringleitung zur Verbindung der größeren Überlandwerke.

40 vgl. dazu die ausführliche Darstellung bei Leiner, Bd. 2,2 (1985), S. 362ff., der auch auf die Gegensätze zwischen den beiden Gesellschaften bzw. den beteiligten Werken verweist.

Eine weitere Folge der schlechten Erfahrungen der Kriegs- und Nachkriegszeit war der planmäßige Ausbau der im Lande verfügbaren Wasserkräfte für die Elektrizitätserzeugung. Da der Staat, wie es in der Denkschrift an den Landtag zu lesen ist, „besonderen Wert darauf legte, daß die Wasserkräfte in die Hand von öffentlichen Unternehmungen mit gemeinnützigem Charakter kamen", fiel die Erschließung hauptsächlich den Zweckverbänden zu. Die größte Wasserkraft des Landes an der Iller erhielt die OEW zugesprochen, die zwischen 1921 und 1927 drei Kraftwerksstufen errichtete. Weitere Wasserkraftwerke entstanden u. a. an der Donau in Fridingen (GV Tuttlingen), in Oepfingen und Donaustetten (Stadt Ulm), am Kocher in Ohrnberg (GV Hohenlohe-Öhringen), in Kocherstetten (GV Kocherstetten) und Ingelfingen (GV Ingelfingen), in Mühlhausen an der Enz (GV Enzberg), in Gottrazhofen an der unteren Argen (Argenwerke AG bzw. OEW)

Bau des Illerkraftwerkes Unteropfingen
Die drei Illerstufen waren die leistungsstärksten Wasserkraftwerke, die in den zwanziger Jahren ausgebaut wurden

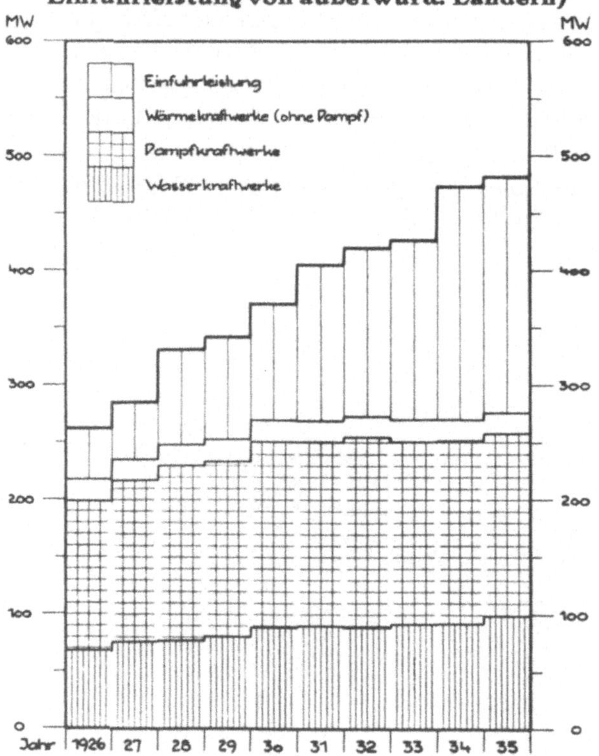

Verfügbare Leistung in Württemberg und Hohenzollern 1926–1935

sowie in Bettenhausen (Bezirksverband Heimbachkraftwerk). Bis 1927 betrug die hinzugebaute Leistung bereits rund 50 000 kW – das waren 2/3 der insgesamt vorhandenen Wasserkraftleistung.[41] Daneben wurden auch die vorhandenen Dampfkraftwerke (Steinkohle) in Stuttgart-Münster, Ulm, Altbach, Bissingen, Heilbronn und Ellwangen erweitert und modernisiert sowie in Heilbronn (Großkraftwerk Württemberg AG) ein neues erbaut. Insgesamt waren bis 1927 70 000 kW hinzugebaut worden. Trotz der gegenüber 1913 verdoppelten Kraftwerksleistung war aber abzusehen, daß Württemberg langfristig auf den Bezug elektri-

41 Die Ausbauleistung aller Wasserkräfte des Landes, also auch der nicht zur Stromerzeugung eingesetzten Anlagen betrug 1927: 65 390 kW bei einer mittleren Leistung von 38 910 kW; Zahlen nach Württembergische Jahrbücher, Jg. 1928, S. 231.

scher Energie angewiesen sein würde. Gemeinsam mit der OEW beteiligten sich der württembergische Staat und die in Heilbronn ansässige Großkraftwerk Württemberg AG (GROWAG) deshalb im benachbarten Österreich an der Erschließung der Vorarlberger Gebirgswasserkräfte. Doch hinter der GROWAG stand die Rheinisch-Westfälische Elektrizitätswerk AG (RWE), das größte Elektrizitätsversorgungsunternehmen in Deutschland. Für den Abtransport der großen Energiemengen aus Vorarlberg baute die GROWAG im Auftrag und auf Rechnung der RWE eine 220-kV-Leitung von Vorarlberg quer durch Württemberg bis Hoheneck, und von da weiter bis ins Rheinland. Damit schuf das RWE eine Verbindung zwischen der schwarzen (Braun)Kohle und der „weißen Kohle". Die 220-kV-Leitung des RWE brachte auch für Württemberg einen leistungsfähigen Netzanschluß für den Strombezug von außerhalb des Landes. Doch damit wurde Südwestdeutschland gleichzeitig zum Interessengebiet des mächtigsten deutschen Energieversorgungsunternehmens. Der Schatten des RWE bestimmte dann auch die Energiepolitik des Landes mit, beeinflußte in starkem Maße auch das Handeln der württembergischen Elektrizitätswerke und vertiefte die ohnehin schon vorhandenen Gräben in der Elektrizitätswirtschaft.

Im Zusammenhang mit der Beteiligung des württembergischen Staates an der Erschließung der Vorarlberger Wasserkräfte für die Stromversorgung des Landes beschäftigte sich der Landtag 1927 mit der Situation der Elektrizitätswirtschaft.

Für die Stromversorgung Württembergs wurden die Vorarlberger Illerwerke eine wichtige Stütze. Der Ausbau begann Ende der zwanziger Jahre mit dem Lünerseewerk

Dafür war auch die bereits mehrfach zitierte Denkschrift erarbeitet worden. Der Landtag setzte in der Folge eine Expertenkommission ein, die Vorschläge für eine grundlegende Neuordnung der Versorgungswirtschaft vorlegen sollte. Diese „Elektro-Großwirtschaftskommission" schlug in ihrem 1929 vorgelegten Bericht die Gründung eines zentralen Landesversorgungsunternehmens durch Fusion der beiden Leitungsgesellschaften vor. Gleichzeitig empfahl die Kommission, alle Zweckverband-Überlandwerke zu einem großen einheitlichen Elektrizitätsversorgungsunternehmen zusammenzufassen. Damit war zwar die weitere Entwicklung bereits vorgezeichnet. Doch obwohl sogleich Verhandlungen aufgenommen sowie eine Kommission zur Bewertung der einzelnen Werke eingesetzt wurden, verzögerte sich die Realisierung noch einige Zeit. Als es dann 1935 zur Fusion der beiden Leitungsgesellschaften in der Elektrizitäts-Versorgung Württemberg AG (EVW) kam, hing dies nicht zuletzt mit den seit 1933 veränderten politischen Verhältnissen zusammen. Unter maßgeblicher Beteiligung der OEW wurde 1939 schließlich auch der zweite Schritt, die von der Elektro-Großwirtschaftskommission vorgeschlagene Vereinigung der Zweckverband-Überlandwerke, durchgeführt. Dabei ging man gleich einen Schritt weiter und fusionierte die Verbandsüberlandwerke mit der Leitungsgesellschaft Elektrizitäts-Versorgung Württemberg AG. Das neugeformte Landesversorgungsunternehmen erhielt den Namen Energie-Versorgung Schwaben AG (EVS).

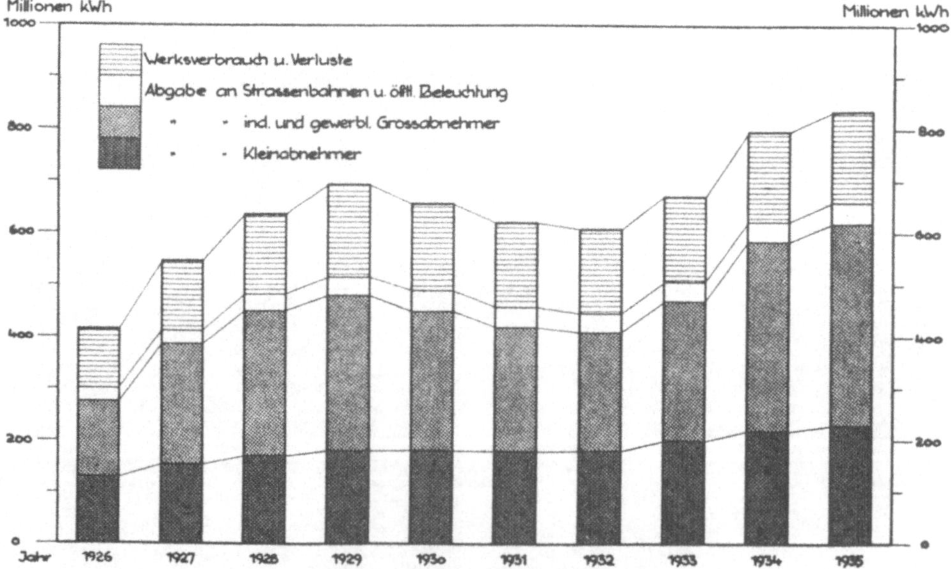

Angenäherte Aufteilung des Verbrauchs in Württemberg und Hohenzollern 1926–1935
Die Aufteilung erfolgte auf Grund der Ergebnisse von 18 städt. und Überlandwerken, die zusammen über 80 % des Gesamtverbrauchs decken.

Die württembergische Elektrizitätsversorgung am Vorabend des Zweiten Weltkriegs

1939 verfügten die 190 württembergischen Elektrizitätswerke, die unmittelbar Strom an die Verbraucher lieferten, über Eigenerzeugungskapazitäten von 102 000 kW Wasserkraft, 155 000 kW Dampfkraft und 17 500 kW sonstige Wärmekraft (v. a. Dieselaggregate). Die rund 274 000 kW Eigenerzeugungsleistung wurden ergänzt durch 182 000 kW vertraglich gesicherte Bezugsleistung (RWE, Baden, Bayern, Vorarlberg, Schweiz). Etwa die Hälfte des Strombedarfs konnte in den württembergischen Wasserkraftwerken (zwischen 400 und 500 Mio. kW p.a.) erzeugt werden. Die Strombezüge von außerhalb hatten im Laufe der 30er Jahre zugenommen und waren auf etwa ein Drittel des Gesamtbedarfes (1939: 417 000 kWh) angestiegen. Der überregionale Stromtransport wurde über die EVS, dem Rechtsnachfolger der Leitungsgesellschaft EVW, abgewickelt, die auch den vom RWE über die 220-kV-Leitung transportierten Strom innerhalb des Landes über

Energieumsatz in Württemberg und Hohenzollern 1935.

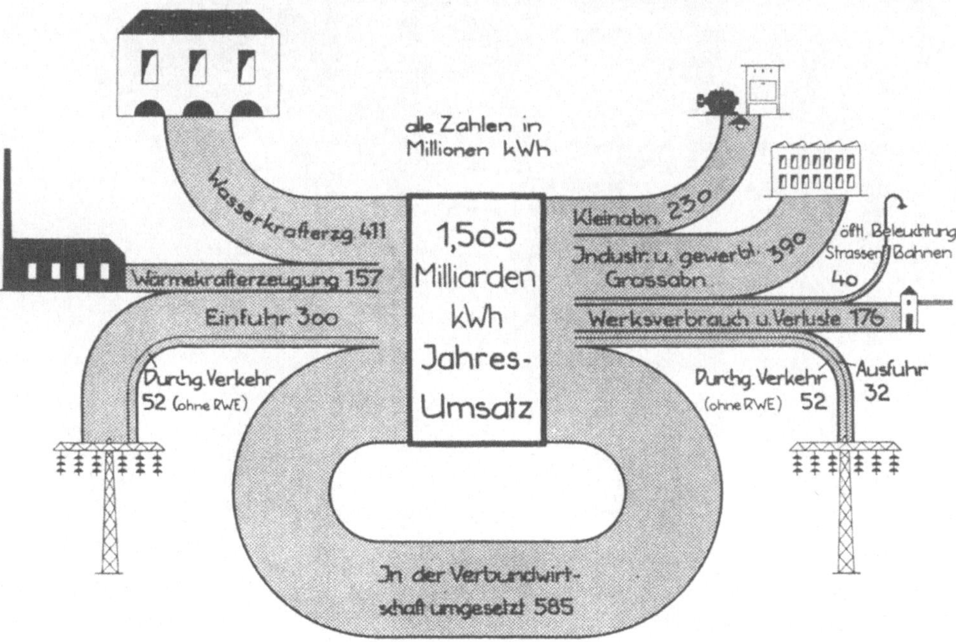

Bemerkung: Die Aufteilung des Gesamtverbrauchs erfolgte schätzungsweise auf Grund der Ergebnisse von 18 städt. und Überland-Werken mit 81,5 % des Gesamtverbrauchs.

Energieumsatz in Württemberg und Hohenzollern 1935

Größere Energieflüsse in Württemberg 1937.

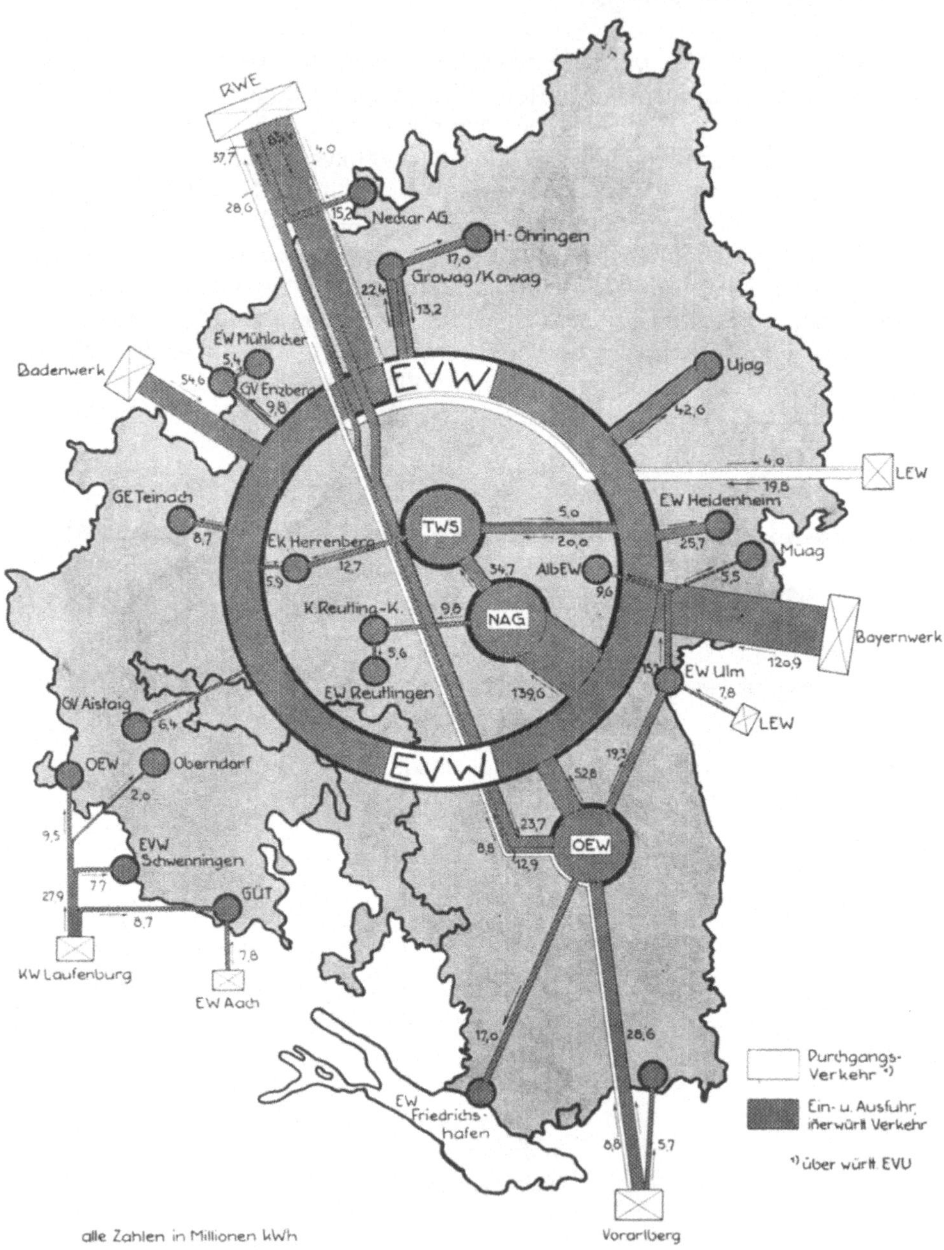

Größere Energieflüsse in Württemberg 1937

ihr Hochspannungsnetz (110- und 60-kV) weiterverteilte.[42] Die Lastverteilung für das Hochspannungsnetz befand sich in Obertürkheim bei Stuttgart. „Ohne Instrumente und Blindschaltbild, jedoch mit einem Telefon saß der erste Lastverteiler an seinem Schreibtisch, auf den 1932 noch zwei Wattmeter und ein Voltmeter zur besseren Betriebsüberwachung aufgebaut wurden."[43] Meist gab es auch Netzverbindungen auf der Mittelspannungsebene zwischen benachbarten Werken für den gegenseitigen Stromaustausch und Reservelieferungen. Nach wie vor gab es eine Vielzahl von kleineren Elektrizitätswerken. Doch die 16 Werke mit einem jährlichen Stromabsatz von über 10 Mio. kWh besaßen 77,5 % der Erzeugungskapazitäten und lieferten 83,8 % des gesamten Stromabsatzes. Eine Standardisierung der Spannungen war zwar bei den Übertragungsspannungen durchaus erkennbar. Doch bei den Gebrauchsspannungen herrschte nach wie vor ein völlig uneinheitliches Bild. So unterhielten z. B. die Technischen Werke der Stadt Stuttgart Gleichstromnetze mit 2x110 und 2x220 Volt, Drehstromnetze mit 220/127, 220 und 380/220 Volt sowie ein 2x110 Volt Wechselstromnetz.

Tabelle 1. Größere Wärmekraftwerke (über 500 kW) in Württemberg 1935

Ort	Typ	Leistung (kW)	Eigentümer
Altbach	DKW	14 500	Neckarwerke
Bissingen	DKW	12 600	Enzgauwerke/Neckarwerke
Ellwangen	DKW	10 200	UJAG
Enzberg	V	1200	Gemeindeverband Enzberg
Geislingen	DKW	1100	Alb-EW
Gerabronn	V	500	EW Braunsbach
Gottrazhofen	V	520	OEW
Heilbronn	DKW	7000	Württ. Portlandzementwerk
	DKW	10 000	GROWAG
Kiebingen	DKW	750	Elektrische Kraftübertragung Herrenberg
Nürtingen	V	650	Städt. EW
Oberndorf	DKW	3200	Mauserwerke
	V	1300	Mauserwerke
Öhringen	V	956	Gemeindeverband Hohenlohe-Öhringen
Schwäb. Hall	V	630	EW Haller
Schwenningen	V	580	EVW
Stuttgart-Münster	DKW	87 400	TWS
Tübingen	V	1884	Städt. EW
Tuttlingen	V	1320	Städt. EW
Ulm	DKW	20 500	OEW

DKW = Dampfkraftwerk (Kohle); V = Verbrennungsmotor
Quelle: Zusammenstellung der Elektrizitätswerke in Württemberg und Hohenzollern; hrsg. vom Württembergischen Landesgewerbeamt; Stuttgart 1935

42 1935 waren neben dem Bayernwerk, Badenwerk, RWE und den Lechwerken (110 kV) die württembergischen Werke UJAG, Gemeindeverband Enzberg/Mühlhausen, Gemeindeverband Teinach, Gemeindeverband Tuttlingen, KAWAG und GROWAG über 60-kV-Verbindungen, OEW und Gemeindeverband Aistaig über 55-kV-Verbindungen, die Technischen Werke Stuttgart, Neckarwerke, Alb-EW, MÜAG und Elektrische Kraftübertragung Herrenberg über 35-kV-Verbindungen sowie das Elektrizitätswerk Heidenheim über eine 15-kV-Verbindung mit der EVW gekoppelt. 1939 besaß die EVS 20 größere Umspannwerke zur Belieferung der anderen EVU.

43 Schäfer, Hans: Die Lastverteilung der Energie-Versorgung Schwaben AG – Erinnerungen aus meiner Lastverteilerzeit; Wendlingen 1983, S. 1

Die Entwicklung der Elektrizitätsversorgung nach dem Zweiten Weltkrieg am Beispiel der Energie-Versorgung Schwaben AG

Strombeschaffung – die wichtigste Aufgabe des neuen Landesversorgungsunternehmens

Die im April 1939 entstandene EVS hatte von den Zweckverbänden ein Versorgungsgebiet übernommen, das, nachdem 1942 auch noch die Elektrische Kraftübertragung Herrenberg eG hinzugekommen war, etwa zwei Drittel der Fläche und rund die Hälfte der Einwohner Württembergs umfaßte. Für die vom 1935 in Kraft getretenen Energiewirtschaftsgesetz verlangte „jederzeit ausreichende, sichere und preisgünstige" Belieferung der rund 240 000 Stromabnehmer standen 44 Wasserkraftwerke, 8 Dieselanlagen, das Dampfkraftwerk Ulm sowie die vertraglich gesicherten Bezüge aus den alpinen Speicherwasserkraftwerken der Vorarlberger Illwerke zur Verfügung. 98 % aller Haushalte im EVS-Gebiet waren ans Stromnetz angeschlossen. Doch der Strombedarf der Haushalte war noch recht bescheiden. Trotz einem umfangreichen Angebot an elektrischen Geräten blieb das elektrische Licht der Hauptverbraucher. Nur jeder zehnte Haushalt kochte elektrisch und es wurden gerade mal rund 1000 Kühlschränke betrieben. Der Strombedarf der knapp 1000, überwiegend industriellen Großabnehmer überstieg den Bedarf der vielen Haushalte, landwirtschaftlichen, gewerblichen und Handelsbetriebe bei weitem. Für die Stromnachfrage im eigenen Versorgungsgebiet hätten die EVS-eigenen Erzeugungskapazitäten genügt. Doch die EVS hatte als Landesversorgungsunternehmen und Betreiber des landesweiten Hochspannungsnetzes auch den Zusatzbedarf sämtlicher württembergischer Elektrizitätswerke zu decken. Dieser Bedarf überstieg den EVS-Eigenbedarf um mehr als das Doppelte. Die Strombeschaffung war deshalb eine der dringlichsten Aufgaben des neuen Unternehmens.

Um die Aufgabe der Landesversorgung erfüllen zu können, übernahm die EVS das im Bau befindliche Kohlekraftwerk Marbach von der Stadt Stuttgart. Das bis 1942 mit drei Maschinensätzen (ca. 100 MW) bestückte Kraftwerk entwickelte sich während des Krieges zu einer wichtigen Stütze der württembergischen Stromversorgung. Rund ein Viertel des Bedarfes konnte in Marbach erzeugt werden. Als ebenso wichtig erwiesen sich die Strombezüge aus den erweiterten Speicherkraftwerken in Vorarlberg. Ohne die alpine Energie wäre es schwierig geworden, den kräftig ansteigenden Strombedarf der auf Hochtouren laufenden Kriegswirtschaft zu decken.

Verfasser dieses Beitrags: Dr. Jürgen Gysin, Stuttgart

Die in der EVS aufgegangenen Überlandwerke

Die in der EVS aufgegangenen Überlandwerke

Das Kohlekraftwerk Marbach erhielt bis 1942 drei Maschinensätze (1949 einen vierten) und wurde zu der wichtigsten Stütze der württembergischen Stromversorgung in den 1940er und 1950er Jahren

Elektrizitätsversorgung im Schatten des Krieges

Je länger der Krieg dauerte, um so schwieriger wurde die Situation in der Stromversorgung. Zwar traten wie überall Frauen an die Stelle der einberufenen Männer, aber beim technischen Personal tat sich doch eine schmerzliche Lücke auf. Chronischer Materialmangel erschwerte die Verhältnisse zusätzlich. Doch trotz aller Schwierigkeiten gelang es weitgehend, die Stromversorgung aufrecht zu erhalten.

Erst 1944 spitzte sich die Lage zu. Durch ständige Bomben- und Tieffliegerangriffe wurden Leitungen, Trafostationen und Umspannwerke vermehrt beschädigt. Zwar gelang es dem verbliebenen Personal immer wieder, die Schäden zu reparieren und das Leitungsnetz im großen und ganzen funktionsfähig zu halten. Gegen Ende des Jahres gingen die Lichter dann doch häufiger und länger aus, da die Kohlelieferungen ausblieben und die Dampfkraftwerke den Betrieb einschränken mußten. 1945 wurde es noch schlimmer, da die Stromversorgungsanlagen beim Vormarsch der alliierten Streitkräfte größere Schäden erlitten.

Das Dampfkraftwerk Ulm wurde 1944 von Jagdbombern stark beschädigt

Nach Kriegsende wurden die Schäden am Leitungsnetz zwar relativ rasch, oftmals durch Provisorien behoben. Doch wegen des weiterhin gravierenden Kohlemangels beruhte die Stromversorgung weitgehend auf der Erzeugung in den Wasserkraftwerken. Erschwerend kam hinzu, daß Württemberg in zwei Besatzungszonen zerschnitten wurde. Darunter hatte besonders die EVS zu leiden, deren südliches Versorgungsgebiet in der französischen Zone lag, während das nördliche Gebiet zur amerikanischen Zone gehörte. Da beide Besatzungsmächte unabhängig voneinander und zum Teil widersprüchliche Vorschriften erließen, war die Stromversorgung im netztechnisch vereinten EVS-Gebiet eine schwierige Aufgabe. Obwohl der Strombedarf nach der Stillegung der Rüstungsbetriebe stark sank, reichte die Erzeugung nicht aus. Deshalb verordneten die Besatzungsmächte ähnlich wie in den letzten Kriegsmonaten Verbrauchsbeschränkungen mit Strafen für Überschreitungen. Diese Stromkontingentierungen traten vor allem in den Wintermonaten in Kraft und dauerten bis Anfang der fünfziger Jahre.

Steigende Stromnachfrage im Zeichen des Wirtschaftswunders – die 50er Jahre

Die Währungsreform vom Juni 1948 markierte einen Wendepunkt in der deutschen Nachkriegsgeschichte. Es ging wieder aufwärts – und in welch einem atemberaubendem Tempo. Der Wiederaufbau setzte ein langanhaltendes, stürmisches Wirtschaftswachstum in Gang. Schon Anfang der 50er Jahre überstieg die industrielle Produktion die Vorkriegswerte und ein Ende des „Wirtschaftswunders" war nicht in Sicht. Im Zuge des Wirtschaftsaufschwungs begann ein technologischer Wandel, bei dem der Elektrizität eine bedeutsame Rolle zufiel. Der elektrische Strom ersetzte die Dampf- und Wasserkraft als Antriebsenergie für Produktionsmaschinen. Elektrisch betriebene Maschinen und Geräte nahmen den Menschen die mühselige Handarbeit ab – bei der Fertigung von Gütern, in der Landwirtschaft und bald auch im Haushalt.

Der Energiehunger der aufstrebenden Wirtschaft bestimmte dann auch das Geschehen bei den Energieversorgungsunternehmen. Die Ausgangssituation nach Kriegsende war aber alles andere als günstig. Weder die vorhandenen Erzeugungskapazitäten noch das ohnehin stark heruntergekommene Verteilungsnetz genügten den zu erwartenden Anforderungen. Während die Preise und Löhne zu steigen begannen, blieben die Strompreise noch auf dem niedrigen Vorkriegsniveau eingefroren und hinkten auch später den allgemeinen Zuwachsraten hinterher, so daß die Erträge zusammenschmolzen. Das erschwerte die Finanzierung des unerläßlichen Kraftwerks- und Leitungsausbaus. Manche eigentlich notwendige Maßnahme mußte deshalb zunächst zurückgestellt werden.

Dennoch gelang es den Aus- und Neubau von Kraftwerken voranzubringen. Er hatte auch bei der EVS Priorität. Durch die Installation zweier weiterer Maschinensätze wurde die Leistung des Dampfkraftwerkes Marbach auf fast 200 000 Kilowatt verdoppelt. Mit der Inbetriebnahme des Kraftwerkes Aitrach kam der durch den Krieg unterbrochene Ausbau der Wasserkraftwerke an der Iller endlich zum Abschluß. Beide Baumaßnahmen wurden mit den Mitteln des Marshall-Planes gefördert. Und auch im wieder instandgesetzten Dampfkraftwerk Ulm lief die Stromerzeugung nun an, jetzt verbunden mit der Auskopplung von Fernwärme.

Doch diese Anfang der 50er Jahre abgeschlossenen Maßnahmen genügten nicht, den weiterhin stürmisch anwachsenden Bedarf zu decken. Zumal die EVS als Landesversorgungsunternehmen ständig mehr in Anspruch genommen wurde. Da sich in der Nachkriegszeit in der Stromversorgung endgültig die Großtechnik durchsetzte, wurde es für die kleineren Elektrizitätswerke günstiger, den Strom aus neuen Großkraftwerken zu beziehen, als in den veralteten Dampf- und Dieselkraftwerken selbst zu erzeugen, zumal die Mittel zum Bau eigener Kraftwerke fehlten. Da auch die Stromnachfrage im eigenen Versorgungsgebiet kräftig zunahm, beschloß die EVS, ein neues modernes Kohlekraftwerk in räumlicher

Nach dem Krieg setzte sich die Großkraftwerkstechnik endgültig durch. Bau des Kraftwerks Heilbronn Anfang der 50er Jahre

Die Schaltzentrale des württembergischen Hochspannungsnetzes in Obertürkheim, um 1950

Nachbarschaft zu der technisch überholten Anlage der Großkraftwerk-Württemberg AG in Heilbronn zu errichten. Bis 1958 gingen dort bereits drei moderne Kraftwerksblöcke mit einer Leistung von insgesamt 240 000 Kilowatt in Betrieb.

Ebenfalls einen breiten Raum nahmen die Erweiterungen und Verstärkungen des Leitungsnetzes ein. Ein dringendes Bedürfnis war der weitere Ausbau des Hochspannungsnetzes, über das die elektrische Energie von den Kraftwerken zu den regionalen Bedarfsschwerpunkten im Landesteil Württemberg geleitet wurde. Als zusätzliche Energieeinspeisepunkte wurden neue Umspannwerke ins Netz eingefügt. Beschleunigt ging auch die bereits während des Krieges begonnene Spannungsumstellung von 60 000 auf 110 000 Volt weiter.

Das Problem, den Kunden die nachgefragten größeren Energiemengen zuzuführen, stellte sich genauso im Mittelspannungs- und Niederspannungsnetz. Auch hier mußte die Transportleistung der Leitungen und Umspanner verbessert werden. In den 50er Jahren begann bei fast allen Elektrizitätswerken die Umstellung des Mittelspannungsnetzes auf 20 000 Volt sowie der Niederspannungsnetze auf 380/220 Volt.

Als Erblast aus der Vorkriegszeit gab es in den Ortsnetzen nach wie vor ein verwirrendes Durcheinander der Gebrauchsspannungen. In vielen Orten waren sogar noch die alten Gleichstromnetze in Betrieb. Der Umbau der Ortsnetze auf

Da Elektrogroßgeräte, wie Kühlschrank und Waschmaschine, für viele Haushalte in den 50er Jahren noch unerschwinglich waren, wurden Elektrogemeinschaftsanlagen eingerichtet. Im Bild eine Gemeinschaftsgefrieranlage

die einheitliche Niederspannung von 380/220 Volt Drehstrom war eine sehr kostenintensive Maßnahme, die einen längeren Zeitraum in Anspruch nahm. Sehr zum Leidwesen der betroffenen Kunden. Denn auch die Elektrifizierung der Haushalte machte erhebliche Fortschritte. Elektroherd, Kühlschrank, Waschmaschine und Staubsauger wurden geradezu zu Symbolen des wachsenden Wohlstands. Und auch in der Landwirtschaft nahm die Elektrizitätsanwendung kräftig zu.

Nach der Währungsreform intensivierten die Elektrizitätswerke auch wieder ihre Beratungsaktivitäten. Das Ziel war, wie es die erste „EVS-Zeitung" nach Kriegsende im Jahre 1949 ausdrückte, die Beratung „über alle Fragen der Anwendung elektrischer Arbeit, der empfehlenswerten Elektrogeräte und -einrichtungen sowie ihrer rationellen Ausnützung". In den 50er und 60er Jahren nahm die Planung von elektrischen Gemeinschaftseinrichtungen, wie Back-, Kühl- und Waschanlagen, einen breiten Raum ein. Mit steigendem Lebensstandard gewann dann die Einzelberatung für die Anschaffung und zweckmäßige Nutzung von Elektrogeräten an Bedeutung. Die Elektrizitätswerke widmeten sich auch den Fragen der Sicherheit und der Gebrauchstauglichkeit beim Umgang mit Strom, indem z. B. laufend Elektrogeräte überprüft und in Zusammenarbeit mit dem VDE Richtlinien für die Elektroinstallation festgelegt wurden.

Mit Energie in den Wohlstand – die 60er Jahre

Das „Wirtschaftswunder" setzte sich in den 60er Jahren fort. Der Lebensstandard stieg weiter. Jetzt konnte sich jede Familie eine „elektrische Küche" leisten, und zahlreiche elektrische „Heinzelmännchen" erleichterten die Arbeit in Haushalt und Beruf. Das Fernsehgerät begann in die Wohnstuben einzuziehen. Der Mangel an Arbeitskräften und die hohen Lohnkosten führten in der Industrie zu verstärkten Rationalisierungen. Die Produktionsabläufe wurden zunehmend automatisiert und für Verwaltungsarbeiten die elektronische Datenverarbeitung eingeführt. Das erhöhte nicht nur den Energiebedarf, sondern auch die qualitativen Anforderungen an die Stromversorgung.

Die unvermindert ansteigende Stromnachfrage hielt die Versorgungsunternehmen in Atem. Der Kraftwerksbau hinkte der Entwicklung des Strombedarfs, der sich in weniger als zehn Jahren verdoppelte, ständig hinterher. Bis Mitte der 60er Jahre sank der Anteil der Eigenerzeugung der EVS bis auf 40 %. Erst durch den Bau zweier weiterer Kraftwerksblöcke mit je 125 000 kW in Heilbronn konnte die Eigenerzeugungsquote wieder erhöht werden. Parallel dazu sicherte sich die EVS im saarländischen Steinkohlerevier langfristig den Strombezug aus dem Dampfkraftwerk Ensdorf. Eine Erzeugungslücke tat sich dennoch im Grundlastbereich auf. Der Anteil der Laufwasserkraftwerke schrumpfte bei dem steigenden Bedarf ständig. Der Versuch, Wasserkraft der einheimischen Argen für die Stromerzeugung nutzbar zu machen, scheiterte, weil schon damals die ortsansässige Bevöl-

Trotz der Beteiligung an den Wasserkraftwerken der Oberen Donau Kraftwerke AG nahm der Anteil der Wasserkraft ab

kerung die dabei erforderlichen Eingriffe in die Natur nicht akzeptieren wollte. Durch die Beteiligung an der Obere Donau Kraftwerke AG sowie durch den Strombezug aus dem Donau-Kraftwerk Aschach/Österreich gelang es zwar, den Laufwasseranteil an der Stromerzeugung vorübergehend zu erhöhen. Aber das war nurmehr ein Tropfen auf den heißen Stein – der Anteil der Wasserkraft an der Strombereitstellung sank kontinuierlich weiter.

Die EVS war daher gezwungen, in zunehmendem Maße für die Grundlast eigentlich zu teuer produzierende Steinkohle-Kraftwerke einzusetzen. Abhilfe aus diesem Dilemma versprach man sich damals vom Einsatz einer neuen fortschrittlichen und kostengünstigen Primärenergie: der Atomenergie. Die EVS war schon seit den 50er Jahren an der Erforschung und Planung eines Kernkraftwerkes in Württemberg beteiligt. Und als 1964 der Beschluß für den Bau eines kommerziell betriebenen Kernkraftwerkes in Obrigheim fiel, gehörte die EVS zu den Kapitalgebern.

Im Bereich der Verteilungsnetze gingen die bereits begonnenen Spannungsumstellungen weiter. Für den Verbundbetrieb und den Strombezug von den Vertragskraftwerken wurden neue Hochspannungsleitungen mit 220 000 Volt gebaut. Dabei waren einige Leitungen bereits für den geplanten Übergang auf 380 000 Volt ausgelegt. Für die Betriebsführung des EVS-Höchstspannungs-Netzes ging in Wendlingen eine neue Lastverteilung in Betrieb.

Die EVS beteiligte sich am Bau des ersten kommerziellen Kernkraftwerkes in Obrigheim, das 1968 in Betrieb ging. Die Kernenergie sollte die Grundlast in den revierfernen Ländern decken

Beladung eines Reaktors mit Brennelementen. Der zunehmende Widerstand gegen die Kernenergie verzögerte die Fertigstellung der geplanten Kernkraftwerke und brachte auch die EVS in Bedrängnis bei der Strombeschaffung

Der zügige Ausbau des 380 000-Volt-Netzes verbesserte die Transportleistung des Höchstspannungsnetzes. Im Bild 380 000-Volt-Transformator

Im Mittelspannungsnetz machte die Spannungsumstellung auf 20 000 Volt Fortschritte. Zahlreiche Maßnahmen dienten der Verbesserung der Versorgungssicherheit, z. B. die Verwendung von Betonmasten, die zunehmende Netzvermaschung sowie Blitzschutzeinrichtungen. Bis Ende der 60er Jahre waren fast alle Ortsnetze auf 380/220 Volt umgebaut worden. Die Zahl der Neuanschlüsse nahm infolge der regen Bautätigkeit erheblich zu. Jetzt ging man in den Neubaugebieten auch dazu über, die Anschlüsse mit Erdkabeln durchzuführen.

Es gelang, das elektrische „Lastgebirge" – hohe Spitzen am Tage, tiefe Täler in der Nacht – etwas einzuebnen. Bei den Industrie-Kunden erreichte man durch entsprechende Abrechnungssysteme eine teilweise Verlagerung der hohen Spitzenlasten in lastschwächere Zeiten. Bei den Tarifkunden war es vornehmlich die elektrische Nachtspeicherheizung, mit der die verbrauchsschwachen Winternacht-Täler aufgefüllt werden konnten. Dies ermöglichte den durchgängigen Betrieb der Kohlekraftwerke, der technisch und natürlich auch wirtschaftlich günstiger war als das ständige An- und Abfahren.

Der Ölpreisschock – die schwierigen 70er Jahre

Die 70er Jahre waren gekennzeichnet von wirtschaftlichen Schwierigkeiten, von dem Schock der Ölkrise sowie von zunehmenden Auseinandersetzungen über den in Wirtschaft und Gesellschaft einzuschlagenden Weg. Starker Preisauftrieb, nachlassendes Wachstum und steigende Arbeitslosigkeit sind die Stichworte hierfür. Besonders heftig gestritten wurde um die Kernernergie, später auch über den Umweltschutz. Aber auch die wirtschaftlichen Probleme erhitzten die Gemüter.
Das Ende der „fetten Jahre", der traumhaften Wachstumsraten, hatte sich bereits in der zweiten Hälfte der 60er Jahre angekündigt. Die Wiederaufbauphase war nun abgeschlossen und in manchen Bereichen zeigten sich schon Sättigungstendenzen. Die Ölkrise, die die gesamte Weltwirtschaft lähmte, verschärfte die Situation zusätzlich. Sie zeigte aber auch eindrucksvoll, auf welch wackligen Beinen der errungene Wohlstand ruhte. Jetzt wurde nicht nur deutlich, wie groß die Abhängigkeit vom Öl geworden war, sondern auch wie wichtig eine sichere Energieversorgung ist. Nicht zuletzt Sonntagsfahrverbote und der gewaltige Preissprung des Öls schärften das Bewußtsein für einen sparsamen Umgang mit Energie.

Gleichzeitig setzte sich die Erkenntnis durch, daß die Vorräte an den beiden wichtigsten Primärenergieträgern Öl und Kohle durchaus begrenzt sind. Es begann die Suche nach Alternativen. Viele Fachleute vertraten ohnehin schon längst die Meinung, daß die Verbrennung fossiler Energien zur Stromerzeugung eigentlich eine Vergeudung sei. Denn dafür gab es ja die Kernenergie. Ihre friedliche Nutzung war durch die ständig weiterentwickelte Sicherheitstechnik möglich geworden. In Kernkraftwerken konnte der Strom weitaus kostengünstiger erzeugt werden. Und auch umweltfreundlicher, da es in einem Kernkraftwerk weder Schwefeldioxid, noch Stickoxid, noch Kohlendioxid gibt.

Bei der EVS führten diese Überlegungen und die positiven Erfahrungen beim Betrieb des Kernkraftwerkes Obrigheim zu dem Entschluß, sich am Bau weiterer Kernkraftwerke zu beteiligen. Dadurch sollte bis Mitte der 70er Jahre der Grundlastbedarf durch die kostengünstigere Kernenergie gedeckt werden. Zunächst wurde aber bis zur Fertigstellung der Kernkraftwerke mit dem RWE ein Grundlast-Vertrag auf Braunkohlebasis geschlossen, der zeitweise bis zu einem Drittel zur EVS-Strombeschaffung beitrug. Für die Spitzenlast sicherte sich die EVS gleichzeitig weitere Bezugsanteile an verschiedenen geplanten Pumpspeicherkraftwerken in Österreich. Mit diesen eingeleiteten und geplanten Maßnahmen wähnte man sich ganz gut gewappnet, um den Versorgungsauftrag auch zukünftig bei den zu erwartenden weiteren Nachfragesteigerungen erfüllen zu können.

Doch es kam ganz anders. An dem im südbadischen Wyhl zusammen mit der Bodenwerk AG geplanten Gemeinschaftskernkraftwerk entzündete sich der bundesweit wachsende Widerstand gegen die Kernenergie. Die Genehmigungsverfahren für den Bau von Kernkraftwerken wurden durch die Einsprüche und Aktionen von Kernenergiegegnern erheblich verzögert. Die bei der vorausschauenden Planung angenommenen Termine der Inbetriebnahme verschoben sich um Jahre. Und gleichzeitig stiegen die Baukosten gewaltig. Da dies bei den anderen Elektrizitätsversorgungsunternehmen ebenso der Fall war, zeichnete sich Mitte der 70er Jahre eine bedrohliche Erzeugungslücke ab. Um die Sicherheit der Stromerzeugung zu gewährleisten, mußten Strombezugsverträge mit in- und ausländischen Verbundpartnern abgeschlossen werden. Die Sorgenfalten bei der EVS wurden während des ganzen Jahrzehnts nicht weniger, da die Inbetriebnahme des bereits fertiggestellten Kernkraftwerkes Philippsburg 1 immer wieder verschoben werden mußte.

Daß es nicht zu dem von einigen Fachleuten vielleicht etwas vorschnell prophezeiten „black out" kam, lag an einigen, teilweise nicht vorhersehbaren Faktoren. Zum einen bewährte sich in dieser Zeit die neue Höchstspannung von 380 000 Volt. Denn dadurch konnten über das Verbundnetz große Energiemengen von auswärts herantransportiert werden. Von entscheidender Bedeutung war aber, daß die Stromnachfrage infolge des konjunkturellen Einbruchs weniger stark anstieg, als dies nach der vorangegangenen Aufwärtsentwicklung zu erwarten gewesen war.

In dieser von Ölknappheit und steigenden Energiepreisen geprägten Zeit wandelte sich die Kundenberatung von einer Stromanwendungs- in eine umfassende Energieberatung. Die EVS half ihren Kunden bei den Anstrengungen, den Energieverbrauch zu senken. Dabei konnten die Beratungskräfte auf die bei der Installation von Nachtspeicherheizungen gesammelten Erfahrungen mit Wärmedämm-Maßnahmen zurückgreifen. Ein besonderes Augenmerk galt jetzt auch der schlummernden Umweltenergie in Luft, Wasser und Erdreich, die mit der Technik der Wärmepumpe nutzbar gemacht werden konnte. Auch die Möglichkeiten der Nutzung von Sonnenenergie wurden erprobt.

Umweltschutz – die neue Herausforderung in den 80er Jahren

Was sich bereits in den 70er Jahren in den Auseinandersetzungen um die Kernenergie angedeutet hatte, setzte sich in den 80er Jahren fort. Ein wachsender Teil der Bevölkerung war und ist nicht mehr bereit, umweltbeeinträchtigende technische Anlagen zu tolerieren. Insbesondere großtechnische Anlagen bekamen Akzeptanzprobleme. Die Auseinandersetzungen um Umweltschutz und Kernenergie erhielten durch das „Waldsterben" und den schwerwiegenden Reaktorunfall in Tschernobyl neue Nahrung.

Die Zeit, in denen es in der Stromversorgung nur darum ging, die technischen Voraussetzungen für die Deckung des Bedarfes zu schaffen und die Versorgungssicherheit oberste Priorität hatte, war zu Ende gegangen. Jetzt nahmen auch bei den Stromversorgungsunternehmen Fragen der Umweltverträglichkeit einen immer breiteren Raum ein, und es wurden große Anstrengungen unternommen, um die von den Versorgungsanlagen ausgehenden Beeinträchtigungen der Umwelt zu verringern. Einen Schwerpunkt bildeten die Maßnahmen zur Verminderung der Luftschadstoffemissionen bei der Stromerzeugung. Mit der Entscheidung, ihren neuen 700-Megawatt-Block im Kraftwerk Heilbronn (Inbetriebnahme 1986) mit Entschwefelungs- und Entstickungsanlagen auszustatten, übernahm die EVS eine Vorreiterrolle. Während für die Entschwefelungsanlagen bereits praxiserprobte Techniken vorhanden waren, war die Entstickung noch technisches Neuland, bei dem erst noch Erfahrungen gesammelt werden mußten. Die ersten in Heilbronn eingebauten Katalysatoren stammten aus Japan, da in Deutschland noch keine Produzenten vorhanden waren. Nach positiven Erfahrungen mit den Rauchgasreinigungsanlagen rüstete die EVS auch die in den 60er und 70er Jahren gebauten Altblöcke 3–6 nach, während die ältesten Blöcke 1 und 2 stillgelegt wurden. Die Nachrüstung von älteren Kesseln mit Schmelzkammerfeuerung war ebenfalls eine technische Neuerung, bei der wegen der räum-

Block 7 des Steinkohlekraftwerkes Heilbronn war bei seiner Inbetriebnahme 1986 der weltgrößte entschwefelte und entstickte Steinkohleblock

Funktionsschema des Kraftwerks

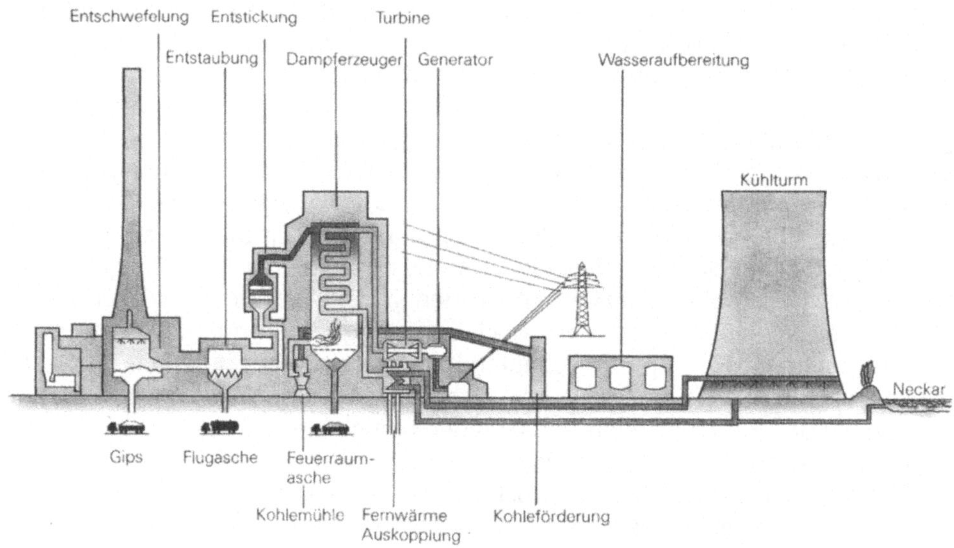

Fast die Hälfte der Fläche eines Kohlekraftwerkes wird von Anlagen zum Umweltschutz beansprucht. Beispiel: Kraftwerk Heilbronn Block 7

lichen Enge die Reihenfolge von Entschwefelung und Entstickung geändert werden mußte. Die hierbei gemachten Erfahrungen befruchteten Konstruktion und Bau von Katalysatoren. Bis zum Ende des Jahrzehnts gingen bei der EVS die Emissionen von Schwefeldioxid und Stickoxid trotz steigender Stromerzeugung um 90 Prozent zurück – nicht zuletzt auch durch die Inbetriebnahme des 2. Blockes im Kernkraftwerk Philippsburg (1985) und des Blockes 2 im Kernkraftwerk Neckarwestheim (1989). Die EVS setzte damit bei der Stromerzeugung auf die beiden Pfeiler Kernenergie und Steinkohle. Der Eigenerzeugungsanteil stieg in diesem Jahrzehnt von einem Drittel auf drei Viertel an, wobei der Grundlastbedarf von Laufwasser- und Kernkraftwerken gedeckt wurde und in der Mittellast Steinkohlekraftwerke eingesetzt wurden.

Aber auch im Netzbau fanden die Belange des Umwelt- und Landschaftschutzes stärker Berücksichtigung. So wurde z. B. der Raumbedarf von Schaltanlagen durch die neue gasgekapselte Technik (SF 6) um ein Vielfaches verringert, und im Mittel- und Niederspannungsbereich wurden neue Leitungen überwiegend als Erdkabel ausgeführt. Doch trotz dieser Maßnahmen stießen auch Leitungsbauten zunehmend auf Widerstand. Der Bau von Höchstspannungsleitungen dauerte deshalb mitunter zwischen zehn und zwanzig Jahre. Wie alle Energieversorgungsunternehmen versuchte auch die EVS, dem Wertewandel in der Gesellschaft Rechnung zu tragen. Der damalige EVS-Vorstandsvorsitzende Prof. Dr.

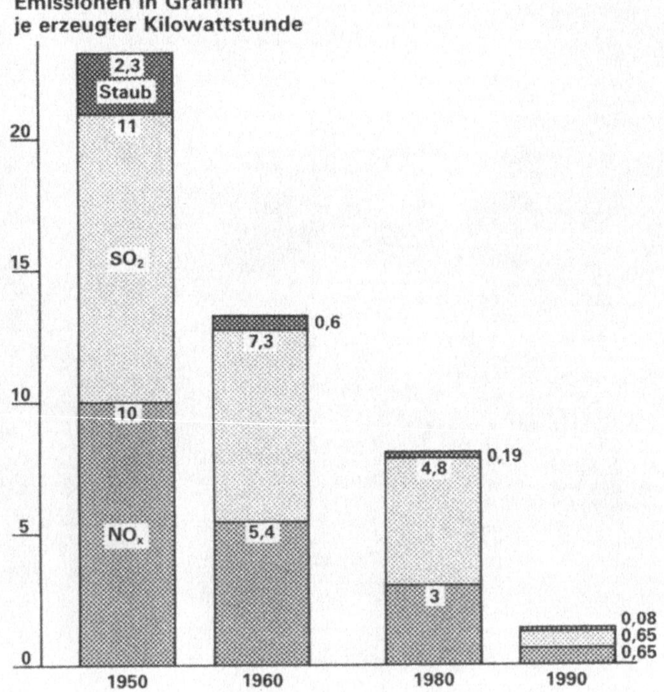

Entwicklung der Umwelttechnik von Steinkohlekraftwerken am Beispiel der Emissionen verschiedener Schadstoffe

Peter F. Heidinger prägte den Begriff von einer neuen Energiekultur, bei der sich das Unternehmen vom Versorger zum Dienstleister weiterentwickeln und dabei den Wünschen der Kunden, mit Energie vernünftiger, überlegter und sparsamer umzugehen, entgegenkommen müsse. Das 1988 gestartete „Energieprogramm 2000" trug dieser Entwicklung Rechnung. Neben einer erheblichen Ausdehnung der Energieberatungstätigkeit für Kunden und Kommunen (z.B. mit computergestützten Energiediagnosen und -berichten oder dem Angebot von Thermografieaufnahmen) enthielt das Programm auch die Förderung und Erprobung von erneuerbaren und alternativen Energien. In diesem Zusammenhang errichtete die EVS auf der Alb Windkraft- und Photovoltaikanlagen zu Erprobungs- und Testzwecken, begann systematisch auf Kreismülldeponien Blockkraftwerke zur Nutzung der Methangase zu bauen, unternahm Versuche mit schnellwachsenden Pflanzen, übernahm den Betrieb von Blockheizkraftwerken in kommunalen Einrichtungen und startete ein 100-Millionen-Programm zur Sanierung ihrer überwiegend aus den 20er Jahren stammenden Wasserkraftwerke. Der Umweltschutz wurde jetzt zu einem gleichrangigen Unternehmensziel neben der Sicherstellung einer ausreichenden und wirtschaftlichen Energieversorgung erhoben.

Eine gasisolierte Schaltanlage vermindert den Flächenbedarf erheblich

Eine neue Ära wird eingeläutet – Markt und Wettbewerb in der Energieversorgung

Die 90er Jahre sind gekennzeichnet von einer Beschleunigung des Wandels der wirtschaftlichen Verhältnisse. Zunächst brachte die Wiedervereinigung und die Öffnung nach Osten Dynamik in die Entwicklung. Parallel dazu wurden die Weichen gestellt für den europäischen Binnenmarkt, verbunden mit der Liberalisierung des Energiemarktes. Gerade letzteres stellt die Energieversorungsunternehmen vor eine völlig neue Situation. Der hohe technische Standard der Versorgungsanlagen wird jetzt zum belastenden Kostenfaktor. Hatte schon die Berücksichtigung des Umweltschutzes die Prioritäten des technisch Machbaren verschoben, so wird in Zukunft als wichtigster Faktor der Markt und das Kundeninteresse die Entwicklung prägen.

Für die EVS begannen die 90er Jahre vielversprechend. Sie konnte ihr technisches Know-how beim „Aufbau Ost" einbringen und dabei einen ersten Schritt zur regionalen Diversifikation machen durch die Beteiligung am sächsischen Regionalverteilungsunternehmen Energieversorgung Sachsen Ost (ESAG) und am ostdeutschen Verbundunternehmen VEAG. Mit der Beteiligung an zwei Regionalversorgern und einer Braunkohlekraftwerksgesellschaft in Ungarn (zusammen mit dem RWE) sowie an den Strom- und Fernwärmeversorgungsgesellschaften in Prag konnte die regionale Diversifikation fortgesetzt werden. Angesichts des stagnierenden Stromumsatzes und des anstehenden Wettbewerbs suchte die EVS aber auch nach Möglichkeiten, sich in neuen Geschäftsfeldern zu engagieren. Zunächst wurde den entsorgungspflichtigen Gebietskörperschaften die Kooperation auf den Gebieten Müllverbrennung, Klärschlammentsorgung und Bodensanierung angeboten. Das waren Gebiete, auf denen das Unternehmen vorhandenes Know-how einbringen konnte. Nach und nach wurde das Engagement auf weitere Entsorgungssparten, insbesondere Recycling von Elektro- und Elektronikschrot, ausgedehnt. Auch für den Einstieg in den Wachstumsmarkt Telekommunikation waren gute Voraussetzungen vorhanden. Die EVS verfügt über ein mit modernster Glasfasertechnik ausgerüstetes betriebliches Kommunikationsnetz von über 2000 km Länge. Gemeinsam mit der Badenwerk AG wurde die Communikationsnetze Südwestdeutschland (CNS) gegründet, die den Zuschlag vom Land Baden-Württemberg für den Aufbau eines Hochgeschwindigkeits-Datennetzes für Hochschulen und Forschungseinrichtungen erhielt. Nach der Beteiligung der Swiss telecom PTT tritt die CNS – neuerdings unter dem Namen tesion – als Anbieter von Telekommunikationsdienstleistungen in Baden-Württemberg auf.

Nachdem es immer deutlicher wurde, daß die EG-Richtlinie die Liberalisierung der Energiemärkte bringen und die deutsche Energierechtsnovelle sofort den uneingeschränkten Wettbewerb einführen würde, begannen sich die seitherigen Monopolunternehmen der Energieversorgung für den kommenden Wettbewerb zu rüsten. Im Mittelpunkt standen und stehen Maßnahmen zur Kostensenkung. Bei der EVS wurde zum Beispiel die historisch gewachsene Außenorganisation gestrafft. Die 13 regionalen Standorte wurden auf sechs vermindert. Gleichzeitig begannen die Verhandlungen zur Umstrukturierung der baden-württembergischen Energieversorgung, die vorläufig zur Fusion der Technischen Werke der Stadt Stuttgart und der Neckarwerke AG zur Neckarwerke Stuttgart AG sowie der EVS und der Badenwerk AG zur Energie Baden-Württemberg AG (EnBW) führte. Ob damit die Entwicklung der Zusammenschlüsse bereits abgeschlossen ist, darf bezweifelt werden. Die EVS ist nach der Fusion eines der beiden regionalen Verteilunternehmen des EnBW-Konzerns, der seinen Sitz in Karlsruhe hat. Die Organisation der EnBW ist konsequent auf die Marktöffnung ausgerichtet. Das „Unbundling-Gebot" der EG-Richtlinie ist in dem viertgrößten deutschen Energieversorgungsunternehmen durch die Ausgründung von eigenen Gesellschaften für Erzeugung (EnBW-Kraftwerksgesellschaft), Transport (EnBW-Transportnetze-AG), Stromhandel (EnBW-Vertriebsgesellschaft und EnBW-Stromhandelsgesellschaft) und Verteilung (EVS und Badenwerk) vollzogen worden.

Kraftwerk Altwürttemberg Aktiengesellschaft, Ludwigsburg

Die Kraftwerk Altwürttemberg Aktiengesellschaft (KAWAG) ist ein regionales Energieversorgungsunternehmen mit Verwaltungssitz in Ludwigsburg. Sie wurde im Jahre 1909 unter der Firma „Elektrizitätswerk Beihingen-Pleidelsheim AG" gegründet. Wegen ihres sich schnell ausdehnenden Versorgungsgebietes nahm sie im Jahre 1913 den heutigen Firmennamen an.

Über das Versorgungsgebiet verteilt liegen die Bezirks- und Außenstellen in Bad Rappenau, Backnang, Ilsfeld, Murrhardt, Pleidelsheim und Winnenden, denen Bau und Betrieb der Strom- und Erdgasverteilungsanlagen sowie die Kundenbetreuung vor Ort obliegen.

Im Geschäftsjahr 1996/97 (1. Juli 1996 bis 30. Juni 1997) erzielte die KAWAG Umsatzerlöse von 370,6 Mio. DM. Die Investitionen, die vornehmlich der Erweiterung und Verstärkung der Betriebsanlagen dienten, beliefen sich auf 33,5 Mio. DM. Im Durchschnitt des Geschäftsjahres beschäftigte die KAWAG 436 Mitarbeiter, davon 24 Auszubildende.

Das Grundkapital der KAWAG beträgt 21,6 Mio. DM. Die Aktien befinden sich zu 49,99 % im Besitz der Lahmeyer AG, Frankfurt, und zu 28,43 % im Besitz der RWE Energie AG, Essen. Weitere 15,0 % hält über die NEV Beteiligungsgesellschaft mbH, Stuttgart, der Neckar-Elektrizitätsverband, ein öffentlich-rechtlicher Zweckverband der Städte, Gemeinden und Landkreise im Versorgungsgebiet der KAWAG. Die restlichen 6,58 % der Aktien befinden sich im Streubesitz.

Die KAWAG hält Beteiligungen an der Neckar-AG, Stuttgart, und an der KAWAG-Werkshilfe GmbH, Ludwigsburg.

Mit elektrischer Energie versorgt die KAWAG rund 371 000 Einwohner in 51 Städten und Gemeinden der Landkreise Heilbronn, Ludwigsburg und Rems-Murr. Das unmittelbare Versorgungsgebiet umfaßt eine Fläche von 854 km^2. Darüber hinaus besteht ein Stromlieferungsvertrag mit dem Weiterverteiler Stadtwerke Waiblingen GmbH.

Im Geschäftsjahr 1996/97 betrug die nutzbare Stromabgabe 1581,5 Mio. kWh; die Erlöse aus Stromverkauf beliefen sich auf 325,3 Mio. DM. Größte Kundengruppe mit einem Anteil von 45,5 % an der Abgabe sind die Tarifkunden. Auf die industriellen und sonstigen Sondervertragskunden entfällt ein Drittel der Stromabgabe.

Rund 98 % ihres Stromaufkommens deckt die KAWAG aus dem Verbundnetz der RWE Energie AG. Die übrigen 2 % erzeugt sie selbst, überwiegend in ihrem Laufwasserkraftwerk Pleidelsheim am Neckar sowie in drei Deponiegasverstromungsanlagen. Von sonstigen Erzeugern werden 0,2 % der Strombeschaffung aus Kleinwasserkraftwerken, Biogasanlagen und Photovoltaikanlagen in das KAWAG-Netz eingespeist.

Seit Anfang der 80er Jahre hat die KAWAG in Teilen ihres Versorgungsgebietes eine regionale Erdgasversorgung aufgebaut. Derzeit werden in 19 Gemeinden rund 8900 Kundenanlagen mit Erdgas versorgt. Die Erdgasabgabe an Dritte betrug im Geschäftsjahr 1996/97 579 Mio. kWh; die Erlöse aus Erdgasverkauf beliefen sich auf 27,6 Mio. DM. Knapp zwei Drittel der Erdgasabgabe bezogen Heizgaskunden und Kleinverbraucher in Haushalt, Gewerbe und kommunalen Bereich. Vorlieferanten des Erdgases sind die Stadtwerke Heilbronn und die Neckarwerke Stuttgart AG.

Neben der Versorgung mit Strom und Erdgas bietet die KAWAG den Kommunen, Kreisen, Schulen, Gewerbe- und Industriebetrieben in ihrem Versorgungsgebiet auch Wärmelieferungen an. Dabei übernimmt sie Planung, Bau und Betrieb bei Neuanlagen und bei der Modernisierung. In Bad Wimpfen erneuerte und erweiterte die KAWAG die Heizzentrale eines Kur- und Rehabilitationszentrums und liefert der Klinik nunmehr jährlich etwa 10 Mio. kWh Nutzwärme statt Erdgas. Derzeit bestehen mehrere Wärmelieferungsverträge mit einem Volumen von insgesamt 28 Mio. kWh pro Jahr.

Im Juli 1995 gründeten die KAWAG und die RWE AQUA GmbH eine Arbeitsgemeinschaft, um den Kommunen im Versorgungsgebiet der KAWAG Dienstleistungen auf dem Gebiet Wasser/Abwasser anzubieten. Aufgrund der bislang noch großen Zurückhaltung der Kommunen bei der Privatisierung öffentlicher Aufgaben ist die Arge KAWAG – RWE AQUA derzeit nur mit einem Projektsteuerungsauftrag bei der Abfallwirtschaftsgesellschaft des Rems-Murr-Kreises tätig.

Als jüngste energienahe Dienstleistung bietet die KAWAG ihren kommunalen Partnern die Mitbenutzung ihrer graphischen Datenverarbeitung für deren Zwecke an, beispielsweise die Führung von digitalisierten Plänen von Wasserleitungen und Abwasserkanälen. Mit der Stadtwerke Ludwigsburg GmbH wurde ein erster Kooperationsvertrag abgeschlossen.

KAWAG
Kraftwerk Altwürttemberg AG
Bismarckstraße 2
71634 Ludwigsburg
Telefon 07141/123-0
Telefax 07141/123-199

Ein junges Unternehmen mit Tradition

Die Neckarwerke Stuttgart AG (NWS) sind das regionale Energiedienstleistungsunternehmen im Mittleren Neckarraum. Ihre Aufgaben sind die umweltschonende und rationelle Versorgung mit Elektrizität, Gas, Wasser und Wärme, die Entsorgung und die Telekommunikation. Das Unternehmen hat seinen Sitz in der Landeshauptstadt Stuttgart. Es ist durch die Fusion der Neckarwerke Elektrizitätsversorgungs-AG, Esslingen, und der Technischen Werke der Stadt Stuttgart AG (TWS) entstanden. Diese Fusion wurde von den Hauptversammlungen der beiden Unternehmen am 27. Juni 1997 beschlossen und trat rückwirkend zum 1. Januar 1997 in Kraft.

Beide Unternehmen können auf eine lange Tradition zurückblicken. Die Wurzeln der TWS reichen bis 1845 zur ersten Stuttgarter Gasfabrik zurück, die TWS selbst wurde 1933 durch den Zusammenschluß der zuvor getrennt geführten städtischen Gas-, Elektrizitäts- und Wasserwerke gegründet und 1962 in eine AG umgewandelt. Die Keimzelle der Neckarwerke war vor fast 100 Jahren die „Kraftzentrale" in Altbach am Neckar, erbaut 1899 von Heinrich Mayer. Er baute die erste Überland-Stromversorgung im damaligen Königreich Württemberg auf. 1905 wurde sein Unternehmen in die Neckarwerke AG mit Sitz in Esslingen umgewandelt.

Ziel des fusionierten Unternehmens ist es, in einem liberalisierten Energiemarkt erfolgreich bestehen zu können. Die Bündelung der Kräfte der beiden Unternehmen bringt wirtschaftliche Vorteile durch Synergien auf den verschiedenen Geschäftsfeldern. Auf diese Weise wurde für den Mittleren Neckarraum und darüber hinaus ein leistungsstarkes Unternehmen geschaffen, das wettbewerbsfähige Preise und sichere Arbeitsplätze bieten kann.

Die Neckarwerke Stuttgart gehören mehrheitlich den von ihnen versorgten Kommunen. Die Landeshauptstadt Stuttgart hält einen Anteil von 42,5 Prozent des Aktienkapitals in Höhe von 422 Millionen Mark, der Neckar-Elektrizitätsverband (NEV) und die von ihm vertretenen Gemeinden besitzen 30 Prozent, die Energie Baden-Württemberg AG (EnBW) hält 25,5 Prozent der Aktien und im Streubesitz sind rund 2 Prozent. Stuttgart und der NEV wollen zur gemeinsamen Vertretung ihrer Interessen langfristig partnerschaftlich zusammenarbeiten.

Rund 5000 Mitarbeiterinnen und Mitarbeiter sind bei den Neckarwerken Stuttgart in Kraftwerken, den Netzeinrichtungen, den Stützpunkten im Versorgungsgebiet und der Verwaltung tätig. Das Unternehmen erwirtschaftet in den Sparten Strom, Gas, Wasser und Fernwärme einen Jahresumsatz von rund 3,7 Mrd. Mark. Ein umfangreiches Beratungsprogramm hilft den Kunden beim rationellen Umgang mit diesen Produkten.

Das Stromversorgungsgebiet zwischen Schwäbischer Alb und Kraichgau umfaßt 125 Städte und Gemeinden, darunter Stuttgart, Esslingen, Ludwigsburg, Böblingen und Göppingen: mittelbar versorgt werden weitere 14 Kommunen. In diesem 2500 km^2 großen Gebiet leben über 2 Mio. Menschen. Sie benötigen in der Wohnung und am Arbeitsplatz jährlich rund 11,5 Mrd. kWh Strom.

Zur ausreichenden Bereitstellung der elektrischen Energie stehen in Neckarwestheim/Gemmrigheim und Obrigheim Kernkraftwerke sowie in Altbach/Deizisau, Stuttgart-Gaisburg, -Münster und Walheim Kohlekraftwerke mit umweltschonender Technologie zur Verfügung. Hinzu kommen Gasturbinen, Wasserkraft-, Deponiegas- und Blockheizkraftwerke sowie Demonstrationsanlagen für die Nutzung von Sonne und Wind. Im Auftrag der Stadt Stuttgart betreiben die Neckarwerke außerdem die Abfallverbrennungsanlage im Kraftwerk Münster. Die eigenen Kraftwerke decken rund 95 Prozent des Strombedarfs, davon vier Fünftel aus Kernenergie. Das Stromverteilungsnetz hat eine Länge von rund 22 000 km.

Mit Fernwärme versorgt werden große Gebiete der Stuttgarter Innenstadt und der am Neckar gelegenen Stadtteile sowie in Esslingen, Altbach, Deizisau und Plochingen. Die Wärme wird in Kraft-Wärme-Kopplung in den Heizkraftwerken Altbach/Deizisau, Gaisburg und Münster gewonnen. Die jährliche Wärmeabgabe liegt bei rund 2 Mrd. kWh, das Verteilnetz ist fast 300 km lang. Hinzu kommen Blockheizkraftwerke mit kleineren Nahwärmenetzen in weiteren Gemeinden.

Die Gasversorgung erschließt das Stuttgarter Stadtgebiet und breitet sich darüber hinaus sternförmig bis in den Schwarzwald, zur Schwäbischen Alb und in den Schwäbischen Wald aus. Das direkt und indirekt versorgte Gebiet umfaßt annähernd 3000 km^2 mit 2,2 Mio. Einwohnern. Die Neckarwerke beziehen das Erdgas von der Gasversorgung Süddeutschland und verteilen es über eigene Leitungen an fast 250 000 Kunden. Die Stammlieferungen erreichen im Jahr rund 13,7 Mrd. kWh.

Mit Trinkwasser versorgt werden die rund 560 000 Einwohner der Landeshauptstadt. Das Wasser wird über zwei große Fernwasserleitungen aus dem Bodensee und dem Donauried bei Ulm bezogen. Das Verteilnetz in Stuttgart ist 1500 km lang, der jährliche Wasserbedarf liegt bei 40 Mio. m^3.

Neckarwerke Stuttgart AG
Lautenschlagerstraße 21
70173 Stuttgart
Telefon: 07 11/289-0
Telefax: 07 11/289-4 32 20
Internet: http://www.nws-ag.de

ZEAG
Zementwerk Lauffen – Elektrizitätswerk Heilbronn AG ein modernes Unternehmen mit Tradition

Das Württembergische Portland-Cement-Werk zu Lauffen am Neckar, die heutige ZEAG Zementwerk Lauffen – Elektrizitätswerk Heilbronn AG, wurde am 9. Dezember 1888 in Heilbronn als Aktiengesellschaft gegründet. Der Lauffener Standort für den Bau eines Zementwerks wurde gewählt, weil die Rohstoffe an Ort und Stelle gewonnen werden konnten und die Kraft des Neckars als Energiequelle zur Verfügung stand.

Weit über die Grenzen des Unterlands und Württembergs hinaus wurde das Unternehmen durch die Lauffener Kraftübertragung im Jahre 1891 bekannt. Mit dem sachkundigen Rat von Oskar von Miller beteiligte sich die ZEAG an dem Großexperiment: Drehstrom wurde im Wasserkraftwerk zu Lauffen erzeugt und über 170 km nach Frankfurt zur Elektrotechnischen Ausstellung transportiert. Die gelungene Fernübertragung bewies die Möglichkeit, elektrische Energie über große Entfernungen rentabel übertragen zu können. Als direkte Umsetzung dieses Experiments begann am 16. Januar 1892 in Heilbronn die öffentliche Stromversorgung mit Drehstrom. Heilbronn ist damit die erste drehstromversorgte Stadt der Welt.

Die ZEAG versorgt heute Heilbronn, Lauffen, Kirchheim am Neckar und Neckarwestheim mit Strom und weite Teile des Unterlands mit Zement. Es gibt in der näheren Umgebung kaum ein Haus, für das dieses Unternehmen nicht den Klebstoff Zement geliefert hat. Und was bei der Gründung des Unternehmens kaum denkbar war: Die ZEAG unterhält seit langem mit jedem Bewohner ihres Versorgungsgebietes direkt oder indirekt geschäftliche Beziehungen. Sie liefert elektrische Energie – zuverlässig und in bester Qualität – an Betriebe, Verwaltungen und Wohnungen. Daneben betreibt die ZEAG in Heilbronn eine Nahwärmeinsel und zusammen mit der Energie-Versorgung Schwaben AG im nordöstlichen Landkreis Heilbronn eine Erdgasversorgung.

Die Mitarbeiter des Unternehmens haben sich stets als Dienstleister für ihre Kunden verstanden. Beratungen zum rationellen Energieeinsatz gehören ebenso zum Dienstleistungsangebot wie das Erstellen von Energieversorgungskonzepten oder Contractingangeboten.

Hauptaktionär der Gesellschaft ist seit den 20er Jahren die Stadt Heilbronn. Damit zählt die ZEAG zum „Tafelsilber" der Unterlandmetropole. 27 Prozent des Stammkapitals hält der größte deutsche Baustoffhersteller, die Heidelberger

Zement AG. Die restlichen 23 Prozent befinden sich im Streubesitz von annähernd 1.000 Kleinaktionären – überwiegend Württemberger Provenienz.

Trotz des biblischen Alters von 110 Jahren ist die Allianz von Zement und Strom stets quicklebendig und anpassungsfähig geblieben. Die Zement- und Stromlandschaften befinden sich zur Zeit in einem tiefgreifenden Strukturwandel. Der rauhe, aber letztendlich doch erfrischende Wind des Wettbewerbs wird den heimischen Stromversorgern in den kommenden Jahren viel Stehvermögen abverlangen.

Die ZEAG geht gut gerüstet in diese schwere Zukunft: Sie steht auf zwei gesunden Beinen – Strom und Zement. Der Energiemix mit einem hohen Kernkraftanteil weist eindeutige Kostenvorteile auf. Das Versorgungsgebiet ist kompakt und es gibt kompetente und leistungsstarke Mitarbeiter, die sich im Wettbewerb behaupten werden.

ZEAG
Zementwerk Lauffen –
Elektrizitätswerk Heilbronn
Aktiengesellschaft
Badstraße 80
74072 Heilbronn
Telefon 07131/610-0
Telefax 07131/610-183

7 Elektrotechnik und Verkehr

Von der Stuttgarter Pferde-Eisenbahn zur High-Tech-Stadtbahn

Stuttgarter Straßenbahn war die erste „Elektrische" im Land

Die Stuttgarter Straßenbahnen AG präsentiert sich uns heute als ein großes, mit der Zeit und der technischen Entwicklung gehendes Unternehmen des öffentlichen Personennahverkehrs. Von der schienengebundenen Stadtbahn bis zur Standseilbahn betreibt sie Beförderungssysteme verschiedener Art und ist dabei großräumig im Verkehrsverbund um die Landeshauptstadt eingebettet. Die Region Mittlerer Neckar bekommt von ihr einen erheblichen Beitrag zu Entwicklung, Attraktivität und Qualität dieses Lebensraumes.

Mit ihren Schienenfahrzeugen und sogar auch einem Teil ihrer neuen Busse fährt die Stuttgarter Straßenbahn elektrisch und nutzt den aktuellen Stand von Elektrotechnik, Elektronik und Informationstechnik. Sie ist demzufolge für alle Elektrotechniker – und nicht nur für diese – ein interessantes Beispiel für die Anwendung dieser technischen Disziplin im Gesamtbereich „Verkehr" in unserem Land.

Modernes Erscheinungsbild der Stuttgarter Straßenbahnen [22]

Verfasser dieses Beitrags: Dipl.-Ing. Werner Rauscher, Reutlingen

Bei der heute dargebotenen Perfektion fällt es allerdings schwer, sich vorzustellen, wie das alles – vor jetzt 130 Jahren – einmal angefangen hat. Die Entwicklung bis heute zeigt nicht nur das faszinierende Werden des technischen Fortschritts, sondern dokumentiert auch die Aufgeschlossenheit, aber auch Vorbehalte und Ängste, die die Menschen dem geheimnisvollen Medium „Elektrizität" einst entgegenbrachten.

Pferde statt Motoren

In Hamburg und Berlin fuhren schon städtische Bahnen, bei denen Wagen zur Personenbeförderung auf Schienen liefen und von Pferden gezogen wurden, als auch in Stuttgart 1868 diese Idee in die Tat umgesetzt wurde. Wäre es nur nach dem Zeitpunkt der Genehmigung durch die Stadtverwaltung gegangen, hätte Stuttgart den Spitzenplatz im Wettlauf um die erste Pferdeschienenbahn in Deutschland errungen. „Pferdeomnibusse" und pferdegezogene Kutschen im Stadtverkehr gab es zwar schon vorher, doch die erste „Stuttgarter Pferde-Eisenbahngesellschaft" (SPE) brachte einen deutlichen Fortschritt: Das Reisen in den relativ komfortablen Wagen auf ebenen Schienen ging jetzt eher im Gleichmaß vonstatten, während die schlecht gefederten Omnibusse und Kutschen auf den holprigen Straßen der damaligen Zeit oft wenig Freude am Fahren aufkommen ließen.

Ein luxuriöses, aber schweres Gefährt: Der doppelstöckige „Imperialwagen" der Stuttgarter Pferde-Eisenbahngesellschaft (SPE) 1868 [23]

Die erste SPE-Pferdebahnstrecke verband mit Normalspurgleis (also der Spurweite der „richtigen" Eisenbahn) entlang der heutigen Konrad-Adenauer- und Neckarstraße Stuttgarts Innenstadt mit der benachbarten Mineralbäder-Gemeinde Berg. Die schweren, doppelstöckigen „Imperialwagen" der Maschinenfabrik Esslingen wurden von zwei Pferden gezogen, doch schon eine kleine Steigung erforderte den Vorspann eines dritten.

Die Betriebskosten dieses Verkehrs mit dem schweren Gefährt waren hoch. Die Pferde – recht kostspielige Anschaffungen – mußten häufig gewechselt werden und benötigten lange Ruhepausen.

Geld konnte sie nicht viel scheffeln, die Stuttgarter Pferde-Eisenbahngesellschaft, mit diesem Verkehrsangebot.

Gründung der Stuttgarter Straßenbahnen AG (SSB)

Der teure Betrieb der ersten Pferdeeisenbahn hat es der SPE unmöglich gemacht, das Streckennetz in dem Maße zu erweitern, wie es dem Bedarf der rasch wachsenden Residenzstadt entsprochen hätte. In die Lücken sprangen neu aufkommende Gesellschaften, die – hauptsächlich mit Pferdeomnibussen – ein recht

Pferdebahnbetrieb auf dem Stuttgarter Schloßplatz am Königsbau 1890 [23]

unübersichtliches innerstädtisches Verkehrsnetz entstehen ließen. Auch eine zweite Pferde-Schienenbahn, die „Neue Stuttgarter Straßenbahn" (NSS), nahm ihren Betrieb auf, mit leichteren, einspännigen Wagen auf den schmaleren Meterspur-Gleisen.

Aber auch andere „Traktionsarten" wurden in Erwägung gezogen und wieder verworfen, so der Betrieb mit Dampflokomotiven, Elektroloks mit Akkumulatoren-Speisung oder Antriebe durch Gasmotoren.

Zwischen den Hauptkonkurrenten SPE und NSS kam es dann 1889 aus Vernunftsgründen zur Fusion zum heutigen Unternehmen „Stuttgarter Straßenbahnen AG" (SSB), die sich einheitlich auf die Meterspur festlegte und die alten Normalspurgleise der SPE auswechselte.

Talstadt Stuttgart – für Pferde zu steil?

Die fortschreitende Ausdehnung Stuttgarts die Talhänge hinauf hat dem Straßenbahnbetrieb mit Pferdezug rasch die Grenzen aufgezeigt. Die Schienenwege waren bisher weitgehend nur in der Talsohle angelegt, jetzt aber wurde auch die Erschließung der höhergelegenen Gebiete der Stadt von der Bevölkerung verlangt. Auch ließ die Pünktlichkeit und Zuverlässigkeit des Verkehrs mit den Gäulen recht viele Wünsche offen, nicht zuletzt auch die der Stadtreinigung ...

Mit Pferdebahnen Stuttgarts Höhen zu erklimmen, wäre noch aufwendiger und nicht nur für die Tiere eine Plage geworden. Ein kräftigerer und zuverlässigerer Antrieb mußte her, der in der Zwischenzeit in Form von elektrischen Straßenbahnen in anderen Städten, z. B. in Halle an der Saale, bereits erfolgreich erprobt wurde.

Elektrizität – eine Weltanschauung?

Die Frage ja oder nein zur Elektrifizierung war jedoch nicht nur eine Angelegenheit, die das Verkehrsmittel Straßenbahn alleine betraf. Sie warf, wegen der nun erforderlichen zentralen Stromversorgung, grundsätzlich auch die Frage der allgemeinen Einführung der Elektrizität auf, z. B. auch für die zukünftige Straßenbeleuchtung.

In den bürgerlichen Entscheidungsgremien der Stadt tobten – wie andernorts wohl auch – heftige Gefechte über diese Grundsatzfrage, in die natürlich auch die Interessen der verschiedenen Lobbyisten mit einflossen. Hier z. B. der Gasgesellschaft, die das Gas für die Stadt- und die Hausbeleuchtung lieferte. Auch wurde darüber gestritten, ob der Behang mit Oberleitungen nicht etwa das Stadt- und Straßenbild verunstaltet und ob das Ganze nicht viel zu gefährlich wäre.

Viel Überzeugungsarbeit mußte geleistet werden.

Trotz der vielen Vorbehalte bekam die SSB aber dennoch im Mai des Jahres 1892 die Genehmigung zum Bau und dem Probebetrieb einer elektrischen Versuchsbahn auf der Strecke Marienplatz – Hohenstaufenstraße – Silberburgstraße.

Die erste elektrische Versuchsbahn – ein voller Erfolg

Die Bauarbeiten zu dieser ersten Versuchsstrecke entlang der Bergflanke der Stuttgarter Karlshöhe mit der respektablen Steigung von bis zu 5,5 % wurden sofort begonnen und gingen zügig voran. Bereits im August desselben Jahres waren Gleisweg und Oberleitungen fertiggestellt und zur Stromversorgung ein „Kraftwerk" am Marienplatz eingerichtet. Dort wurden 500 Volt Gleichstrom erzeugt mit einer „AEG-Dynamomaschine", die von zwei Dampfmaschinen mit 20 und 25 PS angetrieben wurde.

Der denkwürdige Tag der Eröffnung für die Honoratioren war dann der 23. August 1892, am 24. konnten alle Stuttgarter das neuartige Verkehrsmittel selbst erproben – sofern sie den relativ hohen Preis von 10 Pfennig pro Fahrt bezahlen konnten oder mochten.

Die erste elektrische Straßenbahn in Stuttgart hat sich in den folgenden Monaten des regelmäßigen Probebetriebs sehr bewährt und wurde von der Bevölkerung

Der erste elektrische Straßenbahnzug in Stuttgart 1896 [23]

ausgesprochen gut angenommen. Schon bald darauf konnte die Strecke verlängert und der Zugtakt von zuvor 12 Minuten auf 6 Minuten in beiden Richtungen verdichtet werden.

Betriebswirtschaftlich war dieser erste elektrische Straßenbahnbetrieb der Pferdebahn noch nicht so sehr überlegen, da die Motorwagen damals noch ohne Anhänger fuhren und demzufolge die Fahrgastkapazität beschränkt war. Mit den geplanten Beiwagen hatte man sich aber eine gewinnbringende Verbesserung ausgerechnet.

Nach heftigen Debatten: Grünes Licht für die Elektrifizierung

Wer nun geglaubt hat, daß die Genehmigung zur Elektrifizierung des weiteren Gleisnetzes der SSB angesichts des sichtbaren Erfolges der Probebahn nur noch eine Formsache wäre, hat die Widerstandskraft gewisser Kreise des Stuttgarter Establishments in den „Bürgerlichen Kollegien" unterschätzt.

Vertragsgemäß endete der befristete Betrieb der Versuchsbahn im November 1892, auch schon deshalb, weil die elektrischen Straßenbahnwagen von der AEG nur geliehen waren und jetzt an ihren endgültigen Bestimmungsort, Halle a. d. Saale überführt werden mußten. Der aussichtsreiche Betrieb in Stuttgart wurde eingestellt.

Die Grundsatzdiskussionen flammten wieder auf, vor allem über die Errichtung eines städtischen Elektrizitätswerkes und eines Leitungsnetzes, das nach wie vor angefeindet wurde.

Die Befürworter der neuen Technik ließen jedoch nicht locker und erreichten, daß eine Deputation des Gemeinderats sich in den Städten Darmstadt, Köln, Aachen, Düsseldorf, Hannover, Halle a. d. Saale und Gera über die dort eingerichteten elektrischen Werke und Straßenbahnbetriebe informierte. Druck kam auch von der Stuttgarter Bevölkerung, die mit Unverständnis auf den Stillstand im Gemeinderat reagierte. Und auch die benachbarte, selbständige Oberamtsstadt Cannstatt zeigte Interesse an einem Anschluß an die Stuttgarter Straßenbahn – aber nur, wenn diese elektrisch über den Neckar kommt.

Schließlich hatten die Überzeugungsbemühungen Erfolg und im November 1893 erhielt die SSB die Genehmigung für die generelle Umstellung auf das moderne Antriebssystem. Schritt für Schritt wurde nun das bestehende Netz umgerüstet, neue Linien mit elektrischem Betrieb kamen hinzu. Am 27. September 1895 wurde, rechtzeitig zum Volksfest auf dem Cannstatter Wasen, die erste „reguläre" Bahn Charlottenplatz – Berg feierlich dem Verkehr übergeben.

Mit dem letzten Pferdewagen auf der König-Karls-Brücke von Stuttgart nach Cannstatt endete am 20. März 1897 die historische Entwicklung von der Pferdebahn bis zur elektrischen Stuttgarter Straßenbahn.

Straßenbahntechnik

Als seinerzeit die weitreichende Entscheidung über Stromart und Spannung des elektrischen Betriebs getroffen werden mußte, sprach alles für Gleichspannung in der Größenordnung bis zu etwa 1000 Volt. Begonnen hatte man bei der Versuchsbahn mit 500 Volt, heute hat das Fahrleitungsnetz der Stadtbahn eine Nennspannung von 750 Volt. Elektronik im heutigen Sinne mit ihren Möglichkeiten der Stromumrichtung in den Fahrzeugen war damals unbekannt.

Für die Stuttgarter Straßenbahnen, die auf vielen ihrer Strecken eher die Merkmale von Bergbahnen aufweisen, ist ein anzugsfreudiges Triebsystem besonders wichtig. Diese Eigenschaft bietet der Gleichstrom-Reihen- oder Hauptschlußmotor mit seinem hohen Anlauf-Drehmoment, der in den bisherigen Triebwagen eingesetzt ist und der – umgeschaltet auf Generatorbetrieb – auch sehr gut als verschleißfreie elektrische Motorbremse arbeiten kann.

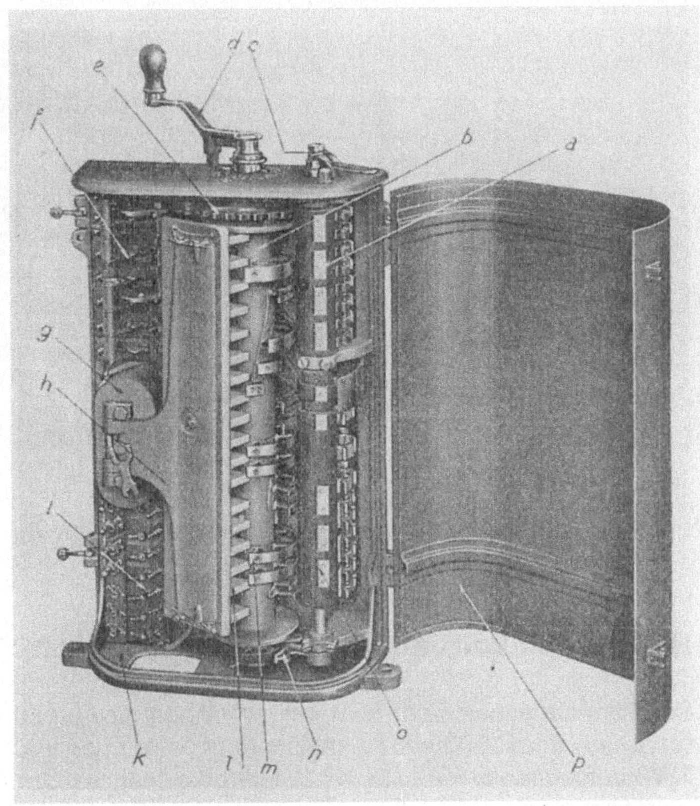

a Umschaltsäule für Vorwärts- und Rückwärtsfahrt
b Hauptschaltsäule
c Schalthebel
d Fahrkurbel
e Rastenrad
f Leitungsanschlüsse
g Blasmagnet
h Funkenlöscher (abgeklappt)
i Leitungsanschlüsse
k Gehäuse
l Asbestfächer
m Schleifkontakt der Hauptschaltsäule
n Schwenkvorrichtung für die Bremssäule
o Bremssäule
p Schutzblech

Fahrschalter für die Geschwindigkeitsregelung, geöffnet. Bauart AEG [27]

Der Straßenbahnführer regelte Geschwindigkeit und Bremskraft seines Wagens durch die Zuschaltung elektrischer Widerstände (auf dem Dach des Triebfahrzeugs) und Änderung der Motorschaltung mit Hilfe des vielstufigen „Fahrschalters", einem ehemals tischhohen Aggregat im Führerstand, das mit Hilfe einer Kurbel betätigt wurde und durchaus körperliches Ausdauervermögen verlangte. Die moderneren Straßenbahn-Fahrzeuge dagegen werden in einer zeitgemäßen Fahrerkabine zwar nach ähnlichem Prinzip, aber durch Tasten-, Schalter- und Pedalbedienung regiert.

Die Triebwagen holten sich früher ihren Strom vom Fahrdraht über den legendären Stangen- oder „Rollenstromabnehmer" und leiteten ihn über die Schienen wieder zurück. Heute fahren die Straßenbahnzüge mit dem von der Eisenbahn her bekannten „Scherenstromabnehmer", die Züge der neuen „Stadtbahn" mit einer daraus abgewandelten Form, dem sog. „Einholmstromabnehmer".

Der „klassische" Stuttgarter Straßenbahnzug mit Rollenabnehmer in den Jahren 1927 bis 1964 [21]

Die Energie kommt von den Neckarwerken Stuttgart (NWS)

Das Fahrleitungsnetz der SSB bekommt heute seine Energie über sog. Unterwerke aus dem 10 000-Volt-Mittelspannungsnetz der NWS (in der die bisherigen TWS aufgegangen sind). Diese Unterwerke, insgesamt mehr als 40 an der Zahl, sind über das ganze Bahnnetz verteilt mit einem Abstand von etwa 2 km und haben die Aufgabe, aus der Mittelspannung 10 kV durch Umspannung und

Gleichrichtung die Fahrdrahtspannung 600 bzw. 750 Volt zu erzeugen. Weitere dort befindliche Aggregate dienen der Stromkreis-Absicherung, der ferngesteuerten Abschaltung und der Verbrauchszählung.

Von der Straßenbahn zur „Stadtbahn"

Mit Genugtuung würden die damaligen Projektverantwortlichen der ersten Stuttgarter Pferde-Eisenbahngesellschaft von 1868 heute wohl zur Kenntnis nehmen, daß im Zuge der Weiterentwicklung der Stuttgarter Straßenbahn zur neuen „Stadtbahn" ein Rückstieg auf die damals verlegten Normalspur-Gleise erfolgt. Die Gründe mögen verschieden sein, doch nachträglich muß auch der legendären SPE Weitblick attestiert werden. Sie wollte seinerzeit die Möglichkeit schaffen, daß ihr Schienenweg auch als Zubringer für Eisenbahnwaggons dienen kann.

In einer längeren Übergangszeit, in der „Straßenbahnen" und „Stadtbahnen" abschnittsweise auf den gleichen Gleistrassen fahren, sieht das jetzt so aus, daß den beiden unterschiedlichen Spurweiten durch eine dritte Schiene Rechnung

Die Hauptstütze der Stuttgarter U-Straßenbahn: Der Gelenktriebwagen GT-4 mit Scherenstromabnehmer. Der GT-4 fährt auf Meterspurgleis, hier im Tunnel auf der Weinsteige [21]

getragen wird mit einem Kompromiß bezüglich der Aufhängung der Oberleitung.

In der Innenstadt fährt die Stadtbahn – wie auch schon ihre Vorgängerin, die „U-Straßenbahn" – unterirdisch und in den äußeren Stadtbezirken auf eigenem Gleiskörper. Nur so ist ein zügiger, pünktlicher und zuverlässiger Bahnverkehr möglich, unbehelligt vom Stau auf den Autostraßen.

Stadtbahnwagen mit modernster Fahrzeugtechnologie

Schon immer haben die langen Bergstrecken in Stuttgart besonders hohe Anforderungen an die Technik der hier eingesetzten Straßenbahn-Fahrzeuge gestellt. Ansprüche, wie sie in anderen deutschen Großstädten in diesem Umfang kaum vorkommen.

Die verschärften Bedingungen haben maßgeblich das Konzept der mechanischen und vor allem der elektrischen Ausrüstung auch der neuen, markant aussehenden Stadtbahnwagen der Baureihe DT 8 bestimmt. Dabei sind auch ökologische Überlegungen mit eingeflossen: Die bei Bergabfahrt von den Fahrzeugmotoren erzeugte Energie wird bei diesen Wagen in das Fahrleitungsnetz zurückgespeist und im normalen Betrieb nicht mehr in Widerständen vernichtet, wie das noch bei den bisherigen Triebwagen der Fall war. Es wird dadurch spürbar Energie gespart.

Bei der Rückspeisung wird der als Generator laufende Motor durch das Netz belastet und es entsteht auch hier die gewünschte Bremswirkung; die erzeugte Energie geht aber in der Energiebilanz jetzt nicht mehr verloren. Da die Motorbremse ein absolutes Höchstmaß an Sicherheit haben muß, setzt diese Technik voraus, daß das Fahrleitungsnetz diese Energie auch aufnehmen kann. Das wäre nicht mehr der Fall, wenn z. B. der Stromabnehmer den Kontakt zum Fahrdraht verloren hätte. Das Steuersystem der Motoren prüft deshalb in kürzesten Abständen nach, ob diese Aufnahmebereitschaft gegeben ist. Werden dabei irgendwelche Einschränkungen festgestellt, wird sofort die Widerstandsbremsung zugeschaltet.

Zusätzlich zur elektrischen Motorbremse hat der DT 8 noch zwei weitere, unabhängige Bremssysteme.

Der Stadtbahn-Doppeltriebwagen DT 8 hat 4 Motoren mit je 222 kW Dauerleistung und damit insgesamt 1200 PS! Bei voller Belastung kann er dem Fahrdraht bis zu 1700 A entnehmen! Er bietet 108 Sitz- und 132 Stehplätze.

(Zum Vergleich: Das letzte Straßenbahn-Modell auf Meterspur, der Gelenktriebwagen GT 4, hat 2 Motoren mit je 100 kW Dauerleistung, also insgesamt 272 PS, bei 45 Sitz- und 116 Stehplätzen.)

Einer der neuen Stadtbahnzüge auf einem „Grasbahnkörper" [21]

Kommende Serien der Baureihe DT 8 werden anstelle von Gleichstrommotoren durch Drehstrommotoren angetrieben. Den Drehstrom erzeugen im Wagen eingebaute, statische Frequenzumrichter aus der 750-Volt-Fahrdrahtgleichspannung. Durch Veränderung der Frequenz der Umrichter wird die Drehzahl der Motoren gesteuert. Diese Technik ist ein typisches Produkt moderner „Leistungselektronik" und erlaubt u. a. wartungsärmere Motorkonzepte.

Fahrzeug und Gleisstrecke tauschen laufend wichtige Informationen aus

In regelmäßiger Folge sind am Gleisweg an bestimmten Punkten sog. „Koppelspulen" angebracht, über die nach dem Prinzip der magnetischen Induktion eine gesicherte Datenübertragung vom und zum Fahrzeug (an dem ebenfalls Koppelspulen angebracht sind) abläuft.

Das Fahrzeug bekommt dabei Informationen, wie z. B. die zulässige Geschwindigkeit auf den nachfolgenden Streckenabschnitten, die Streckenneigung, evtl. vorhandene Langsamfahrstellen, Türöffnung nach rechts oder links usw. Es gibt seinerseits dem Gleisweg Befehle für Weichen, Fahrstraßen und Signalphasen.

Für den Notfall: Automatische Zugbeeinflussung

Durch die Streckeninformation sieht der Fahrer durch einen zusätzlichen Zeiger auf seinem Tachometer ständig die zulässige Höchstgeschwindigkeit. Überschreitet er sie um 2 km/h, wird eine Warnung, bei 3 km/h eine Betriebsbremsung und bei mehr als 5 km/h eine Zwangsbremsung ausgelöst. Diese erfolgt ebenfalls (bis zum Stillstand), sollte ein auf Halt stehendes Signal überfahren werden. Neben der Erhöhung der Fahrsicherheit erlaubt ein solches System eine deutliche Verkürzung der Fahrzeiten, da die zulässigen Fahrgeschwindigkeiten besser ausgenutzt werden können.

Bake für die automatische Zugbeeinflussung (enthält die „Koppelspulen") [22]

Fahrerkabine im Stadtbahnwagen DT 8 [22]

Auch der Fahrgast wird informiert

Auch in der Kommunikation zwischen Stadtbahnzug und Fahrgast werden bei den DT 8 die heutigen technischen Möglichkeiten genutzt. An mehreren Stellen im Wagen wird mit einem Linienband der Streckenverlauf dargestellt und darauf durch einen Leuchtpfeil die Fahrtrichtung und durch einen leuchtenden Punkt die nächste Haltestelle angezeigt. Letztere ertönt zusätzlich als gesprochenes Wort im Lautsprecher.

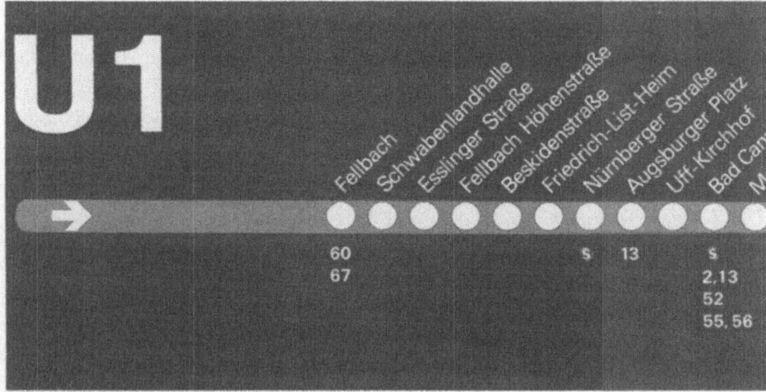

Fahrgast-Information im DT 8 [22]

Stadtbusse mit dieselelektrischem Antrieb

Hauptmotiv für den Einbau von Elektromotoren als Triebwerke für eine Gruppe neuer Niederflur-Gelenkbusse war die Möglichkeit, durch sog. „Radnabenmotoren" einen weitgehend ebenen, tiefliegenden Boden im Fahrgastraum zu bekommen. Die Busse haben 4 solcher Motoren mit je 75 kW eingebaut, die mit der hohen Drehzahl von bis zu 11 000 Umdrehungen/min laufen und von Frequenzumrichtern mit Drehstrom mit 400 Hz Grundfrequenz betrieben werden. Die Kraftübertragung auf die Räder erfolgt über Planetengetriebe. Dieses Konzept erlaubt räumlich kleine Antriebsaggregate, die im Innenraum der Radfelgen Platz haben.

Die elektrische Energie könnte auf verschiedene Weise zugeführt werden: Über mitgeführte Batterien, aus einer Oberleitung oder, wie es bei diesen Stuttgarter Bussen gemacht wird, durch einen im Wagen installierten Dieselmotor mit gekuppeltem elektrischen Stromerzeuger. Dieses „dieselelektrische" Prinzip ist von der Eisenbahn her bekannt und ermöglicht dem Dieselmotor bei optimaleren Bedingungen zu arbeiten, insbesondere in Bezug auf Wirtschaftlichkeit und Schadstoffausstoß. Die Steuerung der Elektromotoren über Frequenzumrichter erlaubt eine feinfühlige Drehzahlregelung und ist in großem Drehzahlbereich problemlos möglich.

Elektrotechnik auf dem Vormarsch

In der technischen Entwicklung der Stuttgarter Straßenbahnen spiegelt sich – und das darf ohne Einschränkung gesagt werden – die gesamte Entwicklung fast aller Gebiete der Elektrotechnik wider. Dabei sind in dem bisher Dargestellten noch wichtige Bereiche ausgeklammert gewesen, so z. B. die Technik der Fahr-

Ein neuer Zahnradbahn-Triebwagen vom Typ ZT4 für die Steilstrecke Marienplatz – Degerloch [21]

kartenautomaten, die Überwachung des gesamten Stadtbahnbetriebs durch eine zentrale Betriebsleitstelle, die informationstechnische Einbindung des Stadtbahnverkehrs in den Verkehrsverbund um Stuttgart, und nicht zuletzt auch das Konzept der Fahrzeug-Diagnose durch Erkennung, Speicherung und Klassifizierung der im Betrieb evtl. auftretenden Fehler.

Die zentrale Betriebsleitstelle der Stuttgarter Straßenbahnen AG [22]

Elektrischer Strom statt Kohle bei der Eisenbahn

Der Beginn der Bahn-Elektrifizierung in Württemberg

Ein denkwürdiger Tag in der württembergischen Eisenbahngeschichte ist der 15. Mai 1933: Der elektrische Vorortverkehr auf der Strecke Esslingen – Stuttgart – Ludwigsburg nimmt seinen Betrieb auf.

Kurz danach, am 1. Juni, findet ein weiteres Großereignis statt: Der Schnellzug von Stuttgart nach Ulm läßt seine angestammte Dampflok im Lokschuppen und macht sich erstmalig mit einer Ellok an der Spitze auf den Weg.

Die elektrische Zukunft der Deutschen Reichsbahn im württembergischen Land, dem damaligen „Volksstaat Württemberg", hatte begonnen!

Vorausgegangen waren Studien und Vorarbeiten, die bis in die Zeit vor dem ersten Weltkrieg zurückreichten. Ein maßgeblicher Impuls zur Einführung der elektrischen Bahntechnik in Deutschland ging dabei von einem Staatsvertrag aus, der 1912 zwischen den Ländern Preußen, Bayern und Baden geschlossen wurde. Er brachte die grundlegende technische Entscheidung für den Betrieb mit Einphasenwechselstrom mit der Frequenz 16 2/3 Hertz und mit 15 000 Volt Fahrdrahtspannung und beendete damit die Zeit der Experimente und Versuchsbahnen.

Anstöße für Überlegungen und Vorbereitungen zur Elektrifizierung in Württemberg gaben auch der Bau und die Inbetriebnahme des neuen Stuttgarter Hauptbahnhofs (1922).

Beginn in der Zeit der „Staatseisenbahnen"

Eine einheitliche Eisenbahntechnik, wie wir sie heute unter der Führung der Deutschen Bahn AG gewohnt sind, war in der Gründerzeit der deutschen Eisenbahnen – ab etwa den dreißiger Jahren des vorigen Jahrhunderts – aufgrund der damaligen politischen Verhältnisse keine Selbverständlichkeit. Die „Eisenbahnhoheit" lag dezentral bei den einzelnen Staaten des Deutschen Bundes (bzw. denen des nachfolgenden Deutschen Reiches nach 1871) und ihren „Staatseisenbahnen", die gegenseitig auch im Wettbewerb standen: So gab es z. B. zwischen den Württembergischen, Badischen und Bayerischen Staatseisenbahnen einen wirtschaftlich motivierten Wettlauf um den ersten Anschluß an das Schweizer Bahnnetz und damit auch an die südeuropäischen Wirtschaftsräume.

Verfasser dieses Beitrags: Dipl.-Ing. Werner Rauscher, Reutlingen

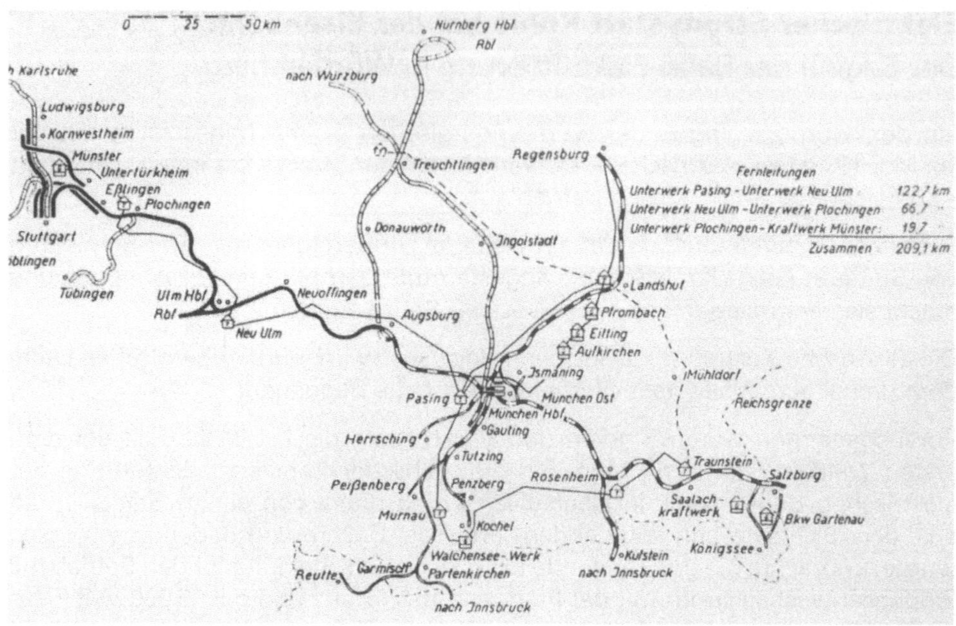

Elektrisch betriebenes Netz in Bayern und Württemberg [24]

Die Voraussetzungen und Interessen für die Elektrifizierung der Staatsbahnen waren in den einzelnen Ländern sehr unterschiedlich. Zunächst brauchte man elektrische Energie, die in der Anfangszeit hauptsächlich aus Wasserkraft gewonnen werden mußte. Hier waren die Alpenländer natürlich im Vorteil mit gefällereichen Flüssen und nutzbaren Gebirgsseen. Hinzu kam, daß in diesen Ländern durch viele Steigungsstrecken die Vorteile der elektrischen Zugförderung besonders zum Tragen kamen und betriebswirtschaftliche Verbesserung versprachen.

Kein Wunder, daß die Triebkräfte für die Elektrifizierung der Bahnen in Bayern und den Nachbarländern Österreich und Schweiz besonders stark waren. Diese Länder – und dazu Schweden und Norwegen – hatten ebenfalls die im genannten Staatsvertrag von 1912 festgelegte 16 2/3 Hz-Technik übernommen. Grenzüberschreitender Verkehr war deshalb schon sehr früh auch mit Elloks möglich (Karwendelbahn Garmisch – Mittenwald – Innsbruck und Außenfernerbahn Garmisch – Griesen/Tirol 1913).

Auch in Preußen wurde schon kurz nach der Jahrhundertwende der elektrische Zugverkehr erprobt und noch vor dem ersten Weltkrieg die Strecke Dessau – Bitterfeld auf elektrischen Betrieb umgestellt. Triebkraft in Preußen war natürlich auch die in Berlin ansässige Fahrzeugindustrie mit den großen Elektrofirmen AEG und Siemens.

Unser Land mit seiner „Königlich Württembergischen Staats-Eisenbahn" war in dieser ersten Runde der Elektrifizierung der Hauptbahnen vor 1914 noch nicht dabei; für die Stromversorgung fehlte es an ausreichenden Ressourcen.

Dagegen gehörte Baden zu den Pionierländern der elektrischen Eisenbahn: Ebenfalls noch vor dem ersten Weltkrieg wurde der elektrische Zugverkehr auf der Wiesentalbahn im südwestlichen Schwarzwald eröffnet und mit Wasserkraft-Strom vom Hochrhein gespeist.

Aus der Zeit der Versuchsbahnen: Schnellbahnwagen der AEG mit Drehstrom-Antrieb und 3-Leiter-Oberleitung. Erreichte 1903 die Geschwindigkeit von 210 km/h [27]

Unter zentraler Reichs-Regie: Die „Deutsche Reichsbahn-Gesellschaft"

Die Neuordnungen nach dem ersten Weltkrieg hatten die Länderbahnen am 1. April 1920 der Hoheit des Deutschen Reiches unterstellt; 1924 übernahm dann die „Deutsche Reichsbahn-Gesellschaft" (DRG) die zentrale Funktion (die 1937 wieder an die „Deutsche Reichsbahn" überging).

Jetzt verbesserte sich die Situation der mit Strom für den elektrischen Bahnbetrieb weniger gesegneten Länder. Für Württemberg bot sich die Möglichkeit, Bahnstrom aus Bayern vom inzwischen fertiggestellten Walchenseekraftwerk und der Kraftwerksgruppe an der mittleren Isar zu beziehen.

1930 wurde der elektrische Ausbau der länderübergreifenden bayerisch-württembergischen Verbindung Augsburg-Stuttgart-Ludwigsburg, der auch den Vorortverkehr um Stuttgart einschloß, vertraglich beschlossen und danach sofort mit den Bauarbeiten begonnen.

Motor der Entwicklung: Einheitliche Bahnstromtechnik

Die vertragliche Entscheidung von 1912 für Einphasen-Wechselstrom mit 16 2/3 Hertz und 15 000 Volt Fahrdrahtspannung war das Ergebnis sorgsamer Abwägung der für den Bahnbetrieb wichtigsten Kriterien. Man hätte sich durchaus

Quelle für Bahnstrom: Walchensee-Kraftwerk in Oberbayern. Ansicht des Laufrades der Pelton-Hochdruck-Wasserturbine [25]

auch anders entschließen können, denn Länder wie z. B. Frankreich, England und Italien hatten seinerzeit andere Konzepte (Gleichstrom) gewählt und eingeführt. Auch Drehstrom-Bahnsysteme mit 2-Leiter- und 3-Leiter-Oberleitung wurden gebaut und erprobt. Es hat sich aber schnell gezeigt, daß für ein verzweigtes Schienensystem mit Gleisweichen und Kreuzungen nur eine eindrähtige Oberleitung in Frage kam.

Durch die Aufgabe, mit schwerer Zuglast möglichst schnell anzufahren, war der Hauptschluß-Kommutator-Motor mit seinem hohen Drehmoment beim Anlauf das geeignetste Antriebsaggregat. Den gab es schon bei den Straßenbahnen, dort meist jedoch mit Gleichstrom betrieben, der prinzipiell günstigsten Stromart für diesen Motortyp.

Der Nutzung sehr hoher Gleichspannungen waren seinerzeit jedoch Grenzen gesetzt, Italien und Belgien hatten sich damals für Gleichstrombahnen mit 3000 Volt, Frankreich, England und Holland nur für 1500 Volt entschieden.

Andererseits erfordert die Übertragung hoher Leistungen und damit hoher Ströme über weite Strecken natürlich um so größere Leitungsquerschnitte, je niedriger die Fahrdrahtspannung ist. Ein System mit 15 000 Volt spart hier Leitungsaufwand und man kommt mit weniger Unterwerken zur Stromeinspeisung aus.

Der Betrieb des Hauptschluß-Motors am allgemeinen Wechselstromnetz mit 50 Hertz stößt auf Schwierigkeiten bei der Motoranker-Kommutierung, die sich bei niedrigerer Frequenz verringern. Gegenüber Gleichstrom lag der Vorteil des Wechselstroms auch darin, daß sich die Fahrgeschwindigkeit durch Stelltransformatoren in der Ellok verlustarm regeln läßt.

Die in Deutschland und den anderen Ländern gewählten 16 2/3 Hertz sind ein Kompromiß, der es zudem erlaubt, diese Frequenz (die genau ein Drittel der 50 Hz ist) mit rotierenden Umformern relativ einfach aus den 50 Hertz der Landesversorgungsnetze zu erzeugen.

Daß aber die Schwierigkeiten einer 50 Hz-Bahn auch bewältigt werden konnten – nicht zuletzt das Problem des erhöhten induktiven Widerstandes der Fahrleitungen –, beweisen die ab 1932 als Großversuch auf elektrischen Betrieb umgestellte Höllentalbahn von Freiburg nach Titisee mit ihrer größten Steigung von 5,5 % und die in Frankreich nach der Gleichstromzeit eingeführte 50 Hz-Wechselstrom-Bahntechnik.

Die Möglichkeiten der heutigen Elektrotechnik – insbesondere die der sog. „Leistungselektronik" –, die Spannung des Fahrdrahts durch Umformer an Bord der Lokomotive in anderen Stromarten umzusetzen – z. B. auch in Drehstrom –, gestatten heute fortschreitende Verbesserungen und Optimierungen der Antriebstechnik. So gibt es heute auch Triebfahrzeuge, die für den grenzüberschreitenden Verkehr unterwegs auf andere Stromsysteme umschalten können.

Ellok der Baureihen E 93 und E 94 (1933 bis 1988) für den schweren Güterzugbetrieb auf Steilstrecken 3300 kW bei 68 km/h [24]

Pluspunkte des elektrischen Bahnbetriebs

Auch in den Zeiten, in denen der Umweltschutz im Denken der Menschen noch nicht einen so vorrangigen Platz einnahm, war man sich der Vorteile bewußt, die die „elektrische Zugförderung" gegenüber dem Prinzip mit den „fahrenden Feuerstellen" der Dampflokomotiven bot.

Die in stationären Kraftwerken konzentrierte Energieerzeugung bei elektrischem Bahnbetrieb erlaubt einen besseren Wirkungsgrad als in den Kleinkraftwerken im Bauch der Dampflokomotiven. Und die Energieerzeugung aus Wasserkraft war gegenüber der Kohleverbrennung in der Lok um ein Vielfaches effektiver. Kohlen waren teuer und zwangen schon damals zur Sparsamkeit.

Durch den Wegfall der eigenen Energieerzeugung waren Elloks bei gleicher Dauerleistung nur noch etwa halb so schwer wie Dampfloks. Beim Vergleich der beiden Lokarten bei äquivalenter Spitzenleistung stieg der Vorteil der Elloks gar auf einen Gewichtsgewinn von 3:1 bis 4:1.

Die elektrischen Züge waren demzufolge – insbesondere auch wegen des günstigen Anlaufdrehmoments der Hauptschlußmotoren – weit anzugsfreudiger. Das schlug sich bei häufigem Halt auf Bahnhöfen in einer wesentlichen Erhöhung der Reisegeschwindigkeit nieder und machte die Elloks natürlich besonders auf Gebirgsstrecken überlegen. Elloks konnten über eine begrenzte Zeit deutlich über ihr Dauerleistungsvermögen hinaus gefordert und belastet werden.

Die dadurch erlaubte dichtere Zugfolge und die verbesserte Fähigkeit, Verspätungen wieder wettmachen zu können, waren Pluspunkte des elektrischen Bahnverkehrs. Die Elloks konnten zudem mit nur einem Mann im Führerstand gefahren werden (was freilich auch den Grundkonflikt mit den arbeitslos gewordenen Heizern auslöste), und sie machten den Service für das Beladen mit Kohlen und Wasser und für das Entsorgen der Schlacken entbehrlich.

Und nicht zuletzt gab es auch damals schon Ärger mit Anwohnern an den Gleisstrecken, die sich durch Rauch, Ruß, Gestank und Geräusch der Dampfrösser belästigt fühlten.

Jedoch sollte nicht vergessen werden, daß die Elektrifizierung des Bahnbetriebes durch die zu installierenden Oberleitungen, durch die zur Stromeinspeisung notwendigen Umspannwerke, durch die erforderlichen Hochspannungstrassen zur Energie-Fernversorgung und durch die notwendigen baulichen Veränderungen an den Gleiswegen einen enormen Kapitalaufwand erforderte.

Einer der ersten Schnellzüge im Bahnhof Geislingen/Steige mit einer Ellok der Baureihe E 17 [26]

Und so war der Beschluß zur Elektrifizierung einer Bahnstrecke in der Regel ein Finanzproblem und damit auch eine hochrangig politische Angelegenheit – auch besonders im Land Württemberg in den dreißiger Jahren unseres Jahrhunderts mit der Geldnot durch die lähmende Wirtschaftskrise und der hohen Arbeitslosigkeit.

Die Elektrifizierung der Strecke Stuttgart-Ulm-Augsburg – ein Arbeitsbeschaffungsprojekt

Bei der Elektrifizierung einer Bahnstrecke war es in der Regel nicht damit getan, die Gleistrasse lediglich mit einer Oberleitung zu überspannen und die notwendigen elektrischen Versorgungsanlagen zu installieren.

Der Vorteil der elektrischen Züge lag ja gerade auch in höheren Fahrgeschwindigkeiten, denen die Gleisanlagen des Dampfzeitalters nicht überall gewachsen waren. Kurven mußten demzufolge begradigt und der Gleisunterbau vielerorts verbessert werden.

Auch benötigt eine Gleistrasse mit elektrischer Oberleitung ein höheres „Lichtraumprofil", das in Tunnels und unter Brücken vielfach nicht ausreichte. Tunnelböden mußten deshalb abgesenkt oder der ganze Tunnel aufgeschlitzt (so in Ulm), schwere und weitgespannte Brücken mußten gehoben werden. Und schließlich waren alle 75 Meter Fahrleitungsmasten zu gründen und aufzustellen.

Im Gegensatz zur heutigen Zeit mit ihren leistungsstarken Baumaschinen waren die Baumaßnahmen damals weitgehend noch Handarbeit und gaben in diesem Fall der nicht geringen Zahl von bis zu 600 arbeitslosen Menschen eine willkommene Beschäftigung.

Das ganze Projekt der Elektrifizierung der Fernbahn über die Schwäbische Alb brachte ein großes Auftragsvolumen für die Bauwirtschaft, neben dem für die Fahrzeug- und Elektroindustrie. In den Krisenzeiten am Anfang der dreißiger Jahre war dies eine dankbar angenommene Hilfe für die Wirtschaft und den auch damals notleidenden Arbeitsmarkt.

Geislinger Steige – steilste Gebirgsstrecke einer Hauptbahn auf dem Kontinent

Als 1850 diese Bahntrasse über die Schwäbische Alb für den Dampfzug-Verkehr freigegeben wurde, da war sie eine Pionierleistung des Eisenbahnbaus. Daß man mit dem reinen Adhäsionsbetrieb die Albhochfläche gewinnen wollte, war vor 1850 durchaus keine Selbstverständlichkeit, man diskutierte auch phantasievolle „Seilzugsysteme" für diese Herkulesarbeit. Und dann gab es da auch noch die

Nur für Schwindelfreie: Arbeiten am Quertragwerk einer Oberleitung [25]

Lobby aus dem Remstal, die die erste Bahn nach Ulm gerne über Aalen – Heidenheim geführt sehen wollte.

Die 6 km lange Bergrampe zwischen Geislingen und Amstetten hat eine Steigung von 2,25 % – für Autos recht wenig, für die Eisenbahn sehr steil. Auch nach der Elektrifizierung wurde auf dieser Strecke bei schweren Zügen mit Vorspann oder Schiebebetrieb gefahren, oft auch mit beidem. Für die Anhänger der guten alten Dampfloks war es vermutlich eine Genugtuung, daß jene zunächst die elektrischen Züge auf der Steilrampe mit hochschieben durften.

Für den Schnellzugverkehr Stuttgart – München holte die Deutsche Reichsbahn-Gesellschaft damals die besonders kräftigen Elloks der Baureihe E 17 ins Land. Sie brachten die stattliche Leistung von 2800 kW (3800 PS bei einer Fahrgeschwindigkeit von 90 km/h) und ein Gewicht von 112 Tonnen auf die Räder. Die

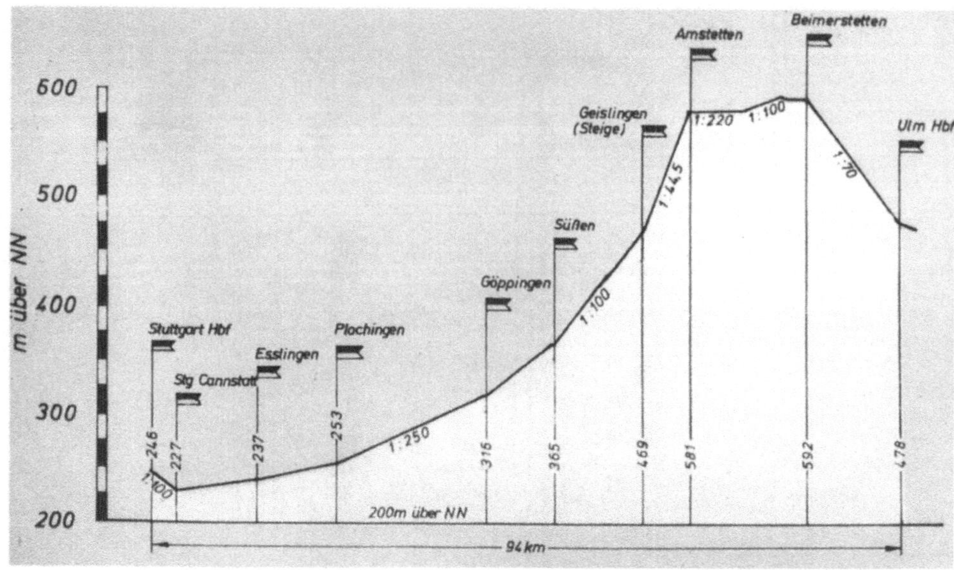

Höhenprofil der Bahnstrecke Stuttgart – Ulm [24]

Ellok E 17 (1928 bis 1979). Ein kräftiges Zugpferd für Schnellzüge auf Gebirgsstrecken. Stundenleistung 2800 kW bei 89 km/h [28]

Reisezeit Stuttgart – Ulm hat sich gegenüber dem Dampfbetrieb von ca. 102 auf 57 Minuten reduziert; weniger durch eine gesteigerte Höchstgeschwindigkeit – die kurvenreiche Strecke setzte hier ohnehin Grenzen –, als vielmehr dank der weit größeren Anfahrbeschleunigung bei Bahnhofsaufenthalten.

Stuttgart bekommt ein elektrisches Nahverkehrsnetz

Es war eine zukunftsweisende Entscheidung, zugleich mit der Elektrifizierung der ersten Fernbahn in Württemberg im Großraum um die Landeshauptstadt einen leistungsfähigen, elektrisch betriebenen Vorortverkehr einzurichten. Die Verbindung Ludwigsburg – Stuttgart – Esslingen machte den Anfang.

Nahverkehrstriebwagen der Baureihe ET 65 (elT 12). Jahrzehntelang prägte er das Erscheinungsbild auf den Vorortbahnhöfen der Region Stuttgart [24]

Auf dieser Nahverkehrsstrecke kamen die Triebwagen der Baureihe el T 12 zum Einsatz (später in ET 65 und BR 465 umbenannt). Die flott fahrenden Züge, von der Maschinenfabrik Esslingen gebaut und von Brown Boveri mit den elektrischen Aggregaten ausgerüstet, blieben bis zu Einführung des S-Bahn-Verkehrs im Jahre 1978 im Einsatz (natürlich mit zwischenzeitlichen Renovierungen). Sie prägten das Bild auf den Vorortbahnhöfen. In ihrer über 45jährigen Betriebszeit haben sie eine Laufleistung bis zu 4,5 Mio. km pro Wagen erreicht!

Triebzug der Baureihe 420. Triebwagen des heutigen S-Bahnverkehrs um Stuttgart [24]

Bahnstromversorgung

Für einen großzügigen Ausbau des elektrischen Bahnnetzes im südbayerischen Raum bekamen die dort neu errichteten großen Wasserkraftwerke auch Einphasenstrom-Generatoren zur Erzeugung von 16 2/3 Hz Bahnstrom. So das Hochdruck-Kraftwerk zwischen Walchen- und Kochelsee, das mit Peltonrad-Turbinensätzen ausgerüstet wurde und ebenso die Flußkraftwerke an der mittleren Isar mit ihren Niederdruck-Francisturbinen.

Die Kapazität dieser Kraftwerke reichte weitgehend auch für die Versorgung der Bahnstrecke nach Stuttgart aus. Der Bahnstrom wird über eine streckenbegleitende 110 kV-Hochspannungsleitung zu den „Unterwerken" geführt, die in größeren Abständen an der Bahnstrecke (Pasing – Neu Ulm – Plochingen – Stuttgart-Münster) errichtet sind. Die Unterwerke – meist Freiluftanlagen – erzeugen über Abspann-Transformatoren aus den 110 kV der Überlandleitung die Fahrdrahtspannung 15 kV und speisen sie über Schalt- und Schutzeinrichtungen in das Fahrleitungsnetz ein.

Für die Energieversorgung des Stuttgarter Vorortnetzes und als Reserve für den Notfall wurde im damals neu entstandenen Dampfkraftwerk Münster auch ein Bahnstrom-Turbosatz installiert. In den fünfziger Jahren kamen zwei weitere Generatoren hinzu und erweiterten die Kraftwerkskapazität. Nach der Errichtung des Gemeinschafts-Kraftwerks in Neckarwestheim wurde dann aber die Bahnstromerzeugung in Stuttgart-Münster gänzlich aufgegeben.

Bahnstromerzeugung im Kraftwerk Stuttgart-Münster 1933 [24]

Unterwerk Plochingen. Abspannstation 110 kV–15 kV zur Einspeisung in die Fahrleitung Freiluftanlage [26]

Aufstellen eines Hochspannungsmastes für die Bahnstrom-Fernversorgung [25]

Ein neues Zeitalter: Der ICE fährt über die Geislinger Steige

Noch ist sie keine Hochgeschwindigkeitstrasse, die Strecke, die 1933 für den elektrischen Fernverkehr von Stuttgart nach Ulm eingeweiht wurde. Der ICE kann also seine Kraftpotentiale auf diesem Abschnitt vorläufig noch nicht ausspielen. Schöneres Reisen hat er aber allemal gebracht, auch wenn noch nicht Tempo 250 gefahren werden kann.

Seit der erste Schnellzug, von der Ellok E 17 110 gezogen, an jenem 1. Juni das Neckar- und das Filstal aufwärts fuhr, hat sich technisch im Bereich des elektrischen Bahnbetriebs vieles verändert, auch wenn der „normale Reisende" allenfalls die attraktiveren Wagen, die schnittigeren Lokomotiven und die Designer-Einrichtung auf den Bahnhöfen wahrnimmt.

Die Bahnstromversorgung wurde kräftig erweitert und dem jetzt größeren elektrischen Bahnnetz und der gestiegenen Zugdichte angepaßt; neue Unterwerke und Schaltstellen sind entstanden. Die unmittelbar nach dem Kriege installierten Sparkonzept-Oberleitungen wurden inzwischen wieder abgebaut und durch stabilere Systeme ersetzt, die den höheren Fahrgeschwindigkeiten besser gewachsen sind. Der technische Fortschritt hat vor allem aber auch im Bereich der Fern-

Oberleitung und Signale beim Bahnhof Amstetten 1933 [26]

betätigung von Signalen und Weichen die früheren, rein mechanischen Systeme abgelöst und an ihre Stelle elektromechanische, elektronische und heute computergesteuerte Steuerorgane gesetzt.

Und die für uns Laien so einprägsamen „Vor- und Hauptsignale" mit auffällig lackierten Armen und Scheiben mußten lautlos schaltenden Lichtsignalen weichen.

Da die Eisenbahn alle Zweige von Elektrotechnik, Elektronik und Informationstechnik nutzt, wird es auch in Zukunft keinen Innovations-Stillstand geben. Daß man heute im fahrenden Zug telefonieren kann, ist schon längst eine Selbstverständlichkeit.

Aus Autoelektrik wird Autoelektronik

Das Armaturenbrett unserer heutigen Autos mit seiner großen Vielfalt an elektrischen Instrumenten, Signalleuchten, Leuchtschriften, Schalter, Tasten – und zukünftig auch Bildschirmen – vermittelt selbst dem Nichttechniker einen Eindruck über die Bedeutung der Elektrotechnik im modernen Kraftfahrzeug.

Unsere Autos sind bestückt mit einer Vielzahl elektrischer Geräte und Systeme, ohne die sie dem Straßenverkehr mit der heutigen Fahrzeugdichte nicht mehr gewachsen wären. Ganz zu schweigen von den ökologischen Anforderungen – z. B. der Begrenzung der Schadstoff-Emission –, die wir heute stellen müssen und die in der Kraftfahrzeugtechnik ohne die neuen Technologien gar nicht erfüllt werden könnten.

Alle diese elektrischen Einrichtungen – vom Scheibenwischer bis zum elektronischen Motor-Management-System – in ihrem Aufbau, ihrer Funktion, ihrer historischen Entwicklung und ihren zukünftigen Perspektiven beschreiben zu wollen, wäre ein riesiges Unterfangen und im Rahmen einer Jubiläumsschrift nicht entfernt machbar. Statt dessen sollen einige Schlaglichter auf dieses faszinierende Arbeitsfeld der Elektrotechnik und der benachbarten Ingenieurdisziplinen geworfen werden.

Das erste Problem im Kraftfahrzeug, das auf elektrischem Wege gelöst wurde, war die Zündung des Benzinmotors. An ihrer Entwicklungsgeschichte sollen als Beispiel die Etappen des technischen Fortschritts nachgezeichnet werden.

Gerade zum Thema „Elektrotechnik in Württemberg" gehört Elektrotechnik im Auto in ganz besonderem Maße, nachdem mit dem Hause *Bosch* ein führendes Weltunternehmen dieser Branche in unserem Land seine Heimat hat.

Elektronik auf dem Vormarsch

Der Titel „Aus Autoelektrik wird Autoelektronik" kennzeichnet eine Entwicklung, die dieses Fachgebiet in den letzten vierzig Jahren der etwas mehr als hundertjährigen Geschichte des Kraftfahrzeugs genommen hat. Seit Aufkommen der Halbleitertechnik in den fünfziger Jahren werden viele der auf Elektromechanik beruhenden Aggregate im Auto – der klassischen „Autoelektrik" – Schritt für Schritt auf Konzepte mit Halbleiterbauelementen umgestellt und dabei in allen ihren Eigenschaften und ihrer Zuverlässigkeit entscheidend verbessert. Gleichzeitig hat diese Umstellung zu wirtschaftlicherer Herstellung geführt und ermöglicht, daß die Vorteile der neuen Produkte auch in den kleineren Autoklassen genutzt werden können. Einige der heute in Kraftfahrzeugen vorhandenen Systeme – wie z. B. das Antiblockiersystem ABS oder der Airbag – sind überhaupt erst durch die Halbleiterelektronik in brauchbarer Form möglich geworden.

Verfasser dieser Beitrags: Dipl.-Ing. Werner Rauscher, Reutlingen

Autoelektronik – Technik der besonders anspruchsvollen Art

Die Anforderungen, die an die elektrischen Aggregate im Kraftfahrzeug gestellt werden, sind außergewöhnlich hoch und waren mit den Halbleiterbauelementen aus der Anfangszeit dieser neuen Technologie noch nicht zu erfüllen. Im Gegensatz z. B. zu den Heimgeräten der Unterhaltungselektronik sind die Umweltverhältnisse im Auto um ein Vielfaches extremer, wenn wir dabei an die dort auftretenden Temperaturen und Temperaturschwankungen, an die Vibrationen, die Unregelmäßigkeiten in der Stromversorgung und nicht zuletzt an die unklaren Verhältnisse in bezug auf äußere elektromagnetische Störfelder denken.

Und wenn wir dabei noch berücksichtigen, daß ein Funktionsausfall im Auto möglicherweise gefährliche Folgen haben kann und demzufolge unsere Ansprüche an die Zuverlässigkeit gleichzeitig auch noch wesentlich größer sind als sonst, ist erkenntlich, daß Autoelektronik ein Fachgebiet mit ganz besonders hohen Anforderungen an den Reifegrad ihrer Produkte und ganz speziellen Entwicklungsrichtlinien ist.

Von Anfang an ein Schlüsselproblem des Verbrennungsmotors: Die Zündung

Daß ein Benzinmotor am besten durch elektrische Funken gezündet wird, war in den Pionierjahren seiner Entwicklung durchaus noch nicht selbstverständlich: Damals – etwa im letzten Viertel des 19. Jahrhunderts – war die sog. „Glührohrzündung" das zunächst am ehesten bewährte Prinzip. *Gottlieb Daimler* in Cannstatt wandte es in seinem legendären „schnellaufenden Fahrzeugmotor" aus dem Jahre 1883 an, in einer von ihm perfektionierten und patentierten Bauart. Das Glührohr war aus Platin und an den Brennraum des Motorzylinders angebaut; es wurde äußerlich von einer Benzinflamme erhitzt. Das angesaugte Gas kam bei der Komprimierung mit dem glühenden Röhrchen in Berührung, entzündete sich daran und löste so die Explosion aus. So einfach sich das heute liest, Probleme gab es dabei unermeßlich viele.

Elektrische Zündverfahren waren durchaus schon bekannt, es mangelte ihnen aber noch an Reife und Zuverlässigkeit. *Carl Benz* in Mannheim war ein eifriger Experimentator auf diesem Gebiet, Daimler selbst stand der elektrischen Funkenerzeugung lange Zeit sehr skeptisch gegenüber.

Das begann sich ganz allmählich zu ändern, als sein Stuttgarter Industrie-Nachbar *Robert Bosch* im Jahre 1887 das schon bekannte Prinzip der „Niederspannungs-Magnetzündung mit Abreißzündkerze" aufgriff, zu einem serienreifen Produkt weiterentwickelte und erfolgreich auf den Markt brachte. Ab 1895 fertigte er eine spezielle Fahrzeugversion dieses Aggregats, mit der er schließlich auch die Skeptiker überzeugte.

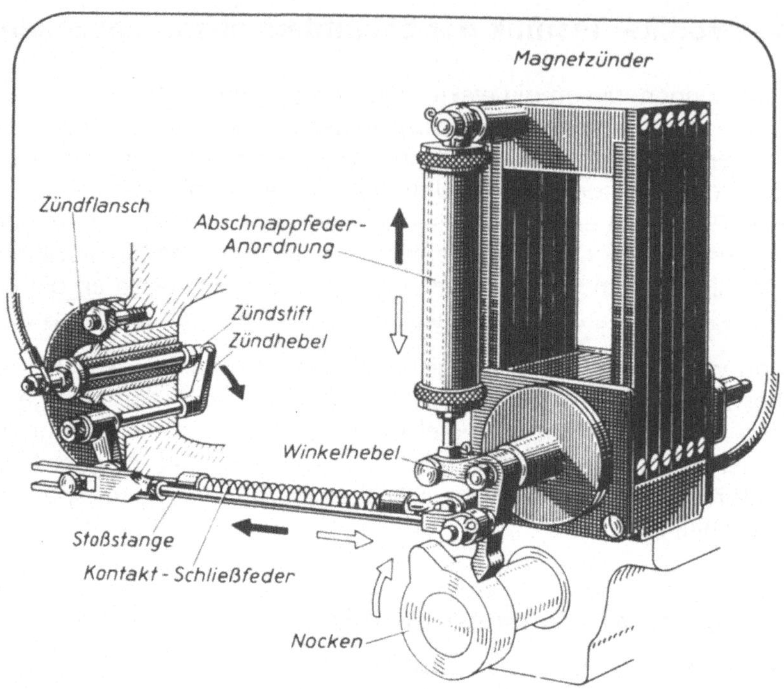

„Abschnapp-Zündung" von Otto [29]

Für Bosch waren diese Produkte der Start zu einer großen geschäftlichen Aufwärtsentwicklung.

Mit der Magnetzündung zur Weltfirma

Die Niederspannungs-Magnetzündung unterscheidet sich deutlich von der bei den heutigen Benzinmotoren allgemein gebräuchlichen Hochspannungs-Zündung. Bei letzterer werden synchron zur Drehung der Kurbelwelle Hochspannungsimpulse erzeugt, diese einer Funkenstrecke (den Elektroden der Zündkerze) im Brennraum des Zylinders zugeführt und so im richtigen Moment durch Funkenüberschlag das dort komprimierte Benzin-Luft-Gemisch zur Explosion gebracht.

Für die Erzeugung der dafür notwendigen Hochspannung in der Größenordnung von 10 000 bis 20 000 Volt mit ausreichender Energie sah man damals zunächst noch keinen zuverlässig begehbaren Weg. Man machte sich deshalb die bekannte Erscheinung des Lichtbogens zunutze, der an einem Schaltkontakt entsteht, wenn man mit diesem den Stromfluß in einem Stromkreis plötzlich unterbricht.

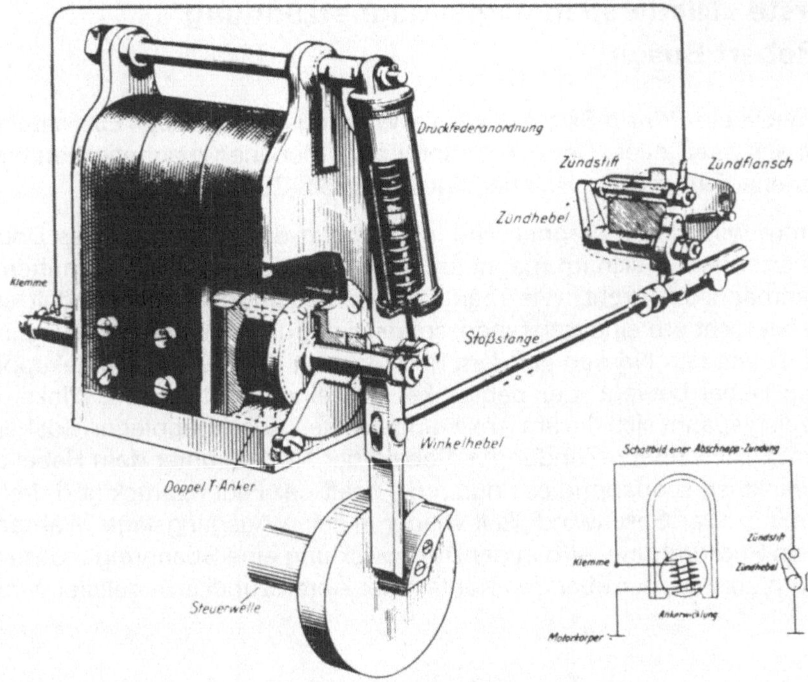

Niederspannungs-Abreißfunken-Zündeinrichtung von Bosch 1887 („Abschnapp-Zündung") [29]

Der so entstehende „Abreißfunke" eignet sich, wenn er mit ausreichender Stärke erzeugt wird, ebenfalls zur Zündung des explosiven Gases. Da für diese Abreißfunken eine Spannung von 50 bis 100 Volt im Stromkreis schon ausreichte, sprach man von Niederspannungs-Zündung.

Die ersten Zündeinrichtungen dieser Art wurden von Batterien und Akkumulatoren gespeist. Diese Stromquellen hatten jedoch noch lange nicht die heutigen Qualitäten und nur eine begrenzte Kapazität. Der Aktionsradius eines Motorgefährts war deshalb mangels Nachlademöglichkeit unterwegs sehr begrenzt („Lichtmaschine" mit Ladeeinrichtung waren noch nicht erfunden). So kam man auf den Gedanken, den notwendigen Strom durch einen vom Motor selbst angetriebenen magnetischen Induktionsapparat erzeugen zu lassen.

Aus der Perfektionierung dieser Idee entwickelte sich die Grundlage zum Weltruhm des Hauses Bosch.

Die erste „Niederspannungs-Magnetzündung" von Robert Bosch

Die abgebildete Prinzip-Skizze zeigt die Wirkungsweise dieser Einrichtung. Sie besteht aus zwei Teilen: Dem vom Motor angetriebenen magnetischen Induktor und der ebenfalls mechanisch betätigten „Abreiß-Zündkerze".

Der Strom wird durch magnetische Induktion in der Wicklung eines Doppel-T-Ankers erzeugt, der sich im magnetischen Feld zwischen den Polschuhen eines Hufeisenmagneten dreht. Wie man aus der Zeichnung sieht, handelt es sich dabei aber nicht um eine rotierende, sondern nur um eine Pendelbewegung des Ankers. Durch den Nocken auf dem Rad (das mit der Motorwelle gekuppelt ist) wird ein Hebel bewegt, der den Anker um einen bestimmten Winkel dreht. Gleichzeitig spannt sich die am Anker angelenkte „Abschnappfeder" (daher auch der Name „Abschnapp-Zündung"). Sobald der Nocken unter dem Hebel durchgeschwenkt ist, schnappt diese durch die Kraft der Feder zurück und dreht den Anker mit großer Geschwindigkeit wieder in seine Ausgangslage. Während der schnellen Rückdrehung wird in der Ankerwicklung eine Spannung induziert und ein Strom erzeugt, der über den Kontakt der Abreißzündkerze geleitet wird.

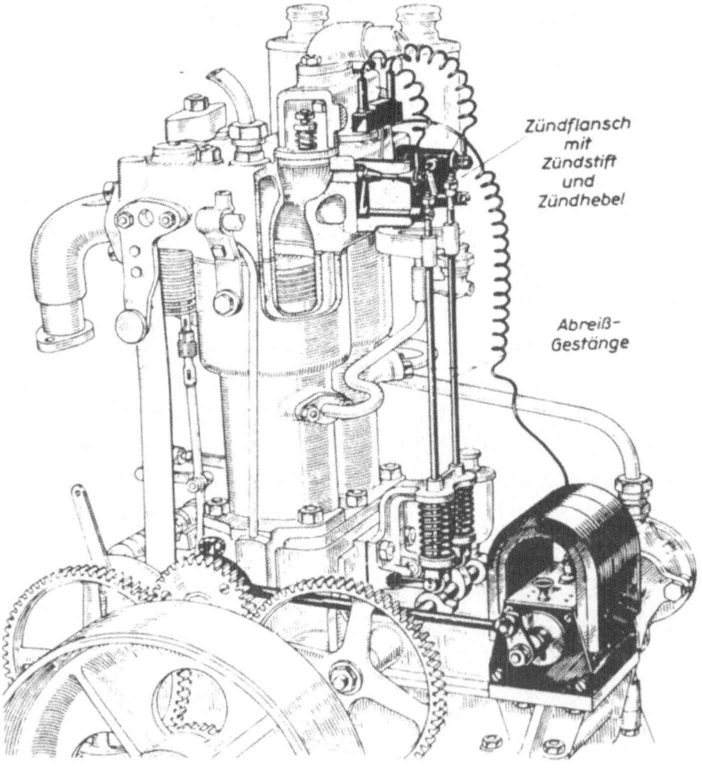

Niederspannungs-Magnetzünder Typ „M" an einem Zweizylinder-LKW-Motor (Zeichnung) 1898 [29]

Der Abreißkontakt selbst wird durch eine feste Elektrode und einen beweglichen „Zündhebel" gebildet und ragt – am Zündflansch befestigt und nach außen abgedichtet – in den Brennraum des Motorzylinders. Der Zündhebel der Kerze wird durch die verbindende „Stoßstange" so bewegt, daß der Kontakt innerhalb der Stromflußphase öffnet und der zündende Lichtbogen entsteht.

Durch die Wirkung der Abschnapp-Feder ist der zeitliche Verlauf der für die Zündung maßgeblichen Bewegungsabläufe von Anker und Abreißkontakt prinzipiell unabhängig von der Drehzahl des Motors, worin eine der besonderen Ideen dieser Konstruktion besteht.

Die „Automobilisten" von damals – nicht nur „Autofahrer"

Auch die damaligen Motor-Konstrukteure hatten erkannt, daß man bei steigender Motordrehzahl den Zündzeitpunkt in Richtung Frühzündung verschieben muß, will man die bestmögliche Leistung aus dem Antriebsaggregat herausholen. Eine automatisch arbeitende Verstelleinrichtung für die Zündung hatte man aber in der Anfangszeit noch nicht. Es war Aufgabe des technisch talentierten und einfühlsamen Wagenlenkers, während der Fahrt den optimalen Zündzeitpunkt mit Hilfe eines Handverstellhebels zu finden. Dieser Hebel war in der Regel mit dem „Gashebel" kombiniert, den man auch von Hand bediente.

Und körperliche Kraft mußten sie auch noch haben, die Automobilisten, denn elektrische Anlasser gab es auch noch keine, dafür die berüchtigte (und zuweilen gefährliche) Handkurbel für den oft schweißtreibenden Motorstart.

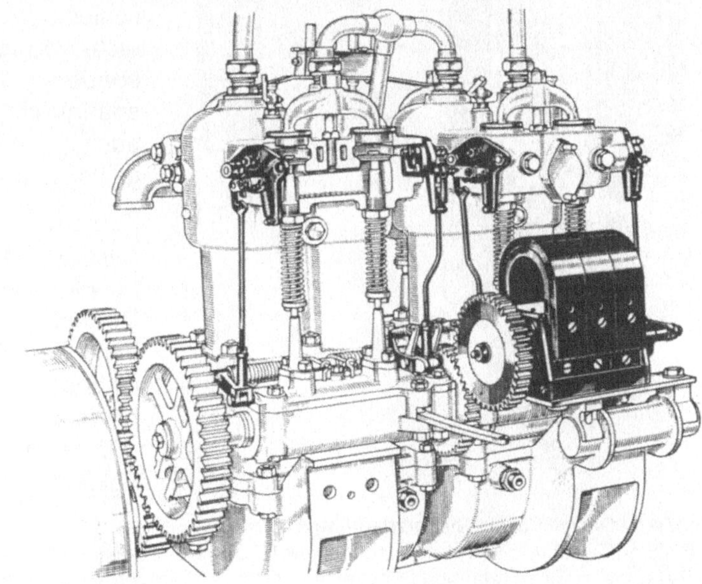

Niederspannungs-Magnetzündung an einem Vierzylinder-Motor. Hervorgehoben: Das komplizierte Gestänge zu den Abreißkontakt-Zündkerzen [29]

Von der Niederspannungs- zur Hochspannungszündung

Der Weg zur Steigerung der Leistung der Benzinmotoren führte über die Erhöhung der Drehzahl, der Verdichtung und der Zahl der Zylinder. Mit der Niederspannungs-Magnetzündung kam man dabei schnell an die Grenzen: Die Abreißzündkerze mit ihren beweglichen Teilen hatte schon immer das grundsätzliche Problem der Abdichtung, das sich jetzt noch weiter verschärfte; die aufwendige Mechanik und das komplizierte Gestänge zur Kontaktbetätigung bereitete ebenfalls zunehmend Schwierigkeiten, insbesondere bei den Mehrzylindermotoren.

Eine Verbesserung brachte die von Bosch 1905 entwickelte „Magnetkerze", bei der der Abreißkontakt durch einen kleinen Elektromagneten im Kerzenkörper betätigt und damit das Betätigungsgestänge entbehrlich wurde.

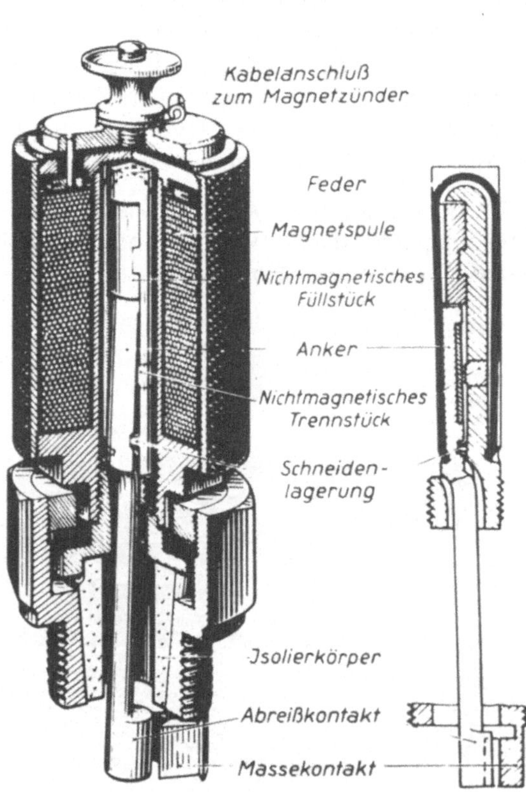

„Magnetkerze" für die Niederspannungs-Abreißfunken-Zündung. Sie erübrigt das aufwendige Gestänge zu den bisherigen Zündkerzen [29]

Obwohl die Niederspannungs-Zündung noch bis nach dem ersten Weltkrieg in Produktion blieb, hatte Bosch schon 1902 parallel dazu die ebenfalls schon bekannte Idee der Hochspannungs-Magnetzündung aufgegriffen und ein Serienprodukt entwickelt. Sie ist die Vorgängerin unserer heutigen (Batterie) Zündanlagen, mit dem Unterschied, daß der primäre Strom nicht von einer Batterie geliefert, sondern – wie bei der Niederspannungs-Magnetzündung auch – von der Zündeinrichtung selbst erzeugt wird.

Kernstück des Hochspannungsprinzips ist wiederum ein sich bewegender – jetzt rotierender – Doppel-T-Anker im Magnetfeld eines Dauermagneten. Der Anker ist aber hier mit zwei Wicklungen bewickelt: einer Primärwicklung mit einer niedrigen und einer Sekundärwicklung mit einer sehr hohen Windungszahl, wodurch sich die zusätzliche Funktion eines Zündtransformators ergibt.

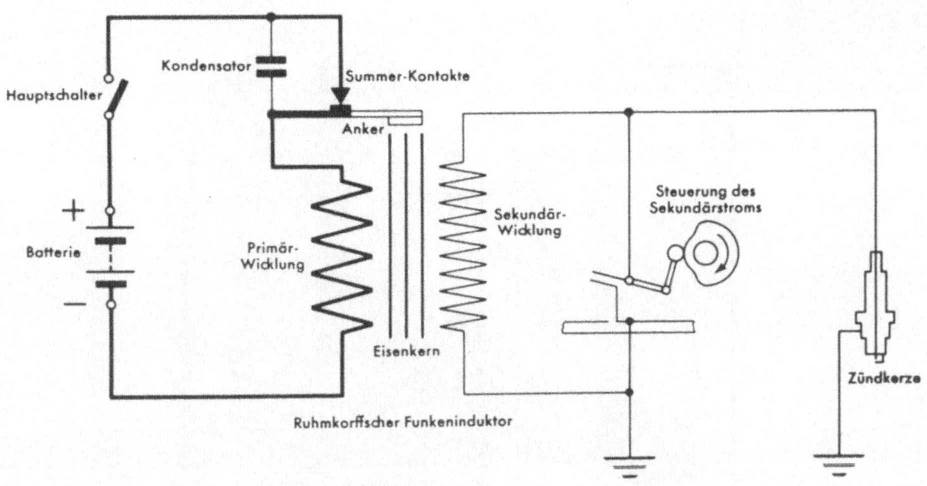

Ein frühes Prinzip zur Hochspannungs-Zündung: Batterie-Summerzündung von Karl Benz 1885 [29]

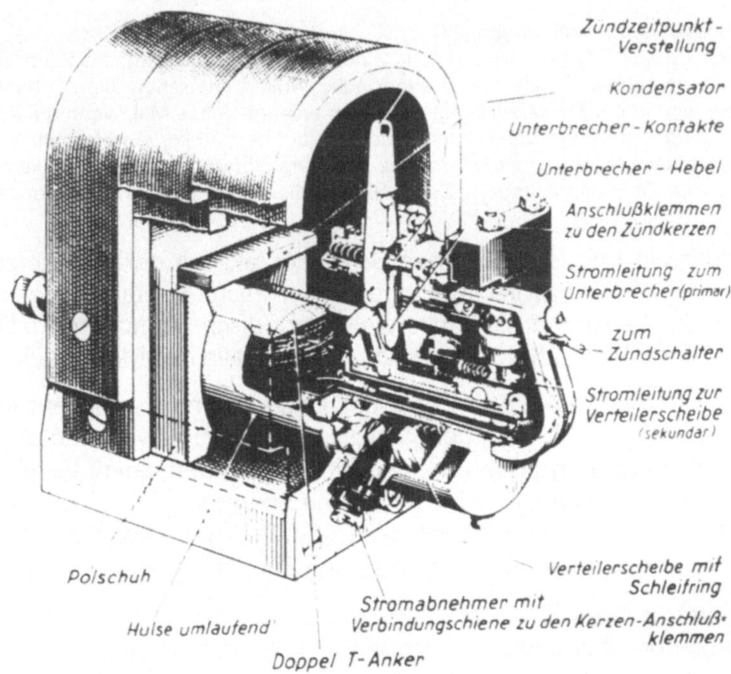

Erster Bosch-Hochspannungs-Magnetzünder 1902 – ein erfolgreiches Produkt von Robert Bosch [29]

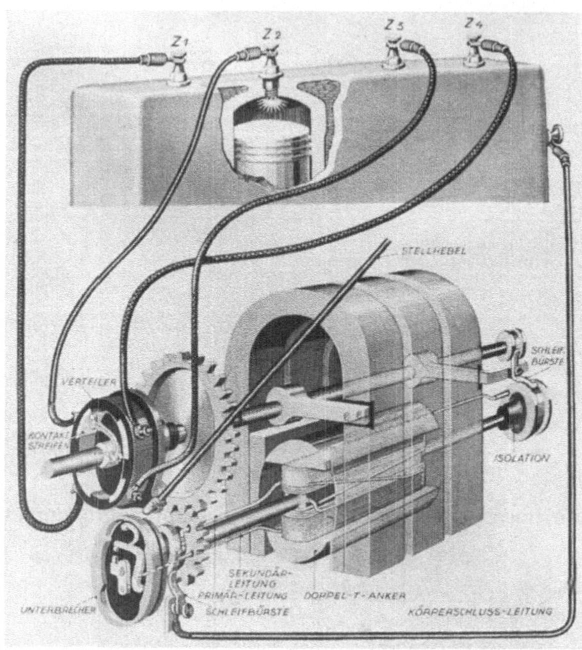

Bosch-Zündmaschine für Kraftwagen [27]
Die Welle des Doppel-T-Ankers wird mittels eines hier nicht gezeichneten Zahnrads von der Kurbelwelle angetrieben. Durch die Drehung des Ankers zwischen den Schenkeln dreier Stahlmagnete wird in der Primärwicklung ein Strom erzeugt. Jedes Mal, wenn die Kontakte sich voneinander entfernen, tritt in der Sekundärwicklung auf dem Anker ein Stromstoß auf, und es entsteht je nach der Stellung, die der Arm des Verteilers einnimmt, ein Zündfunke an einer der Zündkerzen Z1 bis Z4 in den Zylindern. Der Stellhebel dient zur Einstellung des Zündzeitpunkts.

Die Sekundärwicklung ist über einen Schleifkontakt mit der Zündkerze verbunden. Die Primärwicklung wird über einen Unterbrecherkontakt kurzgeschlossen, der von einem Nocken auf der Ankerwelle periodisch geöffnet wird. Die Ankerwelle selbst wird über Zahnräder von der Kurbelwelle des Motors angetrieben.

Durch den rotierenden Anker im Feld des Dauermagneten entsteht im Primärkreis ein Induktionsstrom, den der Nockenkontakt impulsweise unterbricht. Das dadurch schlagartig sich ändernde Feld induziert in den vielen Windungen der Sekundärwicklung des Ankers eine sehr hohe Spannung, die zwischen den Elektroden der Zündkerze einen Zündfunken überspringen läßt. Der Öffnungsmoment des Nockenkontakts bestimmt also den Zündzeitpunkt.

Hat der Motor mehrere Zylinder, dann wird die Sekundärspannung nacheinander und synchron über einen rotierenden Verteiler auf die einzelnen Zündkerzen geschaltet – wie bei den heutigen Systemen meist auch. Die Zündkerzen haben jetzt auch keine beweglichen Teile mehr, sind robust aufgebaut und durch das Einschraubgewinde problemloser abzudichten.

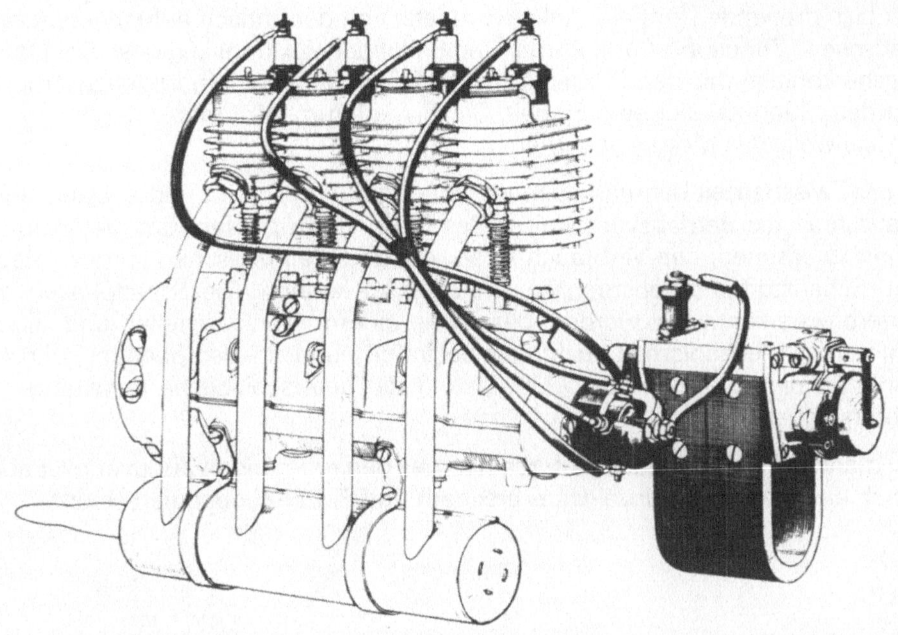

Bosch-Hochspannungs-Magnetzünder Typ FN, mit getrenntem Verteiler, an einem Vierzylinder-Motor 1905 [29]

Der Doppel-T-Anker, das Markenzeichen der Firma Bosch

Wie man sieht, hat das Konstruktionselement „Doppel-T-Anker" der Magnetzündungen von Anfang an eine überragende Rolle gespielt und ist deshalb für das Haus Bosch zum Identifikations-Symbol und Markenzeichen geworden.

„Batteriezündung" statt Magnetzündung

Mit der fortschreitenden Verbesserung der Fähigkeiten der Autobatterien in Verbindung mit einem nachladenden Generator (der „Lichtmaschine") zum Betrieb des elektrischen Starters (des „Anlassermotors"), konnte auch das Hochspannungs-Zündaggregat seinen Primärstrom vom Batterie-Bordnetz beziehen und dadurch weiter verbessert und vereinfacht werden.

Damit ist man bei der Technik angelangt, wie sie heute noch in vielen Autos auf unseren Straßen enthalten ist. Sie gehört zur „Autoelektrik", da sie noch viel Mechanik und keine elektronischen Halbleiterbauelemente aufweist.

Der sich drehende Doppel-T-Anker wird jetzt von der ähnlich aufgebauten, aber statischen „Zündspule" (mit Primär-und Sekundärwicklung) abgelöst. Der Unterbrecherkontakt, der den Primärstrom der Zündspule steuert, bildet zusammen mit dem Zündverteiler eine Einheit. Diese wiederum wird in der Regel von der Nockenwelle des Motors angetrieben.

In der Zwischenzeit hat man auch Verfahren gefunden, den Zündzeitpunkt automatisch an die Betriebsverhältnisse des Motors anzupassen, um die Motorleistung zu erhöhen, den Verbrauch zu senken und die inzwischen vorgeschriebenen Schadstoffemissionsgrenzen einhalten zu können. Die Schaltphasen des Unterbrecherkontaktes werden dazu von einem Fliehkraftsteller und einem Unterdruck-Mechanismus zusätzlich beeinflußt und so der genaue Zündzeitpunkt an die veränderliche Drehzahl und die unterschiedliche Belastung des Motors angepaßt.

Bei manchen Mehrzylinder-Motoren hat man den rotierenden Zündverteiler auch durch das Prinzip mit Einzel-Unterbrechern und Einzel-Zündspulen ersetzt.

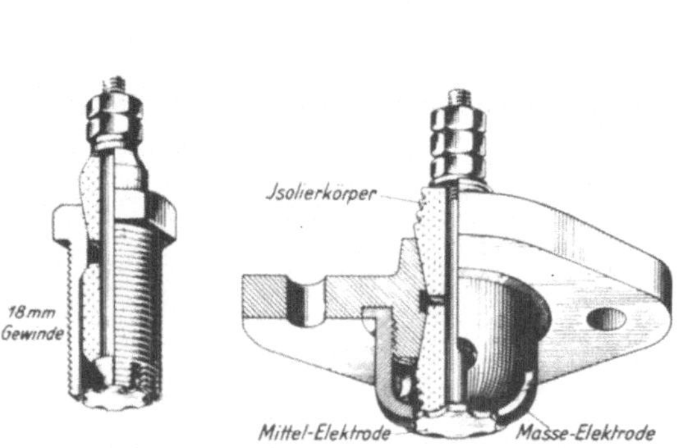

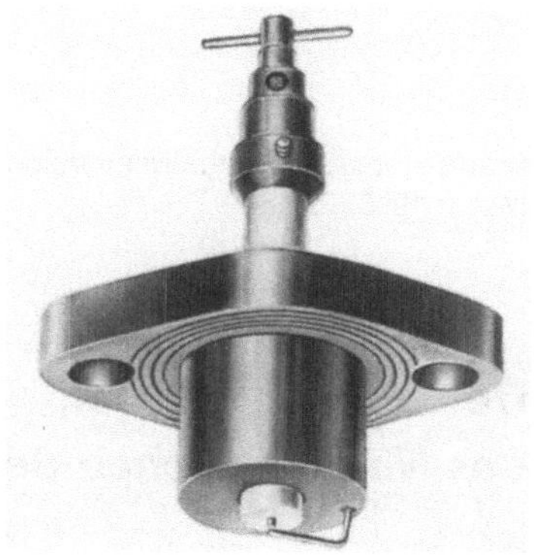

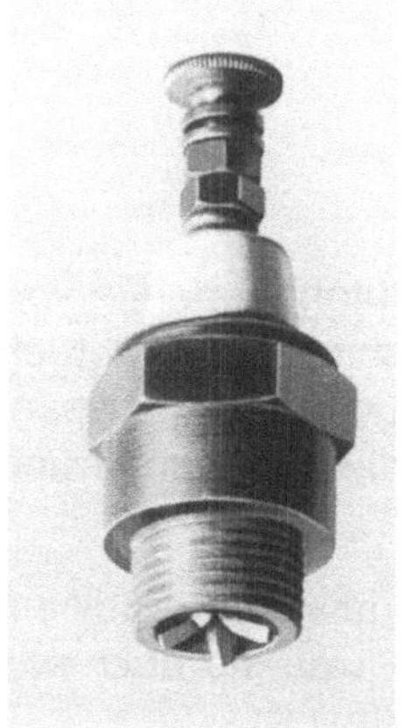

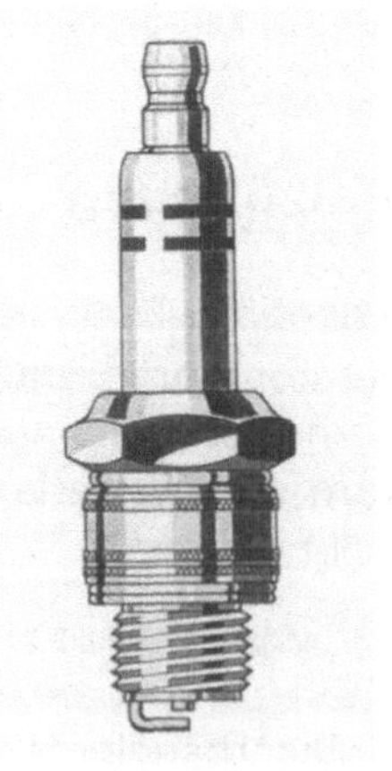

Variation und Entwicklungsstufen der Zündkerze für die Hochspannungs-Zündung [29]

Im übrigen hat die Batteriezündung die Hochspannungs-Magnetzündung nur allmählich verdrängt: Noch lange Jahre hatten z. B. Zweiradfahrzeuge – teilweise auch heute noch – keine Starterbatterien und waren auf autarke Erzeugung des Zündstroms angewiesen.

Fortschritt durch Halbleiterelektronik: Die „Transistor-Zündung"

Ein Problemkind sowohl der Magnet- als auch der Batterie-Zündung war stets der mechanische Unterbrecherkontakt, dem eine hohe Schaltfrequenz zugemutet wird und der nicht nur zuverlässig öffnen und schließen, sondern dies auch zu genau bestimmten Zeiten tun muß. Dabei ist er durch den hohen Primärstrom der Zündspule und durch die elektrische Charakteristik des Primärstromkreises stark belastet und deshalb dem Kontaktverschleiß ausgesetzt. Der wiederum beeinflußt den Zündzeitpunkt und zwingt zur Nachkorrektur bei der Fahrzeugwartung.

Die Verhältnisse wurden günstiger, als man den Kontakt des Unterbrechers durch Zwischenschaltung eines Transistor-Schaltverstärkers entlasten konnte: Kontaktgesteuerte Transistorzündung.

Eine noch bessere Beherrschung des Zündzeitpunktes und der Zündenergie brachte die kontaktlose Transistorzündung, bei der der Unterbrecherkontakt durch einen verschleißfreien Sensor im Zündverteilergehäuse ersetzt wird. Dieser Sensor arbeitet entweder nach dem Induktionsprinzip oder auf der Grundlage des Halleffekts.

Eine weitere Variante dieser Überlegungen führte zur Hochspannungs-Kondensator-Zündung mit einem Thyristor als Schaltorgan. Die Zündenergie wird hierbei im elektrischen Feld eines Kondensators gespeichert, die Zündspule ist jetzt nur noch der Spannungstransformator zur Erzeugung der Zünd-Hochspannung.

Die optimale Lösung: Computergesteuerte elektronische Zündanlage

Die zu Beginn geschilderten hohen Anforderungen an die Elektronik im Auto hatten zur Entwicklung und Fertigung ganz spezieller und besonders standfester Halbleiterbauelemente geführt. Seit diese verfügbar sind, kann die Autoelektronik auf die unermeßliche Vielfalt elektronischer Sensor-, Regel- und Steuerkonzepte für die verschiedensten Aufgaben zurückgreifen.

Dies wird selbstredend auch zur weiteren Perfektionierung der Zündanlagen genutzt.

Kernstück einer solchen Anlage ist jetzt ein Steuergerät mit einem Mikrocomputer, der von einer Reihe daran angeschlossener Sensoren die aktuellen Betriebswerte des Motors erhält und der aufgrund gespeicherter Kennlinien und Algorithmen die optimalen Zündsignale erzeugt.

Induktive Sensoren, die ein Zahnrad auf der Kurbelwelle abtasten, geben Bezugssignale für die Stellung der Kolben in den Zylindern und für die Motordrehzahl. Ein weiterer Sensor (ein Luftmengen- oder „Luftmassenmesser") mißt die einströmende Ansaugluft (variiert durch das Gaspedal) und liefert so eine Meßgröße für die augenblickliche Belastung des Motors.

Aus den beiden Hauptsteuergrößen Drehzahl und Belastung errechnet der Computer den optimalen Zündzeitpunkt. Und zwar so, daß für den Motor der bestmögliche Kompromiß zwischen Leistung, Elastizität, Benzinverbrauch, Abgasemission, Laufruhe und Materialbeanspruchung erreicht wird. Dieser Kompromiß wurde zuvor während der Motorentwicklung ermittelt, auf dem Motorenprüfstand und bei Fahrversuchen definiert und in sog. „Kennfeldern" niedergelegt. Diese werden dann im Computer als entsprechende Datenpakete und Rechenalgorithmen unverlierbar gespeichert.

Darüber hinaus werden zur genauen Berechnung noch zusätzliche Daten wie die Temperatur des Motors und der Ansaugluft und weitere Zustandsinformationen (Leerlauf, Vollast, Schiebetrieb) mit einbezogen.

Eine wichtige Steuergröße ist auch das Ausgangssignal des „Klopfsensors", der am Motorblock angebracht ist und den dort auftretenden Körperschall erfaßt. Das Schallsignal wird vom Computer analysiert und das Ergebnis zur Vermeidung des für den Motor schädlichen „Klopfens" herangezogen. Tritt Klopfen auf, dann verstellt eine automatische Regelung beim betroffenen Zylinder den Zündzeitpunkt wieder etwas in Richtung Spätzündung, so weit, bis das Klopfen aufhört.

Durch die automatische Klopfregelung kann das System auf Kraftstoffe mit unterschiedlicher Qualität (Oktanzahl) reagieren, ohne daß unnötige Sicherheitsabstände in bezug auf den Zündzeitpunkt vorgesehen werden müssen. Bei gutem Kraftstoff könnte man andernfalls das Leistungspotential des Motors nicht im gewünschten Maß ausschöpfen.

Da die Energie des Zündfunkens u. a. auch von der Batteriespannung abhängig ist, wird diese ständig überwacht und ihr augenblicklicher Wert in die Berechnung der Ansteuerdaten für den Zündkreis mit einbezogen. So kann immer ein ausreichendes Hochspannungsangebot bereitgestellt werden, was sich besonders beim Kaltstart im Winter positiv bemerkbar macht.

Antriebssteuerung unter zentraler Regie: Das „Motor-Management-System"

Das Grundprinzip der zuvor beschriebenen, vollelektronischen Einrichtung besteht also darin, daß geeignete Sensoren ständig alle Motor-Betriebswerte ermitteln, die für die Einstellung der Zündung relevant sind und diese einem Computer zuleiten. Entsprechend den gültigen Regeln für den jeweiligen Motortyp verknüpft der Computer diese Werte miteinander und gelangt so zur Entscheidung über die optimale Einstellung des Zündzeitpunkts.

Eine solche allgemeine Vorgehensweise ist jedoch nicht nur für die Zündung vorteilhaft, sondern eignet sich genauso für die bestmögliche Kraftstoff-Zumessung in der Benzin-Einspritzanlage. Auch diese beeinflußt natürlich entscheidend die schon genannten Zielwerte Motorleistung, Benzinverbrauch und Abgasemission. Und zu ihrer Optimierung benötigt man auch weitgehend dieselben Motorparameter wie bei der Zündung, also Drehzahl, Ansaugluftvolumen, Temperaturen etc.

Durch die Zusammenfassung beider Systeme in einer Einheit kommt man mit weniger Sensoren aus, kann die Computer-Ressourcen besser ausnutzen und die wechselseitigen Abhängigkeiten noch eingehender im Sinne der Optimierung berücksichtigen.

Ein solches Konzept liegt beim Motor-Management-System Motronic vor, dem jüngsten Mitglied der Zünd- und Einspritzsystemfamilien des Hauses Bosch. Es hat neben Zündung und Einspritzung noch eine Reihe weiterer Funktionen, nicht zuletzt bei der Fahrzeugdiagnose und Fehlerspeicherung.

Elektronik im Auto – ein Feld für faszinierende Innovationen

Die modernen Elektronik-Systeme haben eine deutliche Verbesserung der Leistungsdaten und Eigenschaften der Motoren gebracht und die schädlichen Abgase auf ein Minimum reduziert.

Ein Schlüssel auf dem Weg dahin sind – wie beschrieben – die heute verfügbaren und für die Verhältnisse im Auto gerüsteten Sensoren. Mit ihnen können die unterschiedlichsten physikalischen Betriebswerte fortlaufend erfaßt werden, die dann ein Computer in beliebig komplexer Weise in die Errechnung von Einstell- und Steuergrößen einbeziehen kann.

Sensortechnik – immer mehr auch in Form von Mikromechanik und Mikrosystemtechnik – ist also eines der Gebiete mit großem Innovationspotential. Daneben spielt die Echtzeit-Datenverarbeitung für die immer komplexeren, digitalen Regelkreise im Fahrzeug eine herausragende Rolle und mit ihr das weite Feld der Softwareentwicklung.

Dies alles immer unter dem Aspekt größtmöglicher Betriebssicherheit. Insbesondere dann, wenn sicherheitsrelevante Bereiche wie Bremsen, Lenkung, Fahrwerk, Airbag etc. im Auto von elektronischen Einrichtungen unterstützt und beeinflußt werden.

Ein Stillstand dieser Entwicklungen ist heute nicht vorstellbar.

8 Vom Börsenticker zu Multimedia

Ein Streifzug durch 100 Jahre Telekommunikationsgeschichte

Die Gründung des **Elektrotechnischen Vereins Cannstatt** – dem späteren **VDE-Bezirksverein Württemberg** – im Jahre 1898 fällt in eine Zeit rasanter wissenschaftlicher und technischer Fortschritte, auch auf dem Gebiet der Telekommunikation. Ein kurzer Überblick auf die Entwicklung in den vorangegangenen Jahren möge dies zeigen:

Bereits seit Mitte des vergangenen Jahrhunderts gibt es in Deutschland und den anderen europäischen Staaten leistungsfähige elektrische Telegrafen-Netze, in denen Morse-Telegrafen eingesetzt sind. In den folgenden Jahren werden diese Netze zunehmend vermascht und um 1875 können Nachrichten weltweit telegrafisch übermittelt werden. In diese Zeit fällt auch die Einführung der Drucktelegrafen – frühe Vorläufer des Fernschreibers –, die den übermittelten Text sogleich in Klarschrift auf einem Papierstreifen aufzeichnen. Am bekanntesten sind der Typendrucker von Hughes (1866) und der Börsendrucker von Siemens & Halske (1874).

Ab 1881 beginnt in Deutschland das Telefon dem Telegrafen Konkurrenz zu machen. Das erste öffentliche Telefonnetz mit 8 Teilnehmern wird am 12. Januar 1881 in Berlin versuchsweise in Betrieb genommen. In rascher Folge werden auch in anderen Großstädten Telefonnetze aufgebaut. Am 1. Juni 1882 geht die „Telephonanstalt" in Stuttgart mit 75 Teilnehmern in Betrieb. Offensichtlich angeregt durch diese Entwicklung, gründet *Robert Bosch* am 15. November 1886 in Stuttgart eine „Werkstätte für Feinmechanik und Elektrotechnik", die sich unter anderem mit der „Anlegung und Reparatur von Telephonen und Haustelegraphen" befaßt. Auch Siemens & Halske eröffnet 1894 in Stuttgart ein Büro. Im Gründungsjahr 1898 existieren in Deutschland bereits 1300 Vermittlungsstellen mit etwa 180 000 Hauptanschlüssen.

1887 beweist *Heinrich Hertz*, Physikprofessor an der Technischen Hochschule in Karlsruhe, die Existenz elektromagnetischer Wellen. 1894 greift *Guglielmo Marconi* die Hertz'sche Entdeckung auf und realisiert 1896 in England als weltweit Erster die drahtlose Telegrafie. Auch in Deutschland befassen sich in den Folgejahren verschiedene Wissenschaftler mit wachsendem Erfolg mit der „Funkentelegraphie". 1897 erfindet der Physiker *Ferdinand Braun*, Professor an der Universität Straßburg, die Kathodenstrahlröhre und im Gründungsjahr 1898 den „Gekoppelten (geschlossenen) Schwingungskreis". Mit ihm lassen sich nun die Eigenschaften von Sender und Empfänger wesentlich verbessern, das heißt, die Reichweite der drahtlosen Telegrafie kann deutlich gesteigert werden.

Verfasser dieses Beitrags: Dr.-Ing. Theodor Pfeiffer, Fellbach

Wie sich die Nachrichtentechnik in den Jahren nach der Gründung unseres Bezirksvereins – insbesondere auch in Württemberg – entwickelt, soll nun nachfolgend tabellarisch gezeigt werden:

1900 In Berlin nimmt die Reichs-Telegraphenverwaltung eine Wählervermittlungsstelle mit 400 Anschlüssen als Versuchsanlage in Betrieb. In Deutschland gibt es jetzt 1854 Vermittlungsstellen mit 230 000 Hauptanschlüssen.

1903 Auf Drängen von Kaiser Wilhelm II. vereinigen die Firmen AEG und Siemens & Halske ihre funktechnischen Aktivitäten und gründen die „Gesellschaft für drahtlose Telegraphie, System Telefunken".

1906 Der wachsende Fernsprechverkehr macht auch nicht an Württembergs Grenzen halt. Um den Transitverkehr nach der Schweiz zu verbessern, wird daher ein Fernsprech-Seekabel durch den Bodensee zwischen Friedrichshafen und Romanshorn verlegt. Der See ist auf dieser Trasse bis zu 250 m tief.

1907 Die „Funktelegraphenstation Norddeich" (später „Norddeich Radio") – Verbindungsglied zu den Schiffen auf hoher See – nimmt den „allgemeinen öffentlichen Seefunk" auf.

1908 In Hildesheim wird das erste öffentliche Wählamt Europas mit 900 Teilnehmeranschlüssen in Betrieb genommen.

Vermittlungsamt in Berlin mit liegenden Vielfachfeldern, **um 1900**. Foto: Deutsches Postmuseum, Frankfurt. Entnommen aus Reuter, M.: Telekommunikation, Decker 1990

Reklameplakat der Gesellschaft für drahtlose Telegraphie m.b.H., Telefunken, **nach 1903**. Foto: Bildarchiv Preußischer Kulturbesitz SMPK, Berlin. Entnommen aus Reuter, M.: Telekommunikation, Decker 1990

Erstes automatisches Telefonvermittlungsamt Deutschlands mit 900 Teilnehmeranschlüssen in Hildesheim, **1908**. Foto: Siemens-Museum, München. Entnommen aus Blumtritt, O.: Nachrichtentechnik, Deutsches Museum, 1988

1910 Am 1. Januar sind in allen Ländern der Erde insgesamt 10 Millionen Fernsprecher angeschlossen (USA 7 084 000, Deutschland 941 000, England 665 000, Kanada 239 000, Frankreich 212 000).

1911 Die von *Robert von Lieben* erfundene Elektronen-Verstärkerröhre (das Prinzip wurde 1906 patentiert) wird der Berliner Physikalischen Gesellschaft und der Presse vorgestellt.

1912 Die Lieben-Röhre wird bei der AEG in Berlin – später auch bei Siemens & Halske und Lorenz – serienmäßig hergestellt.

Die Reichs-Telegraphenverwaltung beginnt mit der Verlegung pupinisierter Fernsprech-Fernkabel. Dadurch wird die für Ferngespräche überbrückbare Entfernung deutlich erhöht.

1913 *Alexander Meißner* erfindet die Rückkopplung, zeitgleich mit dem Amerikaner *Lee DeForest*. Es ist nun möglich, Rückkopplungs-Empfänger mit hoher Empfindlichkeit zu bauen und ungedämpfte Schwingungen in Röhrensendern zu erzeugen.

Lieben-Röhre, **1910**.
Firmenarchiv AEG, Frankfurt

Der erste Röhrensender von Meißner, mit dem von Berlin drahtlos nach Nauen telefoniert wurde, **1913**. Foto: Deutsches Museum, München. Entnommen aus Blumtritt, O.: Nachrichtentechnik, Deutsches Museum, 1988

1916 *W. Schottky* erfindet die Schirmgitter-Röhre und löst damit einen Technologieschub in der Röhren- und Schaltungsentwicklung aus.

Erstmals können Ferngespräche über Entfernungen bis zu 3000 km geführt werden. Ermöglicht wird dies durch Fernkabelsysteme, die mit Röhren-Verstärkern ausgestattet sind.

1917 Erste militärische Funktelefonie-Versuche.

1922 Erste Trägerfrequenzgeräte zur Mehrfachausnutzung vorhandener Freileitungen sind im Einsatz. Es können nun zusätzlich noch zwei weitere Ferngespräche übertragen werden. Die Geräte sind noch in Schränke der Handvermittlungstechnik eingebaut und daher sehr voluminös.

Trägerfrequenzgerät für zwei „Hochfrequenz-Gespräche", **1922**. Foto: Entnommen aus Telefunken-Zeitung, Mai 1924

1923 Nach mehrjährigen Versuchssendungen startet am 29. Oktober der öffentliche Hörrundfunk auf „Welle 400 m" (750 kHz) im Vox-Haus in Berlin. Trotz Rezession und Inflation wird das neue Medium von der Bevölkerung mit Begeisterung aufgenommen.

Ende 1923 erwerben *W. Wandel* und *U. Goltermann* beim Postamt in Reutlingen eine „Lizenz für die Einrichtung von Radioanlagen". Aus diesen Aktivitäten entwickelt sich eine kleine Installationsfirma, die sich dann nach dem Krieg unter dem Namen Wandel & Goltermann zu dem weltweit renommierten Hersteller nachrichtentechnischer Präzisions-Meßgeräte entwickelt.

Detektor Radioempfänger „Telefunken A", **1923**. Foto: Firmenarchiv AEG, Frankfurt. Entnommen aus Blumtritt, O.: Nachrichtentechnik, Deutsches Museum, 1988

1924 Ab dem 11. Mai kann man auch in Stuttgart „Radio hören". Die neugegründete „Süddeutsche Rundfunk AG" sendet ihr Programm aus dem Heeresproviantamt in Feuerbach bei Stuttgart über einen Mittelwellensender (0,25 kW) auf der Welle 437 m. Als Sendebereich gelten Württemberg-Hohenzollern und Baden.

Als eine der ersten Firmen erwirbt EMUD (Ernst Mästlin in Ulm/Donau) die Telefunken-Bauerlaubnis, ohne die kommerzielle Rundfunkgeräte nicht gebaut werden dürfen.

Die „Württ. Radiogesellschaft mbH" wird in Stuttgart gegründet. Sie produziert und vertreibt Radios unter dem Markennamen „Wega". Erst 1956 wurde die Firma in „Wega-Radio GmbH" umbenannt.

In Villingen beginnt die Firma SABA (Schwarzwälder Apparate-Bau-Anstalt) mit der Fertigung von Kopfhörern und anderen hochwertigen Radio-Bauteilen. Nach dem Erwerb der Telefunken-Bauerlaubnis werden ab 1927 auch Rundfunkgeräte gebaut, die sich bald eines ausgezeichneten Rufes erfreuen.

Richard Hirschmann erfindet in Esslingen den „Bananenstecker", der nur aus zwei Teilen besteht und bei dem die Befestigung des Anschlußdrahtes mittels einer Spannzange erfolgt. Er meldet diese Erfindung als Patent an und gründet eine Firma, in der dieses, in der jungen Rundfunktechnik begehrte Produkt in Heimarbeit hergestellt wird. Erst 1930 wird in Esslingen die industrielle Fertigung aufgenommen. Insbesondere in der Nachkriegszeit entwickelt sich die Firma Hirschmann zum internationalen Hersteller ortsfester und mobiler Antennenanlagen.

August Carolus überträgt die ersten Fernsehbilder mit 28 Zeilen.

Mittelwellensender (0,25 kW) der Süddeutschen Rundfunk AG, installiert im Heeresproviantamt in Feuerbach bei Stuttgart, **1924**. Foto: SDR-Archiv

Das Rundfunk-Studio von „Radio Stuttgart" im Heeresproviantamt in Feuerbach, **1924**. Foto: SDR-Archiv

Das schönste Weihnachtsgeschenk – ein Radiogerät, **1924/25**. Foto: Deutsches Rundfunkarchiv, Frankfurt. Entnommen aus Reuter, M.: Telekommunikation, Decker 1990

1925 Die Süddeutsche Rundfunk AG übernimmt über Kurzwelle als erste deutsche Station eine musikalische Sendung aus Pittsburgh (USA).

1926 Röhrenempfänger und Lautsprecher verdrängen zunehmend die weitverbreiteten Detektorgeräte mit Kopfhörern.

Die ersten kompakten Trägerfrequenzgeräte zur Mehrfachausnutzung werden eingesetzt. Nun können drei weitere Gespräche gleichzeitig übertragen werden. 50 Jahre später kann man mit Trägerfrequenzgeräten bis zu 10 800 Gespräche gleichzeitig über Koaxialkabel übertragen.

1928 Die SDR-AG bildet zusammen mit der Südwestdeutschen Rundfunk AG in Frankfurt die erste Programmgemeinschaft im deutschen Rundfunk.

Erste öffentliche Fernsehversuche mit dem System Telefunken-Karolus auf der Funkausstellung in Berlin (96 Zeilen, 10 000 Bildpunkte).

1929 Erste drahtlose Fernseh-Versuchssendung in Berlin im Frequenzband 2,5 MHz.

1930 Der 60 kW-Mittelwellensender Mühlacker wird am 31. November als erster Großrundfunksender eingeweiht und übernimmt den gesamten Sendebetrieb der Süddeutschen Rundfunk AG.

Radiohören wird mobil: Mit Kofferempfänger und Trichterlautsprecher am Strand, um **1930**. Foto: Deutsches Rundfunkarchiv, Frankfurt. Entnommen aus Reuter, M.: Telekommunikation, Decker 1990

1931 Vorstellung des ersten Fernseh-Empfängers mit Braunscher Röhre.

1933 Der erste Volksempfänger, das Radiogerät „VE 301" kommt auf den Markt. Der Preis liegt mit RM 75,– etwa 50 % unter dem Preis gleichwertiger Markenempfänger.

Die Deutsche Reichspost eröffnet den Probebetrieb eines öffentlichen Fernschreibdienstes (Telex) zwischen Berlin und Hamburg.

Der „Volksempfänger VE 301 W", **1933**. Foto: Deutsches Museum, München. Entnommen aus Blumtritt, O.: Nachrichtentechnik, Deutsches Museum, 1988

1934 Gleichschaltung der Medien: Die Reichs-Rundfunk-Anstalt übernimmt alle elf – bislang selbständigen – Sendeanstalten.

Die beiden 100 m hohen Holztürme des Mittelwellensenders Mühlacker werden durch den höchsten Holzturm der Welt, eine 190 m hohe Einmast-Antenne mit einer Leistung von 100 kW ersetzt.

Der 190 m hohe Sendemast des Mittelwellensenders Mühlacker, der höchste Holzturm der Welt, **1934**. Foto: SDR-Archiv

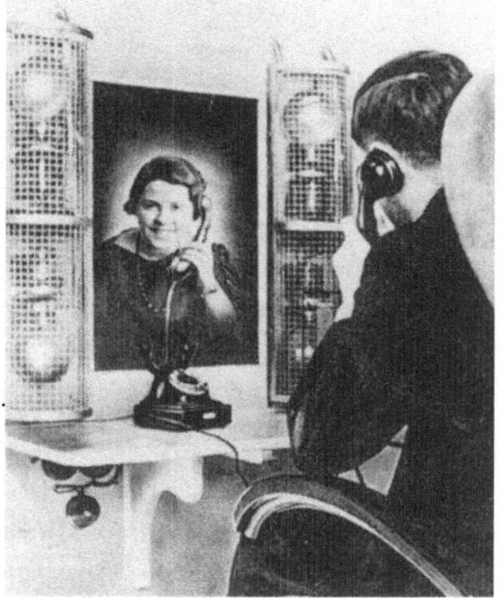

Fernseh-Sprechen zwischen Berlin und Leipzig, **1936**. Foto: Ullstein Bilderdienst. Entnommen aus Postmagazin 2/85

1935 Das von der AEG entwickelte Magnetophon – ein Tonaufzeichnungsgerät, das als Schallträger ein mit Eisenpulver beschichtetes Kunststoffband benutzt – wird vorgestellt.

Der regelmäßige Fernsehprogramm-Betrieb startet in Berlin.

Bei Siemens & Halske beginnen die Planungsarbeiten für ein Koaxialkabelsystem, das in der Lage ist, ein Fernsprechsignal und gleichzeitig 200 trägerfrequent modulierte Fernsprechsignale zu übertragen.

1936 Zwischen Berlin und Leipzig beginnt der öffentliche Fernseh-Sprechdienst. Die Bildsignale werden über das obengenannte Koaxialkabelsystem übertragen.

Ein Team mit *Walter Bruch* entwickelt bei Telefunken die erste elektronische Fernsehkamera Deutschlands. Sie wird bei den Olympischen Spielen – dem größten Rundfunkereignis der damaligen Zeit – eingesetzt.

Auch der Fernschreibdienst breitet sich in Deutschland aus. Der erste württembergische Fernschreibteilnehmer wird in Friedrichshafen angeschlossen.

Aufnahme der Olympischen Spiele in Berlin mit einer von Telefunken entwickelten Fernsehkamera, **1936**. Foto: G. Goebel, Bundespostmuseum. Entnommen aus Postmagazin 2/85

1938 Der Deutsche Kleinempfänger „DKE 1938" – die „Goebbels-Schnauze" – erscheint auf dem Markt (Preis nur RM 35,–).

1939 Das Fernsehgerät E1, der „Deutsche Einheits-Fernsehempfänger" wird auf der Funkausstellung in Berlin vorgestellt. Das Gerät ist eine technische Spitzenleistung. Es arbeitet nach der neuen Norm (441 Zeilen, 25 Bilder/s, Zeilensprung) und besitzt die erste rechteckige Bildröhre der Welt, die von Telefunken entwickelt wurde.

Der „Deutsche Einheits-Fernsehempfänger E 1", **1939**. Foto: Deutsches Postmuseum, Frankfurt. Entnommen aus Reuter, M.: Telekommunikation, Decker 1990

1939 Am 1. September 1939 beginnt mit dem deutschen Angriff auf Polen der 2. Weltkrieg. Die nachrichtentechnische Industrie wird – wie viele andere Industriezweige – auf „Kriegswirtschaft" umgestellt. Funkmeßtechnik (Radar), Mobil- und Richtfunktechnik, Verschlüsselungstechnik, Fernsteuerungen für Raketen und viele andere elektronische Geräte für Kriegsschiffe und Flugzeuge haben nun absoluten Vorrang. Herausragende Neuentwicklungen auf dem Gebiet der öffentlichen Telekommunikation sind daher nicht mehr möglich.

Der Radioempfang ausländischer Sender wird bei drastischer Strafe verboten.

1940 Ab dem 9. Juni senden alle im „Großdeutschen Rundfunk" zusammengefaßten Reichssender ein Einheitsprogramm.

1945 Am 5. April erfolgt die letzte Durchsage des „Reichssenders Stuttgart" aus einem seit März 1944 betriebenen Behelfsstudio im Kurhaus Bad Mergentheim.

Am 6. April wird der Sendemast in Mühlacker von deutschen Pionieren gesprengt. Eine Woche später beginnen Radiospezialisten der US-Armee mit Hilfe deutscher Techniker, die Anlage wieder aufzubauen.

Studiowagen der 7. US-Armee in der Hofeinfahrt des ehem. Telegrafenbauamts in Stuttgart, aus dem sich „Radio Stuttgart" nach dem Krieg wieder meldet, **Juni 1945**. Foto: SDR-Archiv

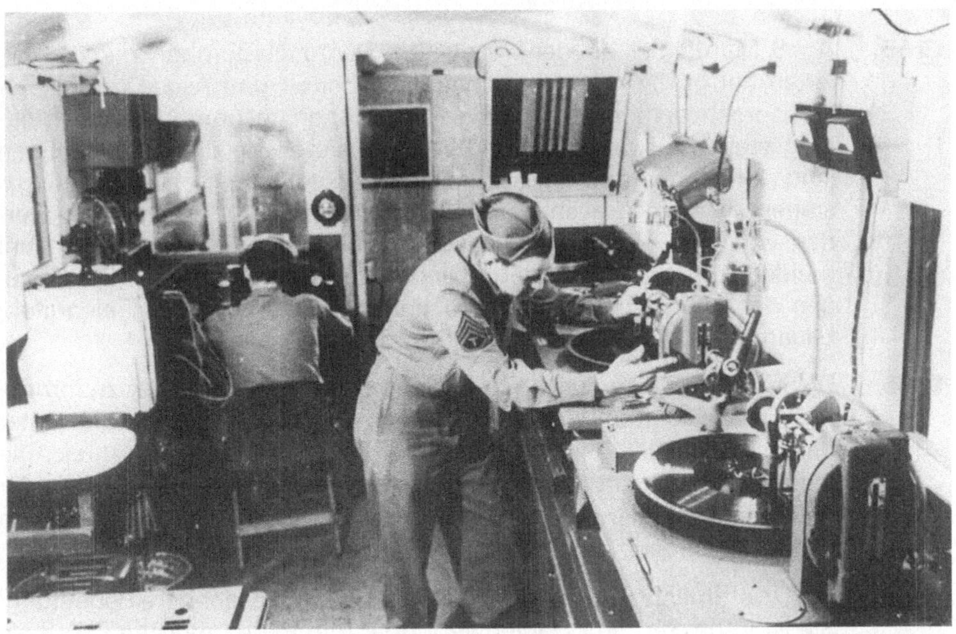

Blick in den Studiowagen der 7. US-Armee, **Juni 1945**. Foto: SDR-Archiv

Notfernamt in einem Keller, **1945**. Foto: Deutsches Postmuseum, Frankfurt. Entnommen aus Reuter, M.: Telekommunikation, Decker 1990

1945 Am 8. Mai 1945 endet der 2. Weltkrieg. Der totale Bombenkrieg der Alliierten hat große Teile Deutschlands in Schutt und Asche gelegt. Der Fernsprechverkehr ist fast völlig zum Erliegen gekommen. Die Vermittlungsstellen für den Orts- und Weitverkehr sowie die Kabelleitungen sind weitgehend zerstört. Auch die nachrichtentechnischen Fertigungsstätten, die vornehmlich in und um Berlin lagen, sind zerstört oder werden von der Besatzungsmacht demontiert. Doch bereits am 3. Juni meldet sich „Radio Stuttgart" wieder, und zwar aus einem Studiowagen der 7. US-Armee in der Hofeinfahrt des ehemaligen Telegrafenbauamts in der Neckarstraße in Stuttgart.

1946 Die Industrie beginnt sich – zunächst noch zaghaft – wieder zu formieren. Der Wiederaufbau des Rundfunks erfolgt auf Wunsch und unter der Kontrolle der Alliierten und dies wiederum gibt den Anreiz, die ersten Nachkriegsradios aus Restbeständen der Wehrmacht sowie der Alliierten zu bauen. Auch Bastler und Rundfunk-Händler versuchen durch „Eigenbau" den Empfänger-Engpaß zu lindern.

Die „Wehrmachtsröhre RV12 P2000" erhält eine besondere Bedeutung: Sie ist in großen Stückzahlen verfügbar und in den meisten Fällen als Ersatz für nicht mehr erhältliche defekte Röhren geeignet.

Die „Wehrmachtsröhre RV12 P2000", ein unentbehrliches Bauteil für defekte und neue Rundfunkgeräte, **1946**.
Foto: Entnommen aus Salzmann, G.: Zur Geschichte der RV12 P2000, Verlag R. Walz, 1994

1946 Dann setzt eine erstaunliche Wanderung ganzer Scharen von Ingenieuren, Wissenschaftlern und Technikern von Berlin aus nach Süden ein, die sich zum großen Teil in dem Gebiet des heutigen Baden-Württemberg wieder sammeln und mit dem Aufbau ihrer Firmen – insbesondere in der amerikanischen Besatzungszone – beginnen. So erwählt die AEG-Fernmeldetechnik (ab 1955 TELEFUNKEN, heute Bosch Telecom) Backnang als ihren Standort, Mix & Genest (ab 1957 SEL, heute Alcatel SEL) läßt sich in Stuttgart-Zuffenhausen nieder, Siemens & Halske gründet ein Werk für passive Bauelemente in Heidenheim/Brenz und die Hochfrequenztechniker von TELEFUNKEN (heute DASA) finden in Ulm eine Zuflucht, wo sich bereits das am Kriegsende verlagerte Röhrenwerk befindet.

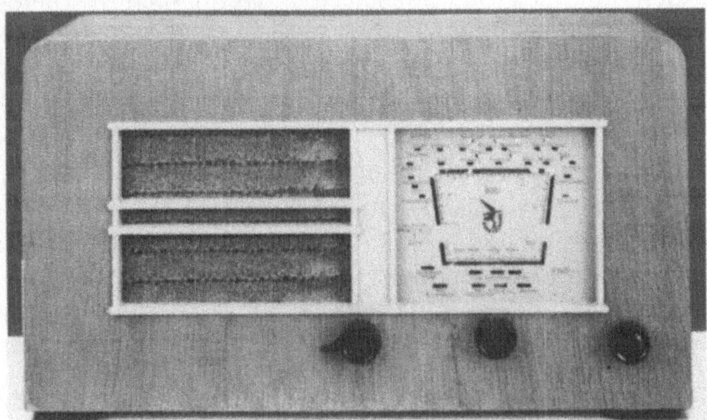

Der Mittelwellenempfänger „Heinzelmann", der von der Fa. Grundig als Bausatz angeboten wurde. Die Röhren, z. B. zwei RV12 P2000, mußte der glückliche Besitzer meist im „Tauschhandel" besorgen, **1946**. Foto: Entnommen aus der Broschüre der Deutschen Telekom, „1923 bis heute", 1991

Der erste Transistor, erfunden in den Bell-Laboratorien/USA, **1947.**

1947 J. Bardeen, W. R. H. Brattain und W. Shockley erfinden in den Bell-Laboratorien/USA den Transistor. Ihre bahnbrechende Erfindung ersetzt im Verlauf der folgenden Jahre die Elektronenröhre als aktives Bauelement und öffnet schließlich den Weg zur Hochintegration elektronischer Schaltungen.

1948 Durch die Währungsreform im Juni 1948 erhält die Wirtschaft im Nachkriegs-Deutschland den entscheidenden Impuls. Das Verlangen nach einem leistungsfähigen Telekommunikationsnetz und einem leistungsfähigen Rundfunk nimmt rasch zu und führt auch zu kräftigem Wachstum der obengenannten Firmen sowie einiger anderer Firmen mit Sitz in Baden-Württemberg, die sich im Rahmen dieses Buches selbst vorstellen. Sie alle tragen maßgeblich dazu bei, dieses Ziel rasch zu erreichen.

1949 Radio Stuttgart, ein Sender der US-Militärregierung, wird in deutsche Hände übergeben als „Anstalt öffentlichen Rechts". Im Südwesten Deutschlands gibt es nun die Anstalten „Süddeutscher Rundfunk" in Stuttgart und „Südwestfunk" in Baden-Baden
Die ersten kompakten Kofferempfänger (z. B. Grundig „Boy") erscheinen auf dem Markt. Die ersten UKW-Radiosendungen werden ausgestrahlt.
In Darmstadt wird das Fernmeldetechnische Zentralamt (FTZ) gegründet. Die technischen Richtlinien für die Landesfernwahl und ein deutsches Weitverkehrsnetz, bestehend aus breitbandigen Kabel- und Richtfunksystemen, werden unter Mitarbeit der deutschen Industrie festgelegt.

Der „Grundig Boy", der erste, mit Miniaturröhren bestückte Mittelwellen-Kofferempfänger für Batterie- und Netzbetrieb, **1949**. Foto: Entnommen aus dem Faltblatt „In Europa erfunden" der Ges. für Unterhaltungs- und Kommunikationselektronik, Hannover 1989

1950 Die ARD – Arbeitsgemeinschaft der Rundfunkanstalten in Deutschland – wird gegründet.

Der Kopenhagener Wellenplan tritt in Kraft mit der Folge, daß Deutschland sämtliche Exklusivfrequenzen auf Mittel- und Langwelle verliert. Als Konsequenz wird der verstärkte Aufbau von UKW-Netzen vorangetrieben. Die Empfänger-Industrie paßt sich rasch der neuen Situation an.

Der Nordwestdeutsche Rundfunk (NWDR) sendet zum ersten Mal Fernseh-Testbilder.

1952 Am ersten Weihnachtstag wird das Deutsche Fernsehen mit dem Programm des NWDR offiziell eröffnet. Die Fernsehsignale werden in einem speziellen Modulationsleitungsnetz über neuentwickelte Breitband-Richtfunksysteme (FREDA) und/oder Kabelstrecken den verschiedenen Fernseh-Sendern zugeführt.

1953 *Eduard Schüller* (Telefunken) meldet die von ihm erfundene Schrägspuraufzeichnung zum Patent an. Alle Heim-Video-Recorder arbeiten heute nach diesem System.

Die Fernwahl zwischen Stuttgart und München ist nun möglich.

1955 Die Deutsche Bundespost führt das Ortswählsystem 55 ein, das mit Edelmetall-Motor-Drehwählern ausgestattet ist und damit deutlich weniger Störgeräusche verursacht als die Vorgängersysteme.

Erste deutsche Breitband-Richtfunkanlage (FREDA) zur Übertragung von Fernseh-Signalen, **1952**.
Foto: Archiv BOSCH

1956 Am 5. Februar wird der Stuttgarter Fernsehturm eingeweiht. Er wird weltweit zum Vorbild für viele andere Fernsehtürme.

1957 Die ersten volltransistorisierten Mittelwellen-Empfänger erscheinen auf dem Markt.

1958 *Walter Bruch* erfindet das PAL-Fernsehverfahren. Das international genormte Verfahren wird heute von vielen Ländern angewendet.

Einführung des AMPEX-Verfahrens zur Aufzeichnung von Fernsehsendungen.

1959 Die Firma Hewlett Packard, die in den USA elektrische Meßgeräte entwickelt und produziert, gründet in Böblingen eine Produktionsstätte.

1963 Das Zweite Deutsche Fernsehen „ZDF“ mit Sitz in Mainz wird gegründet.

Einführung der Stereophonie im Rundfunk. Das erste Farbfernseh-Testbild wird ausgestrahlt.

Fernsehturm Stuttgart, weltweites Vorbild für viele andere Fernsehtürme, **1956**. Foto: SDR-Archiv

Erdfunkstelle Raisting der DBP. Im Vordergrund (mit Radom) die erste deutsche Satelliten-Bodenstation, **1965**. Foto: Entnommen aus der Broschüre der DBP „Hören und Sehen mit uns“, 8/1987

1964 Die ersten Mikroelektronischen Halbleiterschaltungen sog. IC's (Integrated Circuits) erscheinen auf dem Markt. Sie sind die „Vorboten" der Mikroprozessoren und vieler anderer hochintegrierter Schaltungen, ohne die die Entwicklung moderner Telekommunikations- und Computersysteme nicht möglich gewesen wäre.

1965 Die Erdfunkstelle Raisting der DBP geht in Betrieb. Über sie und die Intelsat-Satelliten wird nun ein Teil des internationalen Fernsprechverkehrs geführt.

Die Rundfunk-Geräte verändern ihr „Gesicht". Die HIFI-Stereo-Technik führt dazu, daß Empfänger und Lautsprecher wieder getrennte Gehäuse bekommen – wie einst in den zwanziger Jahren.

1966 Die Vollautomatisierung im Fernsprech-Ortsnetz ist nun erreicht.

1967 West-Berlin wird durch eine Breitband-Überhorizont-Richtfunkverbindung an das Netz der Deutschen Bundespost angeschlossen. Über dieses System, das eine Entfernung von 200 km ohne Relaisstation überbrückt, können pro Richtfunkkanal 960 Telefonverbindungen oder ein Farbfernsehsignal übertragen werden.

Am 25. August eröffnet *Willy Brandt* während der Funkausstellung in Berlin durch einen Knopfdruck das Farbfernsehen in der Bundesrepublik.

Breitband-Überhorizont-Richtfunkverbindung Berlin-Torfhaus, **1967**.
Foto: Archiv BOSCH

1968 In den Forschungslabors der Industrie und der Universitäten befaßt man sich nun mit Hochdruck mit der Entwicklung von Halbleiter-Lasern und Halbleiter-Fotodioden sowie niedrigdämpfenden Glasfasern. Diese Komponenten sind Schlüsselbausteine für zukünftige breitbandige Übertragungssysteme für Ferngesprächsbündel und Fernsehprogramme.

1969 Die Raumfähre „Eagle" landet sicher auf dem Mond. Wir erleben diesen Augenblick live über Satelliten-Verbindungen.

1970 Erste PCM-Systeme für 30 Sprachkanäle kommen im Netz der DBP zum Einsatz. Die Digitalisierung beginnt.

Interkontinentaler Selbstwählferndienst ist nun möglich.

1971 Der Video-Recorder erscheint auf dem Markt.

1972 Das in diesem Jahr von Philips vorgestellte VPL-System (optische Bildplatte) bildet die Basis aller später entwickelten laseroptischen Speicherverfahren.

Alle Ortsnetze im öffentlichen Fernsprechnetz nehmen nun am Selbstwählferndienst teil.

Das öffentliche Mobilfunknetz B der DBP geht in Betrieb. Es nimmt weltweit eine Spitzenstellung ein. Zunächst ist es für 13 000 Mobilfunkteilnehmer ausgelegt. Nach seiner Erweiterung zum Netz B2 im Jahr 1980 können maximal 27 000 Teilnehmer angeschlossen werden.

1973 Die drahtlose Fernsteuerung für Rundfunk- und Fernsehgeräte wird vorgestellt. Neue Geräte sind nun im Wohnzimmer auch vom Sessel aus zu bedienen.

1974 Das von Blaupunkt entwickelte Verkehrsfunksystem ARI wird eingeführt.

1978 Erste Glasfaser-Übertragungssysteme (34 Mbit/s / 480 Sprechkreise) werden im Netz der DBP erprobt.

1979 Die Compact Disc wird vorgestellt und vom Markt begeistert aufgenommen. Schon bald zeigt sich, daß die CD die Langspielplatte verdrängen wird.

Die Deutsche Bundespost entscheidet sich, ihr Fernmeldenetz, also die Übertragungs- und Vermittlungstechnik, vollständig zu digitalisieren.

Der Telefax-Dienst über das öffentliche Fernsprechnetz wird eingeführt.

1980 Start von Versuchen mit Video- und Bildschirmtext.

1981 Einführung des Stereotons im Fernsehen.

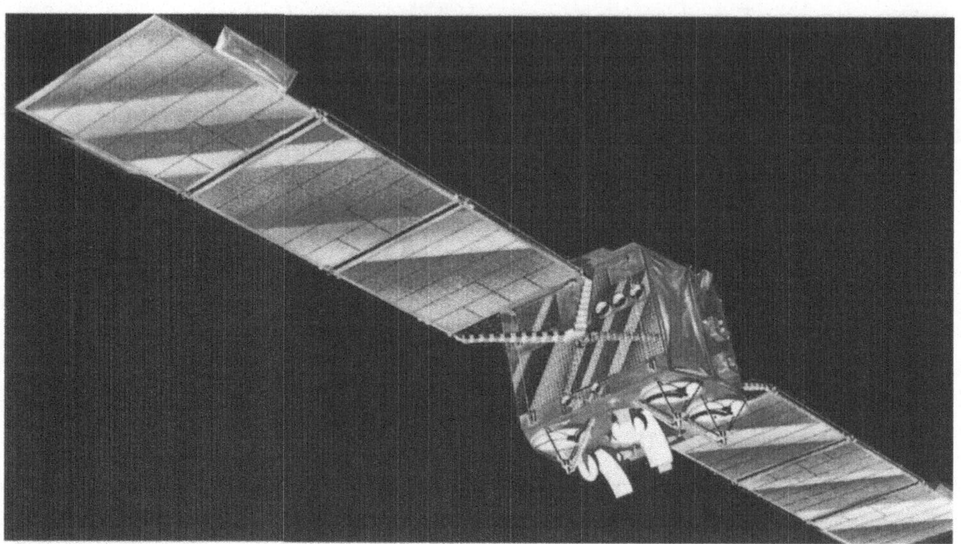

Europäischer Nachrichtensatellit Eutelsat/ECS, **1982**.
Foto: Archiv BOSCH

1982 Der erste europäische Nachrichtensatellit ECS wird gestartet. Weitere Satelliten dieses Typs, die für unterschiedliche Dienste in ganz Europa eingesetzt werden, folgen in den nächsten Jahren. Württembergische Firmen waren an der Entwicklung und Produktion der Satelliten maßgeblich beteiligt.

1983 Beginn der großflächigen Breitbandverkabelung in der Bundesrepublik Deutschland. Mit Kabelanschluß ist künftig der Empfang von bis zu 38 Fernsehprogrammen sowie 36 Hörfunkprogrammen möglich.

Die DBP nimmt in verschiedenen Großstädten, so auch in Stuttgart, sog. BIGFON-Netze (Breitbandiges Integriertes Glasfaser-Fernmelde-Ortsnetz) in den Versuchsbetrieb. Die angeschlossenen Teilnehmer haben über individuelle Glasfaserleitungen Zugriff zu den Diensten Fernsprechen, Telex, Teletex, Telefax, Bildfernsprechen, Stereorundfunk und Fernsehen. BIGFON ist somit eines der weltweit ersten Multimedia-Systeme.

1984 Der IBM AT Personal Computer (PC) erscheint auf dem Markt. Der Urahn aller moderner PC ist mit einem Intel-Prozessor 80286 bestückt, besitzt eine 20 MB-Festplatte und wird mit der Taktfrequenz 6 MHz betrieben. Daß seine Nachfahren einmal die wichtigsten Multimedia-Endgeräte am Internet sein werden, ahnt man 1984 noch nicht.

Die ersten digitalen Fernvermittlungssysteme DIVF (Systeme EWSD und SYSTEM 12) gehen in Betrieb.

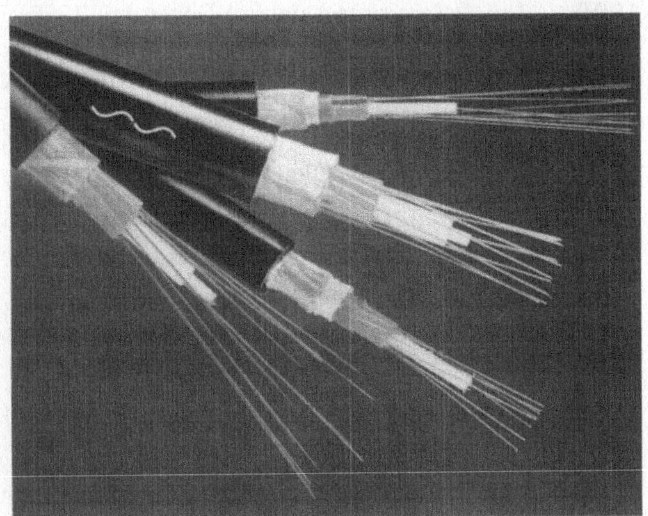

Glasfaser-Kabel für die Nachrichtenübertragung in öffentlichen Netzen. Auch in den BIGFON-Netzen werden sie eingesetzt. **1983**. Foto: Archiv BOSCH

1985 Bald darauf werden die ersten digitalen Ortsvermittlungssysteme DIVO (Systeme EWSD und SYSTEM 12) eingeschaltet. Die Digitalisierung des Fernsprechnetztes geht nun zügig voran.

Die Industrie präsentiert die ersten Geräte für den Satelliten-Empfang von Fernsehprogrammen.

Auf der Funkausstellung in Berlin wird hochauflösendes Fernsehen (HDTV: 1250 Zeilen, Format 16/9) vorgestellt.

Digitales Wählsystem EWSD im Netz der DBP, **1985**. Foto: Archiv BOSCH

1986 Am 1. Januar tritt das im Dezember 1985 vom Landtag beschlossene Landesmediengesetz in Kraft, das nun auch den privaten Hör- und Fernsehrundfunk in Baden-Württemberg erlaubt. Die Landesanstalt für Kommunikation, Anstalt des öffentlichen Rechts, mit Sitz in Stuttgart wird gegründet. Sie ist insbesondere für die Lizenzierung der neuen Rundfunkveranstalter sowie die Frequenzvergabe zuständig.

Das öffentliche Mobilfunknetz C, ausgelegt für ca. 400 000 Funkteilnehmer, geht in Betrieb, um das inzwischen völlig überlastete B2-Netz abzulösen.

1987 Auf der internationalen Funkausstellung Berlin wird eine wiederbespielbare Disc im CD-Format vorgestellt.

1988 Das Radio-Daten-System RDS wird eingeführt. Es erleichtert u. a. den Empfang und verbessert die Erkennung von UKW-Hörfunksendern.

Der Aufbau des diensteintegrierenden digitalen Fernmeldenetzes ISDN beginnt. Es wird noch ein Weilchen dauern, bis die Öffentlichkeit die Vorteile dieses Dienstes erkennt.

1989 Die ersten nationalen Satelliten DFS Kopernikus und TV Sat 2 gehen in Betrieb. Auch hier waren württembergische Firmen an Entwicklung und Produktion maßgeblich beteiligt.

Der Digitale-Satelliten-Hörfunk DSR hat Premiere.

Der Cityrufdienst wird eingeführt. Texte können nun von einem scheckkartengroßen Gerätchen empfangen werden, das man bequem in der Jackentasche mit sich führen kann.

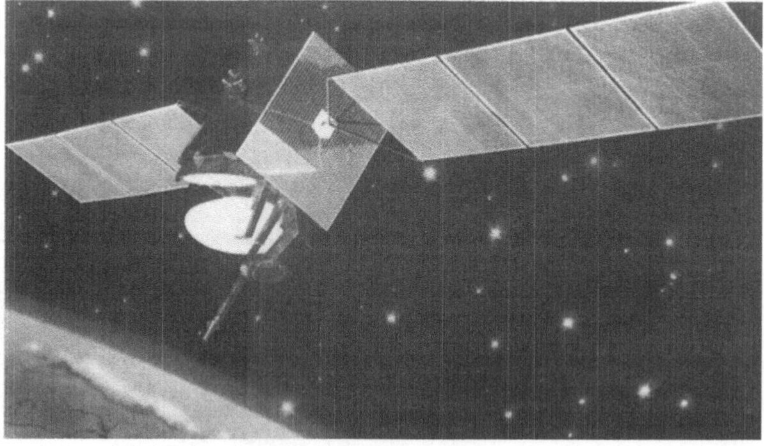

Deutscher Nachrichten-Satellit DFS Kopernikus, **1989**. Foto: Archiv BOSCH

1990 Der Süddeutsche Rundfunk und der Südwestfunk schließen eine weitreichende Kooperationsvereinbarung.

1991 Die Deutsche Telekom erteilt der nachrichtentechnischen Industrie Turn-Key-Aufträge zum raschen Ausbau des öffentlichen Netzes in den neuen Bundesländern. Zum Einsatz kommt modernste digitale Vermittlungs- und Übertragungstechnik. 500 000 neue Telefonanschlüsse sind bis zum Jahresende zu realisieren.

Die Mobilfunknetze D1 (Telekom) und D2 (Mannesmann) gehen in Betrieb. Mit ihnen ist es nun möglich, europaweit per „Handy" zu telefonieren.

Digitales Richtfunksystem im Netz der Deutschen Telekom, **1991**. Foto: Archiv BOSCH

1992 Das Internet wird Realität!
Dieses multimediale Netz besteht aus einem weltweiten, losen Verbund zahlreicher kleiner und großer – bereits existierender – Computernetze. Es ermöglicht das Versenden und Empfangen von Nachrichten (z. B. über E-Mail), die Teilnahme an Diskussionsforen, Datenbank-Recherchen, Zugang zu Text- und Bildarchiven, Werbung, Home-Banking, Teleshopping und vieles andere mehr. Der neueste und modernste Informationsdienst ist das World Wide Web (WWW), das verschiedene Datendienste unter einer komfortablen Multimedia-Oberfläche zusammenfaßt und durch das Netz „navigiert". Den Zugang zum Internet erreicht man beispielsweise über das T-Online-Netz der Deutschen Telekom. Als Endgerät dient ein moderner PC, der durch

eine leistungsfähige Grafik-Karte, eine Sound-Karte, ein CD-ROM-Laufwerk, Mikrofon, Lautsprecher, und ein wahlfähiges Datenmodem erweitert ist.

1996 Der terrestrische Digitale Hörrundfunk DAB geht in Baden-Württemberg in die Erprobungsphase. Der Regelbetrieb soll spätestens zum 1. 1. 1999 starten.

Das Stuttgarter Telefonnetz ist nun vollständig digitalisiert.

Ein Glasfasersystem mit der Bitrate 10 Gbit/s verbindet in einem Feldversuch die Studios des Süddeutschen Rundfunks in Stuttgart und des Südwestfunks in Baden-Baden. Die 123 km lange Strecke benötigt keine Zwischenverstärker. Im Rahmen des Feldversuchs werden Programme mit hochauflösendem Fernsehen (HDTV) ausgetauscht. Die Kapazität dieses Systems würde es überdies erlauben, rund 120 000 digitalisierte Sprachsignale im Zeitmultiplex zu übertragen.

1997 Das Astra-Satellitensystem beginnt mit der Ausstrahlung digitaler Fernsehprogramme. Die ersten Dekoder für diese Programme kommen auf den Markt.

Das „Handy", das Taschentelefon für die Mobilfunknetze D1, D2 und E-Plus wird immer beliebter. Rund 3 Millionen Deutsche benutzen inzwischen diesen attraktiven Dienst.

Die Landesanstalt für Kommunikation LFK schreibt ein Erprobungsprojekt für den digitalen Rundfunk und rundfunkähnliche Kommunikationsdienste über das Breitbandkabelnetz (DVB-C-Projekt) aus. Im Rahmen des Projekts sollen die vom Kabelnetzbetreiber neu ausgebauten Kapazitäten im Hyperband für die Erprobung digitaler Fernsehprogramme sowie neuartiger Angebotsformen (z. B. Mediendienste) genutzt werden.

Das Internet besteht nun aus mehr als 50 000 Einzelnetzen (z. B. öffentliche Netze, Universitäts-, Forschungs- und Firmennetze). Rund 40 Millionen Menschen in mehr als 150 Ländern sind an das Internet angeschlossen. In Deutschland nutzen rund 5 Mio. Teilnehmer diesen Dienst.

In einem Staatsvertrag zwischen Baden-Württemberg und Rheinland-Pfalz wird die Fusion von Süddeutschem Rundfunk SDR und Südwestfunk SWF festgelegt.

1998 Das öffentliche Netz der Deutschen Telekom ist weitgehend digitalisiert. Ein weltweit vorbildliches Glasfasernetz und – in geringerem Umfang – Digitale Richtfunksysteme verbinden Städte und Dörfer miteinander.

Der neue Südwestrundfunk SWR geht am 1. September 1998 auf Sendung. Er ist nun die zweitgrößte Anstalt innerhalb der ARD.

Wie geht es weiter?

Aus heutiger Sicht sind folgende Entwicklungen in den kommenden Jahren und Jahrzehnten erkennbar:

Nachdem die öffentlichen Nachrichtennetze weitgehend digitalisiert sind, werden sich auch Hörrundfunk und Fernsehen diesem Trend nicht entziehen können. Nach einer Übergangsphase von schätzungsweise 15 bis 20 Jahren werden schließlich alle Rundfunk- und Fernsehempfänger durch digitale Geräte ersetzt werden.

Das Interesse an multimedialen Technologien und Anwendungen ist ungebrochen. Das Internet wird daher auch weiterhin kräftig wachsen und sich technologisch so weiterentwicklen, daß auch private Teilnehmer interaktive Breitbanddienste nutzen können. Die Glasfaser mit ihrer enormen Bandbreite macht dies möglich. Vermutlich werden daher in absehbarer Zeit die Teilnehmer öffentlicher Netze einen Glasfaseranschluß haben, über den dann alle denkbaren Dienste bei Bedarf in Anspruch genommen werden können.

9 Hochschulen und Technologietransfer

Die Fakultät Elektrotechnik der Universität Stuttgart

1 Die ersten 100 Jahre (1882–1982)

Im Dezember 1881 hat *Werner von Siemens* in einem Vortrag mit dem Titel „Elektrizität gegen Feuersgefahr" dargelegt, wie wichtig namentlich zur Erhöhung der Sicherheit die Einführung der elektrischen Beleuchtung sei. Er meinte, daß es nur eine Frage der Zeit sein könne, bis kein Theater ohne sie denkbar sein werde, und führte dann aus: „Um diese Zeit möglichst abzukürzen, wäre es sehr zu wünschen, daß die elektrotechnischen Kenntnisse bald eine größere Ausdehnung erhielten. Es sollten ... auf den Technischen Hochschulen Lehrstühle der Elektrotechnik gegründet werden, um wenigstens unsere technische Jugend mehr vertraut mit der Elektrizitätslehre und ihrer technischen Anwendung zu machen."

Zum Verständnis des Vorgangs sei angeführt, daß damals und in der folgenden Zeit die Beleuchtung das Hauptanwendungsgebiet der elektrischen Energietechnik war, während die vielseitig verwendbaren Elektromotoren, die elektrische Wärmestromversorgung und die Elektrochemie erst später eine wesentliche Bedeutung erlangt haben.

Das Königreich Württemberg hat als erstes der deutschen Länder die Anregung von *Werner von Siemens* aufgegriffen. An der Stuttgarter Hochschule wirkte nämlich Herr Dr. Dietrich als habilitierter Hilfslehrer für Physik. Ihm wurde vom Sommersemester 1882 an ein Lehrauftrag für Elektrotechnik durch das ganze Jahr hindurch erteilt. Vermöge höchster Entschließung Seiner Königlichen Majestät vom 13. Juni 1883 wurde Hilfslehrer Dietrich zum Hauptlehrer ernannt und der Maschineningenieurabteilung eingegliedert. Beiläufig sei bemerkt, daß Hilfslehrer bzw. Hauptlehrer später außerordentliche bzw. ordentliche Professoren genannt wurden.

Ein halbes Jahr nach *Dietrich* hat *Erasmus Kittler* an der Technische Hochschule Darmstadt mit einer elektrotechnischen Vorlesung begonnen. Aber schon vor der Empfehlung von *Werner von Siemens* sind an den Universitäten oder Polytechnischen Schulen vereinzelt Vorlesungen über Elektrotechnik gehalten worden, die aber zum Teil nur die theoretische und praktische Ausbildung der Beamten des staatlichen Telegraphendienstes sich zum Ziele setzten oder als Anwen-

---

Dieser geschichtliche Rückblick entspricht leicht gekürzt der Festrede, die der Autor Prof. Dr.-Ing. Dr.-Ing. E.h. Wilhelm Bader, Ordinarius für Theorie der Elektrotechnik, anläßlich der 100-Jahr-Feier am 25. 6. 1982 gehalten hat. Prof. Bader ist 83jährig im Jahr 1984 verstorben.

dungsbeispiel der Physik von Bedeutung waren. Es wäre noch festzustellen, an welcher Hochschule zum ersten Mal künftige Elektro-Ingenieure ausgebildet wurden.

Dietrich hat seine Lehrtätigkeit am 12. April 1882 aufgenommen. Seine Hauptvorlesung „Elektrotechnik" erstreckte sich über zwei Semester und umfaßte Stromerzeuger, elektrische Beleuchtung, Kraftübertragung, Elektrolyse und Grundzüge des Meßwesens. Er muß den Studierenden des Bauingenieurwesens eine Vorlesung über „Telegraphie und Eisenbahnsignalwesen" halten. Allmonatlich werden an einem Abend die neuesten Erscheinungen auf dem Gebiet der Elektrotechnik mit den Studenten besprochen. In den folgenden Jahren erweitert *Dietrich* sein Programm unter anderem mit den Vorlesungen „Theorie und Konstruktion der Dynamomaschinen", „Leitungsbau", „Elemente einschließlich Akkumulatoren" und „Spezielle Elektrotechnik" für Chemiker. *Dietrich* mußte sich als der einzige Professor der Elektrotechnik in die recht verschiedenartigen Teilgebiete der Elektrotechnik einarbeiten, um hierüber überzeugend vortragen zu können. Man kann ermessen, welche Anstrengung hierzu nötig war, zumal er selbst keine elektrotechnische Ausbildung genossen hatte.

Wer Maschinenbau studieren wollte, mußte das Reifezeugnis einer höheren Schule besitzen und sollte vor Beginn des Studiums mindestens ein Jahr in einer Werkstatt gearbeitet haben. Für Abiturienten der Realgymnasien und der zehnklassigen Realanstalten dauerte das Studium sieben Semester, für die Abiturienten der humanistischen Gymnasien neun; denn diese mußten ein Jahr der Vorbereitung namentlich in der Mathematik vorschalten, um den Nachteil geringerer naturwissenschaftlicher Ausbildung auszugleichen.

Auch wenn ein Hörer an der Elektrotechnik besonderen Gefallen fand, so mußte er sich allen Prüfungen unterziehen, die dem Studenten des Maschinenbaus auferlegt waren, und darüber hinaus gewisse Sondergebiete der Elektrotechnik gründlich studieren. Trotz dieser unvernünftigen Arbeitsüberlastung wurde ihm auch nicht eines der Maschinenbaufächer in der Prüfung erlassen. Man gab ihm vielmehr den Rat, sein Studium um ein Semester zu verlängern. Im Studienjahr 1888/89 begründet *Dietrich* die Vorlesung „Spezielle Elektrotechnik". Die dazu gehörenden Vorträge erstreckten sich dabei innerhalb eines Zeitraums von sieben Semestern über sämtliche Hauptgebiete der Elektrotechnik, so daß zum Beispiel in einem Semester nur über „Elektrische Arbeitsübertragung" gesprochen wurde, und daher der ausgewählte Gegenstand viel gründlicher als bisher behandelt werden konnte. Der Vortrag wird durch Demonstrationen belebt, und kurze Exkursionen zu den Betrieben sichern die Verbindung zur Praxis. Außerhalb der Vorlesung werden die Neuerscheinungen der Literatur und der Patentschriften besprochen. Am Lehrstuhl *Dietrich* kann sich der Student über die Gestaltung des elektrotechnischen Studiums Rat holen. Man war offenbar vorbildlich darum besorgt, den persönlichen Kontakt mit den Studenten zu pflegen und ihren geistigen Bedürfnissen Rechnung zu tragen.

In den folgenden Jahren wurden die Vorlesungen immer im gleichen Umfang mit gleichem Titel, im Inhalt aber dem Stand der Technik angepaßt, angeboten. Dies verlangten die Studienpläne, die von jeher bei den Technischen Hochschulen für die einzelnen Fachrichtungen aufgestellt wurden. Sie stellten an sich für den Studenten nur wohlüberlegte und daher gerne befolgte Empfehlungen dar, zwingen aber den Dozenten, jährlich die ihm anvertrauten Vorlesungen zu halten und schränken daher seine Bewegungsfreiheit in der Gestaltung der Lehre und in der Forschung gegenüber dem Universitätslehrer so deutlich ein, daß leicht von einem Rangunterschied der akademischen Lehrer hüben und drüben gesprochen werden könnte. Ein Sabbatjahr kann ein mit Pflichtfächern belasteter Professor nur schwer in Anspruch nehmen, und eine so großzügige Regelung der Unterrichtspflichten, die nach Herrn *Dieffenbachs* Schilderung *Herr Althoff Heinrich Hertz* angeboten hat, wäre heute nicht mehr denkbar. Den Abiturienten indessen bleiben sorgenschwere Entscheidungen über den Einstieg ins Studium erspart, wenn sie sich an die Empfehlungen des Studienplanes halten. Sie brauchen kein Orientierungsjahr.

Seit dem Studienjahr 1894/95 kann man ein Diplom als Ingenieur der Elektrotechnik erwerben. Das Studium dauert, wie schon gesagt, vier, für den Humanisten fünf Jahre. Es erfordert ein Jahr Industriepraxis und wird nach einem gesondert ausgegebenen Studienplan durchgeführt.

In einem lesenswerten Zeitschriftenaufsatz entwickelt *Dietrich* seine Vorstellungen über einen sinnvollen Unterricht in der Elektrotechnik. Leidenschaftlich vertritt er die Auffassung, die von namhaften Fachleuten geteilt werde, daß ein großer Teil der praktischen Elektrotechnik dem Maschinenbau zuzurechnen sei. Er selbst fühle sich als Mittelperson zwischen der Physik und ihren technischen Anwendungen und bekennt sich wohl zu dem Satz, daß die Physik von heute die Technik von morgen sei. In der Tat kann man genug Beispiele anführen, die diesen Satz eindrucksvoll bestätigen. Aber oft ist auch zwischen der Technik von heute und der Physik von gestern eine beträchtliche Zeitspanne eingefügt, die von der Arbeit des Ingenieurs erfüllt ist. Bei technischen Entwicklungen dieser Art tritt der Gehalt an einfachen physikaischen Grundgesetzen in der Regel völlig in den Hintergrund gegenüber dem Gedankengebäude, das der Ingenieur in eigener Zuständigkeit und ohne Lenkung durch den Physiker errichten mußte, um die gestellte technische Aufgabe möglichst vollkommen zu lösen. Hierfür zwei Beispiele: Die wenigen und sehr einfachen Grundgesetze, denen die elektrischen Maschinen gehorchen, sind seit reichlich einem Jahrhundert bekannt. Doch welch weiter Weg mußte vom kleinen elektromagnetischen Rotationsapparat, einem Spielzeug, zurückgelegt werden, bis zu dem Generator von mehr als 1 Million kW Leistung und einem Wirkungsgrad von nahezu 99 %. Nur eingehende mathematische Untersuchungen, die Lösung ganz neuer konstruktiver Aufgaben und die Beherrschung der Werkstoffe konnten den Erfolg der keineswegs abgeschlossenen Entwicklung verbürgen.

Ebenso wenig könnte man die in der Fernsprechtechnik benötigten, sehr komplizierten Schaltungen für den Selbstwähl-, Orts- und Fernverkehr aus der Physik ableiten.

Wir verfügen auch über die Niederschriften zweier Vorlesungen von *Dietrich* über „Allgemeine Elektrotechnik" und über „Elektrotechnische Meßkunde", die 1899/1900 gemeinschaftlich für die Studierenden des Maschinenbaus und der Elektrotechnik veranstaltet wurden. Gleich zu Beginn der erstgenannten Vorlesung werden – nicht selbstverständlich für einen Physiker der damaligen Zeit – die CGS-Einheiten des elektromagnetischen Feldes durch die praktischen Einheiten der Elektrotechnik ersetzt. In aneinandergereihten Einzeldarstellungen behandelt Dietrich mit Hilfe des Gesetzes von Ohm einfache Netzwerke nur aus Ohmwiderständen, in denen eine oder mehrere Spannungsquellen eingeprägt sind. Es geht etwa um die Berechnung der Stromstärke in den einzelnen Zweigen, um Spannungsverlust, Arbeitsverlust, den Begriff der Anpassung, Bestimmung von Drahtwiderständen, Parallelschaltungen und dgl. mehr.

Die Versorgung mit elektrischer Energie trug damals folgende Merkmale: Für die Übertragung der Energie stand Gleichstrom zur Verfügung. Es gab nur einzelne und nicht etwa zusammengeschlossene Kraftwerke. Die elektrischen Generatoren sollten nicht Tag und Nacht durchlaufen, bei schwacher Last sollte die Versorgung vielmehr durch Akkumulatoren bestritten werden. Diesem System der Energieübertragung steht heute, wie beiläufig bemerkt sei, ein ganz anderes System gegenüber. Heute überträgt man die Energie mit Wechselstrom, meist in der Form des Drehstroms und in Sonderfällen mit hochgespanntem Gleichstrom. Die Kraftwerke, wenigstens in Westeuropa, sind zusammengeschlossen und ständig dienstbereit. Der Akkumulator als Speicher wird durch das Pumpspeicherwerk ersetzt. Aus der geschilderten Technik der damaligen Zeit versteht man, daß den Schaltungen mit Akkumulatoren viel Platz in der Vorlesung eingeräumt wurde. Ausführlich werden besprochen die Gruppenschaltungen, nämlich die Kombination aus Serien- und Parallelschaltung von Sammlerzellen, der Wirkungsgrad des Sammlers und die selbständige Spannungsregelung mittels eines ohne Unterbrechung arbeitenden gesteuerten Zellenschalters.

Dann wendet sich *Dietrich* den elektrischen Maschinen zu, die zumeist schon im Leerlauf unerträglich heiß werden, eine Feststellung, die *Werner von Siemens* bei seinem Doppel-T-Anker kurz nach der Entdeckung des dynamoelektrischen Prinzips große Sorgen bereitet hat. Dietrich zeigt nicht mathematisch streng, aber höchst anschaulich, wie die durch Wirbelströme erzeugten Verluste durch Unterteilung, das heißt die „Lamellierung" des Eisens auf ein erträgliches Maß gesenkt werden können. Daß er sich ausführlich mit der Wirkungsweise von Gleichstrommaschinen, von Synchron- und Asynchronmaschinen für Wechselstrom auseinandersetzt, soll als Hinweis genügen. Die Untersuchungen verfolgen stets das Ziel, den Vorgang theoretisch aufzuklären und Zahlenwerte für die Bemessung zu liefern.

Die Herrn *Dietrich* als Lehrer gestellte Aufgabe war schwierig, denn er verfügte nicht über jene Hilfsmittel, die später dem Studenten die Welt der Elektrotechnik erschloß. So konnte er sich, um nur einige Beispiele zu nennen, weder der komplexen Rechnung zur Behandlung der Wechselstrom-Erscheinungen bedienen, noch auf die in der Sprache des Vektoranalysis aufbereitete und daher dem Studenten zugängliche Lehre Maxwells stützen. Der Gebrauch der Laplace-Transformation zur bequemen Ermittlung der Einschwingvorgänge war noch völlig unbekannt. Und so könnte man fortfahren. Trotzdem konnten Dietrichs Schüler in der Regel rasch für die Entwicklung bei den Firmen eingesetzt werden.

Ich wende mich nun einem anderen Kapitel in der Geschichte der Elektrotechnik unserer Hochschule zu. Die Arbeitsräume des Lehrstuhls im Untergeschoß des Hauptgebäudes reichten nicht mehr aus. Daher wurde im Jahre 1889 der Antrag auf Errichtung eines neuen Elektrotechnischen Instituts gestellt. Kultusministerium und Landtag stimmten dem vorgelegten und offenbar sorgfältig ausgearbeiteten Plan in vollem Umfang zu. Nach diesem Plan war ein großer Baukörper vorgesehen, der von der Breitscheid-, Kiene-, Schelling- und Kanzleistraße (jetzt Willi-Bleicher-Straße) begrenzt war. In dem Gebäude war das Elektrotechnische Institut mit seinem Eingang in der Breitscheidstraße und das Laboratorium für Allgemeine Chemie – später für anorganische Chemie – mit seiner Front an der Schellingstraße, untergebracht.

Im Jahre 1893 begannen die Bauarbeiten, und im Jahre 1895 konnte das Gebäude in Benutzung genommen werden (s. Abb.). Eine Bauzeit von zwei Jahren könnte sich auch heute noch sehen lassen.

Elektrotechnisches Institut I (ETI I) mit Laboratorium für allgemeine Chemie (erbaut 1893–1895)

Nun muß auf ein wichtiges Datum verwiesen werden. Im Jahre 1893 wurde der Verband deutscher Elektrotechniker, abgekürzt VDE, gegründet. Er hat mit seinen Vorschriften, Regeln, Leitsätzen und Richtlinien ein System von Weisungen mit abgestufter Verbindlichkeit geschaffen. Dieses „Gesetzgebungswerk", das vom Staat stillschweigend anerkannt und gerichtlichen Entscheidungen zugrunde gelegt wird, verbürgt den hohen Grad von Sicherheit gegenüber den Gefahren elektrischer Einrichtungen. Darum genießt das VDE-Zeichen auch im Ausland hohes Ansehen.

Noch waren die Technischen Hochschulen gegenüber den Universitäten nicht gleichberechtigt. Sie begehrten das Promotionsrecht und stießen bei den Universitäten auf wütende Ablehnung. Da hat Wilhelm II., als König von Preußen und als ein Freund der Technik, um die Jahrhundertwende gegen allen Widerstand den Technischen Hochschulen seines Landes das Promotionsrecht zum Geschenk gemacht. Nun war der Bann gebrochen.

Der König von Württemberg hat durch allerhöchste Entschließung vom 22. Januar 1900 der Technischen Hochschule Stuttgart das Recht verliehen:

1. auf Grund der Diplomprüfung den Grad eines Diplom-Ingenieurs (abgekürzte Schreibweise Dipl.-Ing.) zu erteilen,
2. Diplom-Ingenieure auf Grund einer weiteren Prüfung zu Doktor-Ingenieuren (abgekürzte Schreibweise Dr.-Ing.) zu promovieren,
3. die Würde eines Doktor-Ingenieurs ehrenhalber als seltene Auszeichnung an Männer, die sich um die Förderung der technischen Wissenschaften hervorragende Verdienste erworben haben, zu verleihen.

So mancher war wohl besorgt, daß dem Akademiker, der an der Technischen Hochschule promoviert wurde, nicht der gleiche wissenschaftliche Rang zuerkannt werden könne, wie jenem, der mit dem Sigillum einer Universität sich schmücken konnte. Um unliebsame Verwechslungen zu vermeiden, mußte daher der Titel in deutscher Sprache gefaßt werden. Der Doktor-Ingenieur ist aber mit dieser Regelung ganz gut zurechtgekommen. Manche meinen sogar, daß die deutsche Schrift geradezu zum Gütesiegel geworden ist. Wir möchten diese Behauptung nicht aufgreifen, da sie allzu selbstgefällig wirkt.

Die Entschließung des Monarchen über das Promotionsrecht gab der Rektor, Professor *Dr. von Weyrauch*, in einem Festakt bekannt. Zunächst sang der Akademische Liederkranz das altniederländische Dankgebet. Die Studentenschaft der Hochschule feierte die neue Errungenschaft durch einen glanzvollen Kommers, bei dem Staatsminister *Dr. von Sarwey* die Studenten ermunterte, sie möchten sich um die Promotion, den „Ritterschlag der Wissenschaft" bemühen. Der Kommers schloß mit einem Salamander auf die deutsche akademische Jugend.

Aber noch sind die hundert Jahre, über die ich zu berichten habe, nicht zu Ende. Am 5. November 1900 hat der König Herrn *Immanuel Herrmann* zum Hilfslehrer der Elektrotechnik ernannt. Er hat durch neue Vorlesungen die Lehre von der Telegraphie und Telephonie bei uns begründet und Herrn *Dietrich* von seiner Lehrertätigkeit entlastet. Als Verfasser mehrerer Bände der Sammlung Göschen ist er unter den Elektrotechnikern weithin bekannt geworden. Schon während des ersten Weltkriegs wagt er eine Vorlesung über drahtlose Telegraphie, obgleich diese sich in stürmischer Entwicklung befindet und man noch nicht erkennen kann, welche Technik sich im Widerstreit der Systeme durchsetzen wird, so daß man also mit einem abwägenden Werturteil sich gründlich blamieren konnte.

Am 1. September 1901 wurde *Emil Veesenmeyer* zum ordentlichen Professor für Elektrotechnik und Konstruktionsübungen ernannt. Er hat bei Siemens & Halske die erste Drehstromgrubenlokomotive gebaut. In seiner Antrittsrede erörterte er die Zukunft des elektrischen Betriebes auf Vollbahnen, dem er später bevorzugt seine Untersuchungen widmet. Auch er übernimmt ein Paket von Vorlesungen. Für das Studienjahr 1925/26 wurde er zum Rektor der Hochschule gewählt.

Ich darf hier einblenden, daß im Laufe des Jahrhunderts vier Kollegen Rektoren geworden sind. Der erste war Herr *Veesenmeyer*, dann folgte Herr *Hess*. Später wurde ich zum Rektor gewählt, und der gegenwärtig amtierende Rektor, Magnifizenz *Zwicker*, gehört auch der Fakultät Elektrotechnik an.

Im Jahre 1910 bringt *Robert Bosch* in die nach ihm benannte Stiftung eine Million Goldmark ein. Die Stiftung dient zur Pflege und Förderung wissenschaftlicher Forschungen im Maschinen-Ingenieurfach und in der Elektrotechnik. Nach einer anderen Beschreibung des Stiftungszweckes sollten sogar auch Bau-Ingenieure gefördert werden. Jedenfalls hat die Stiftung die wissenschaftliche Arbeit in den Instituten wesentlich erleichtert.

Am 1. April 1912 wurde *Fritz Emde* als ordentlicher Professor der Elektrotechnik an die Stuttgarter Hochschule berufen. Er hat als ein wahrhaft begnadeter Forscher die Elektrizitätslehre durch unvergängliche Leistungen bereichert und einer Generation von Ingenieuren das Wissensgut für ihre Berufsarbeit geschenkt. *Fritz Emde*, geboren im Jahre 1873, konnte zwar das Abitur ablegen, doch blieb ihm der Weg zu wissenschaftlicher Fachausbildung versagt, so daß er nur in hartem Selbststudium sein Verlangen nach Erkenntnis stillen konnte. Er arbeitete zunächst als Ingenieur im Prüffeld der AEG in Berlin und bei Siemens & Halske in Charlottenburg. Da er durch wissenschaftliche Leistungen sich schon bald ausweisen konnte, wurde er 1911 an die Bergakademie in Clausthal als Professor berufen, um kurz darauf nach Stuttgart zu gehen. Jeder Versuch müßte scheitern, dem Lebenswerk *Emdes*, das in alle Bezirke der Elektrotechnik eingreift, in wenigen Sätzen gerecht zu werden. Dafür gibt es umfangreiche Würdigungen in der Literatur.* *Emde* hat aber auch durch seine Funktionstafeln mit ihren wertvollen

* W. Bader: Fritz Emde † (mit vollständigem Verzeichnis seiner wissenschaftlichen Veröffentlichungen) ETZ 72 (1951) Seite 511.

mathematischen Erläuterungen und ihren so anschaulichen Reliefdarstellungen den wissenschaftlich arbeitenden Ingenieuren und Physikern und jenen Mathematikern, die sich mit der Anwendung ihres Faches befaßten, ein fast unentbehrliches Hilfsmittel zur Verfügung gestellt. *Emde* empfing mannigfach Ehrungen, so etwa den doppelten Ehrendoktor der Technischen Hochschulen Breslau und Zürich, die Goethe-Medaille, oder am 11. Juni 1951 die Ernennung zum Ehrenmitglied des VDE „wegen seiner ungewöhnlich fruchtbaren Arbeit über die wissenschaftlichen Grundlagen der Elektrotechnik, sowie seine besonderen Verdienste um die Förderung der angewandten Mathematik". Er ist am 13. Juni 1951 in Stuttgart gestorben. Wir werden heute nachmittag an seinem Grab auf dem Pragfriedhof einen Kranz niederlegen.

Die Zahl der Lehrpersönlichkeiten war sicherlich zu klein, so daß der einzelne Dozent zu viele Vorlesungen auf sich nehmen und ein zu großes Gebiet betreuen mußte. Überdies stand in wenigen Jahren die Entpflichtung der Professoren *Veesenmeyer* und *Emde* bevor. Das Kultusministerium des Landes hat daher für einen Ersatz an Lehrpersönlichkeiten in doppelter Stärke gesorgt.

Zu ordentlichen Professoren wurden berufen:

Richard Feldtkeller für das Fachgebiet Nachrichtentechnik im September 1936,
Adolf Leonhard für Elektrische Anlagen in November 1936,
Heinrich Hess für Elektromaschinenbau im Februar 1938 und ich selbst,
Wilhelm Bader, für Theorie der Elektrotechnik im März 1939.

Die genannten Herren konnten vor ihrer Berufung im Hause Siemens umfassende Erfahrungen in der technischen Entwicklung und in der Forschung sammeln. Das Angebot an Vorlesungen war durch diese Berufungen merklich vergrößert worden. Daher mußte man dem Studenten nahelegen, unter den Lehrveranstaltungen eine Auswahl zu treffen, weil anders eine unvermeidliche Überlastung die Vertiefung in den Lehrgegenstand vereitelt hätte. So war zum ersten Mal eine Studienreform notwendig geworden. Nach einer neuen Studien- und Prüfungsordnung aus den Jahren 1937 und 1941 konnte sich der Student nach der Vorprüfung für eines von drei Studiermodellen für Elektromaschinenbau, Anlagentechnik und Nachrichtentechnik entscheiden und die jeweils einschlägigen Prüfungen ablegen.

Die Vorlesungen, die von dem erweiterten Lehrkörper veranstaltet wurden, hatten sich schon gut eingespielt. Da wurde in der Nacht vom 25. auf den 26. Juli 1944 das Elektotechnische Institut, ebenso wie das Hauptgebäude der Technischen Hochschule durch Brandbomben aufs schwerste beschädigt. Nach vielen vergeblichen Bittgängen ist es mir als dem Luftschutzleiter gelungen, von der Kommandostelle am Jakobsplatz fünfhundert Meter Feuerwehrschlauch zu entleihen. Jetzt konnten wir uns aus einem Motorkompressor mit Löschwasser versorgen und das Feuer ununterbrochen bekämpfen. Wir trugen kostbare Meßgeräte aus dem Haus und warfen die vom Feuer schon angesengten Bücher stapelweise aus dem Fenster. So konnte die große Institutsbibliothek im wesentlichen gerettet werden. Etwa drei Tage nach dem Angriff war das Feuer endgültig gelöscht. Zwar war das Innere ausgebrannt und die Decken eingestürzt, aber die tragenden Mauern blieben erhalten, weil sie ständig mit Wasser benetzt wurden. Man brauchte die Ruine nicht einzuebnen.

Am 12. September 1944 wurde bei einem weiteren Luftangriff die Hochspannungshalle zerstört, die auf Betreiben *Emdes* dem seinerzeit von *Dietrich* geplanten Elektrotechnischen Institut hinzugefügt worden war.

Die Professoren der Elektrotechnik hatten sich mit ihren Instituten schon vor oder nach der Brandnacht im Juli an Orte in Stuttgarts weiterer Umgebung verlagert. Sie versuchten die Arbeit wieder aufzunehmen und für die wenigen kriegsversehrten Studenten Vorlesungen zu halten. So haben sie im Mai 1945 das Ende des zweiten Weltkriegs erlebt.

Die Geschichte einer Fakultät ist die Geschichte ihrer darin tätigen akademischen Lehrer. Aber der Lehrer muß um einer aktuellen Berichterstattung willen seine Studenten jeweils über den Stand der Technik aufklären, damit sie sich draußen in der Welt der Technik zurechtfinden.

Darum stellt sich die Frage, welchen Stand man vor hundert Jahren in unserem Land beobachten konnte.
Sehen wir uns zum Beispiel bei der Stuttgarter Firma C. & E. Fein um, die so ungefähr die ganze Elektrotechnik in ihr Produktionsprogramm aufgenommen hatte.
Ihr Kopfhörer mit vier Dauermagneten, Bild a, Seite 246, stellt eine Fortentwicklung des Telefons von *Bell* dar. Wenn man zwei derartige Telefone über lange Leitungen zueinander parallel schaltete und einen Hörer als Sender, auf dessen Membran man einspricht, und den anderen als Empfänger, den man abhört, benutzte, so hatte man eine mustergültige, reine Übertragung von Wort und Klang. Und wenn der Ruf über einen von einer Kurbel angetriebenen Induktor erfolgte, dann konnte man sich jede Stromquelle ersparen. Für größere Entfernungen benötigte man ein Mikrophon. Im Jahre 1867 hatte *Werner von Siemens* das dynamo-elektrische Prinzip entdeckt, und schon konnte die Firma Fein mit einer eigenen Konstruktion aus dem Jahre 1882 aufwarten, Bild b, Seite 246. Jetzt konnte man eine Bogenlampe mit dieser Maschine speisen, und manches Hotel und manche Fabrik machte hiervon Gebrauch, um durch die Beleuchtung ihrer Hausfront auf sich aufmerksam zu machen.

Die elektrische Beleuchtung wurde übrigens schon viel früher angewandt. So wurde bei der Aufführung der Oper „Der Prophet" von Meyerbeer 1851 das elektrische Licht benutzt, allerdings nur für Effektbeleuchtungen, da man ja die Bogenlampen mit den vergänglichen chemischen Elementen speisen mußte. Mit Bogenlampe und Parabolspiegel wurde ein Sonnenaufgang simuliert, der zum Teil wenigstens von der Kritik beifällig beurteilt wurde. Die Mitteilung über diese

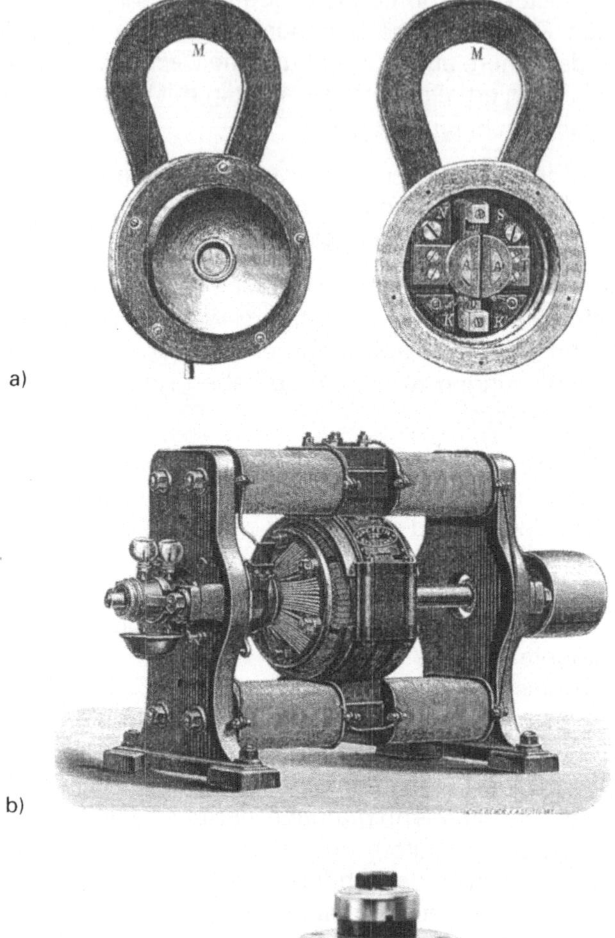

a)

b)

c)

Einige Erzeugnisse der Firma C. & E. Fein (Werkfotos C. & E. Fein)
a) Telefon mit Magnet 1879
b) Dynamoelektrische Maschine 1884
c) Die erste Handbohrmaschine der Welt 1895

und andere frühzeitige Beleuchtungen verdanke ich dem Historiographen der Energieversorgung Schwaben (EVS), Herrn *Wolfgang Leiner*. Er hat durch seine zahlreichen Veröffentlichungen und die von ihm gehaltenen und veranlaßten Vorträge einen bedeutsamen Beitrag zur Geschichte der Technik namentlich unseres Landes geleistet.

Nicht immer hat übrigens die elektrische Beleuchtung die Erwartungen erfüllt. So meldete der Schwäbische Merkur, daß bei einer Gewerbeausstellung in Stuttgart im Stadtgarten das Licht so schön gebrannt habe und nur die wohlgenährten Maikäfer die Flamme gestört hätten. Ein Sachkenner aber erinnert in einer Zuschrift daran, daß gar keine Maikäfer da waren, und die Lampen auch ohne sie öfters ausgegangen seien.

Und beim Hofball Kaiser Wilhelms I. gingen die Bogenlampen zu früh aus und die Majestät mußte die Gäste im Dunkeln verabschieden. Vermutlich ist infolge der Eisenverluste der Gleichstromgenerator wieder einmal zu heiß geworden, daß man ihn trotz der damals üblichen Kühlung mit Eisbrocken aus dem Sektkübel abschalten mußte, um die Wicklung nicht zu verbrennen. Der allerhöchste Unmut transformierte sich bei den Hofbeamten in massive Beschimpfungen des Ingenieurs, der die Beleuchtung eingerichtet hatte. Er zog beklommen von dannen, weil er die gnädige Zustimmung zu den Erzeugnissen seines Hauses nicht erzielen und daher auch keinen Auftrag an Land ziehen konnte.

Um die Jahrhundertwende hat die Firma Fein sich dahin entschieden, künftig die Produktion auf dem Gebiet der Elektrotechnik im allgemeinen einzustellen und nurmehr Elektrowerkzeuge zu fertigen. Bild c, Seite 246, zeigt die erste Handbohrmaschine der Welt aus dem Jahre 1895. Man hielt sie an zwei kräftigen Handgriffen fest und drückte mit der Brust auf den balligen Stempel und damit auf den Bohrer, der am freien Ende der Welle eingespannt war. Im Jahre 1905 hat die Firma Fein sich den Namen „Erste Spezialfabrik für Elektrowerkzeuge" gegeben.*

Man könnte noch viel Ernstes und Heiteres über die Entwicklung der Elektrotechnik sagen. So etwa über die Gleichstrompartei, die von einflußreichen Firmen unterstützt wurde, und die weniger geförderte Wechselstrompartei.

Als *Edison* die AEG in Berlin besuchte, wollte ihm Konstruktionschef von *Dolivo-Dobrowolsky* einen neuen Wechselstrom-Motor zeigen. *Edison* lehnte eine Besichtigung schroff ab mit den Worten: „Wechselstrom ist ein Unding, hat keine Zukunft, ich will nichts von Wechselstrom wissen und sehen."

*) Zum Stand der Technik (stereophonische Opernübertragung, Energieübertragung mit Gleichstrom und dgl.) s. a. W. Bader, Die Internationale Elektrizitäts-Ausstellung in München 1882, Elektro Journal 12 (1932) Seite 1.

Und *Uppenborn* in München, an sich ein Pionier des elektrotechnischen Fortschritts, führte eine mit Wechselstrom betriebene Bogenlampe vor, die natürlich, wie mit dem Auge nicht zu erkennen war, nur absatzweise Licht entsandte. Doch dann hieb er im Schein der Lampe seinen Spazierstock durch, so daß dem stroboskopischen Effekt zufolge der Stock in mehreren Lagen zu sehen war. Diese Vorführung, so meinte er, zeige, welch ein Unsinn der Wechselstrom sei. Was der Versuch beweisen sollte, blieb unklar. Ich bin der Meinung, daß Herr *Uppenborn* nicht mit dem Stock herumfuchteln durfte. Das war ungehörig. Hätte er den Stock ruhig gehalten, hätte niemand etwas gemerkt.

Der Streit zwischen den Systemen wurde übrigens auf beiden Seiten mit guten Argumenten geführt. Er hat allerdings auch die allein aussichtsvolle Energieübertragung mit hochgespanntem Wechselstrom verzögert. Die Auseinandersetzungen sind erst allmählich verstummt, als auf Anregung *Oskar von Millers,* gelegentlich einer Elektrizitäts-Ausstellung in Frankfurt am Main im Jahre 1891, die Maschinenfabrik Oerlikon die Energie-Übertragung von Lauffen am Neckar nach Frankfurt, und die AEG ganz neue Wechselstrom-Motoren vorführen konnten. Die Entfernung betrug 175 Kilometer, eine Leistung von höchstens 240 kW wurde mit Drehstrom von 15 000 Volt bei einem Wirkungsgrad von 75 % übertragen. Die Spannung konnte bis auf 25 000 Volt gesteigert werden. So war die Energieübertragung auf weite Entfernungen und die gegenseitige Aushilfe im Verbund ermöglicht und das Tor für die Starkstromtechnik weit geöffnet worden.

Nach dem zweiten Weltkrieg haben die vier Hochschullehrer ihre Arbeit allmählich wieder aufgenommen. Die Herren *Hess* und *Feldtkeller* sind im Jahre 1981 gestorben. Herr Leonhard und ich, beide längst emeritiert, durften zusehen, wie nach dem Kriege neu berufene Herren inzwischen auch schon wieder ihr Lebenswerk abgeschlossen haben. Es sind die Herren Ordinarien:

Wolman für Fernmeldeanlagen,
Dosse für Halbleitertechnik,
Böcker für Energieübertragung und Hochspannungstechnik,
Lotze für Nachrichtenvermittlung und Datenverarbeitung und
Kluge, verstorben 1981, für Gasentladungstechnik und Photoelektronik.

Den jüngeren Kollegen, die noch mitten in der Arbeit stehen, möchte ich ein Wort widmen und zu bedenken geben:

> *Rang und Ruf einer Hochschule beruhen auf der Strahlungskraft des akademischen Lehrers und auf der Anerkennung, die er auf dem weltweiten Kampffeld der Wissenschaft zu erringen vermochte. Daß Ihre Arbeit, meine Herren Kollegen, durch den verdienten Erfolg gelohnt werde, dies ist der Wunsch, den wir alle Ihnen, den Fackelträgern unserer Wissenschaft, darbringen.*

2 Die heutige Fakultät Elektrotechnik

Nach der eindrucksvollen Schilderung der Geschichte der Stuttgarter Elektrotechnik in den ersten hundert Jahren durch Wilhelm Bader werden im folgenden die Entwicklungen bis zur heutigen Situation nachgezeichnet.

Die Fakultät Elektrotechnik der Universität Stuttgart hat ihre Hauptaufgabe stets darin gesehen, technische und wissenschaftliche Talente zur Entfaltung zu bringen und insbesondere der Industrie des Landes und speziell dem Umfeld im mittleren Neckarraum, einer der am höchsten technologisierten Wirtschaftsregionen Europas, zur Verfügung zu stellen. Die Verbindungen zwischen Fakultät und den einschlägigen Industrie- und Wirtschaftssparten (Kommunikations- und Informationstechnik, Fahrzeugbau, Auromatisierungstechnik, Energieversorgung) sind traditionell sehr eng.

Die Elektrotechnik nimmt eine Schlüsselstellung im technischen Bereich ein: sie stellt Basistechnologien bereit, wie Bauelemente der Makro-, Mikro- und Optoelektronik, und sie ist die Basis für die darauf aufbauenden Systeme in den elektrotechnischen Hauptbereichen Elektrische Energietechnik, Automatisierungstechnik, Informations- und Kommunikationstechnik, Medizintechnik, aber auch für Bereiche des Maschinenbaus, insbesondere der Fahrzeug-, Verfahrens- und Produktionstechnik. Diese Bereiche sind gleichzeitig Eckpfeiler unseres Industrie- und Wirtschaftssystems, von denen ein wesentlicher Teil des Beschäftigungspotentials und des Exports abhängen. Der schnelle Fortschritt auf dem Gebiet der Basistechnologien bedingt einen hohen Innovationsgrad mit den entsprechenden Konsequenzen hinsichtlich des Angebots neuer Produkte, ihrer Entwicklungsdauer („time to market"), Konkurrenzfähigkeit und Marktorientierung. Gleichzeitig dürfen dabei die mittel- und langfristigen Perspektiven, wie etwa die Sicherung der Energieversorgung, die Bereitstellung leistungsfähiger Infrastrukturen für die Kommunikation, der verträgliche Umgang mit natürlichen Ressourcen oder der Schutz von Mensch und Umwelt nicht aus dem Auge gelassen werden.

Diesen Verpflichtungen entsprechend hat sich die Fakultät in den letzten Jahrzehnten eine entsprechende Struktur gegeben, die sich in der Schaffung neuer bzw. Umwidmung alter Institute sowie der Berufung von hochqualifizierten Persönlichkeiten widerspiegelt:

IAS – Institut für Automatisierungs- und Softwaretechnik
IEMA – Institut für Elektrische Maschinen und Antriebe
INT – Institut für Elektrische und Optische Nachrichtentechnik
IEH – Institut für Energieübertragung und Hochspannungstechnik

---

Verfasser des Beitrags: Prof. Dr.-Ing. habil. Dr. h.c., Dr.-Ing. E. h. Paul J. Kühn, Ordinarius für Nachrichtenvermittlung und Datenverarbeitung.

IHT – Institut für Halbleitertechnik
IHF – Institut für Hochfrequenztechnik
ILR – Institut für Leistungselektronik und Regelungstechnik
INÜ – Institut für Nachrichtenübertragung
IND – Institut für Nachrichtenvermittlung und Datenverarbeitung
INS – Institut für Netzwerk und Systemtheorie
IPE – Institut für Physikalische Elektronik
IPF – Institut für Plasmaforschung
ITE – Institut für Theorie der Elektrotechnik

Mit den beiden Baustufen I (1984) und II (1997) wurden sämtliche Institute von der Stadtmitte auf den neuen Vaihinger Campus verlegt, wo die Fakultät Elektrotechnik nach mehr als einem Vierteljahrhundert wieder räumlich vereinigt ist. Die Institute haben dabei auch hinsichtlich der Ausstattung eine Erneuerung erfahren. Besonders hervorzuheben sind dabei einzelnen Instituten zugeordnete Sondereinrichtungen wie

das Hochspannungslaboratorium (IEH)
das Labor für Bildschirmtechnik (INS)
das Zentrum für Sonnenenergie und Wasserstoff-Forschung (IPE)

Die Schwerpunkte der Forschung in der Stuttgarter Fakultät für Elektrotechnik sind:

Elektrische Energie- und Solartechnik
Informationstechnik und Telekommunikation
Mikro- und Optoelektronik
Automatisierungs- und Softwaretechnik
Mechatronik und Sensorik.

Eine ausführliche Darstellung der Institute und ihrer Lehr- und Forschungseinrichtungen findet sich in der neuen Fakultäts-Broschüre „Die Fakultät Elektrotechnik der Universität Stuttgart", die über das Dekanat oder über die einzelnen Institute erhältlich ist.

In der Lehre bietet die Fakultät Elektrotechnik den Diplom-Studiengang Elektrotechnik an mit 10 Studienmodellen im Hauptstudium:

1 Hochfrequenztechnik
2 Netzwerke und Systeme
3 Automatisierungs- und Regelungstechnik
4 Elektrische Maschinen, Antriebe und Meßtechnik
5 Technische Elektronik
6 Elektrische Energiesysteme
7 Telekommunikation
8 Physikalische Elektronik
9 Informationstechnik
10 Elektronische Systeme

In den ersten vier Semestern bis zum Vordiplom wird eine für alle Studierenden der Elektrotechnik gemeinsame Grundausbildung in den Fächern Höhere Mathematik einschließlich Statistik und Numerische Mathematik, Experimental- und Atomphysik, Technische Mechanik, Theorie der Schaltungen sowie die Einführung in die Energietechnik, Nachrichtentechnik und Informatik vermittelt. Der Vorlesungskanon wird ergänzt durch das Grundlagenpraktikum Elektrotechnik, ein physikalisches Praktikum sowie ein Informatik-Praktikum am Rechnerpool der Fakultät.

Im Hauptstudium erfolgt die Vertiefung in anwendungsorientierten Gebieten der Elektrotechnik. Mit den ergänzenden Studienbestandteilen:

2 Fachpraktika
1 Industrie-Fachpraktikum
1 Studienarbeit
1 Wahl-Studienarbeit
sowie der Diplomarbeit

werden die Studierenden über die theoretischen Grundlagen hinaus mit den praktischen Methoden und aktuellen Aufgabenstellungen vertraut, die zusammengenommen eine tragfähige Qualifizierung für den Beruf und die ständig erforderliche begleitende Weiterbildung darstellt.

Alternativ zum direkten Eintritt in das Berufsleben nach dem Diplom werden die Weiterqualifizierungsmöglichkeiten der Promotion zum Dr.-Ing. bzw. der Habilitation angeboten, über die der wissenschaftlich orientierte Nachwuchs für Forschung und Lehre sowie auf Führungsfunktionen in Industrie und Wirtschaft vorbereitet wird.

Neben dem Diplomstudiengang „Elektrotechnik" ist die Fakultät an den neuen Studiengängen „Technikpädagogik" und „Automatisierungstechnik in der Produktion" beteiligt. Sie exportiert Lehrleistungen in eine Reihe weiterer Fakultäten und bietet u. a. das Nebenfach Elektrotechnik im Rahmen des Diplomstudienganges „Informatik" an. Für Absolventen von Fachhochschulen, Berufsakademien und Bakkalaureats-Studiengänge ausländischer Universitäten wird ein Ergänzugsstudium zum Dipl.-Ing. angeboten, mit dem ein wesentlicher Beitrag zur Durchlässigkeit zwischen den verschiedenen Hochschulsystemem geleistet wird.

Einen besonderen Stellenwert besitzt die Internationalisierung des Studiums in der Elektrotechnik. Neben dem schon lange existierenden Auslandsstudium im Rahmen des Erasmus-Programmes sind in den neunziger Jahren die folgenden Programme aufgebaut worden:

- das Integrierte Auslandsstudium Elektrotechnik mit der Partner-Hochschule Télécom Paris (Ecole Nationale Supérieur des Télécommunications, ENST), das nach drei Auslandssemestern mit dem Doppeldiplom abgeschlossen wird

- das Auslandsstudium im Rahmen des European Course Credit Transfer System (ECTS)-Programmes (Socrates-Programm), im Rahmen dessen die Fakultät Elektrotechnik mit zehn führenden Hochschulen in Europa einen auf vertraglicher Basis erstellten Studierendenaustausch pflegt.

Die weiteren Schritte in der Internationalisierung befinden sich in der Entstehungsphase:

- Schwerpunktbildung des Studiums auf die fünf Kernbereiche:
  Energietechnik
  Automatisierungs- und Regelungstechnik
  Kommunikationstechnik
  Informationstechnik
  Mikro- und Optoelektronik
  mit den international vergleichbaren Anschlüssen BSc und MSc
- Englischsprachiger Studiengang „Information Technology" mit den Schwerpunkten
  Communication Engineering and Media Technology
  Embedded Systems Engineering,
  der als postgraduate programme zum Abschluß MSc führt und von den Fakultäten Elektrotechnik und Informatik gemeinsam getragen wird.

Mit diesen Programmen im Lehrangebot, mit der Beteiligung am Graduiertenkolleg „Parallele und Verteilte Systeme – Modellierung, Simulation und Entwurf", an Sonderforschungsbereichen, nationalen und internationalen Forschungsprogrammen sowie der traditionell sehr stark ausgerichteten Industriekooperation und einem jährlichen Drittmittelaufkommen von über 20 Millionen DM nimmt die Fakultät die Herausforderung der Globalisierung und des technischen Fortschritts an der Schwelle des nächsten Jahrhunderts an.

Weitere Informationen über die Fakultät, ihre Studienangebote und die einzelnen Institute sind in Form von Schriften, Broschüren und Berichten über das Dekanat und die einzelnen Institute sowie auf elektronischem Wege erhältlich:

Dekanat Elektrotechnik
Pfaffenwaldring 47
D – 70569 Stuttgart
Tel.: +49-711-685 7234
Fax.: +49-711-685 7236
http://www.e-technik.uni-stuttgart.de

Institut für Elektrische Maschinen und Antriebe (IEMA) Spezialgebiete: Modernste Mechatronik und Supraleitung

Universität Stuttgart

Das Institut für Elektrische Maschinen und Antriebe ist das **Stamminstitut** der gesamten Fakultät Elektrotechnik.

Vor mehr als 115 Jahren wurde es bereits **interdisziplinär** gegründet, zunächst als Institut des Maschinenbaus und räumlich im ersten Neubau 1894 eng mit der Elektrochemie verbunden. Nach Bezug seines zweiten Neubaus 1960 wurde das ursprüngliche Institut für Elektrische Maschinen um die 1949 von *Professor Leonhard* durch sein Standardwerk „Elektrische Antriebe" begründete **Elektrische Antriebstechnik** wesentlich erweitert. In seinem dritten Neubau 1997 ist das heutige Institut für Elektrische Maschinen und Antriebe mit seinen Spezialgebieten der aktuellsten Mechatronik und des Einsatzes neuester Supraleitermaterialien zugleich die modernst ausgestattete Forschungseinrichtung auf dem Gebiet der Elektromechanischen Energiewandlungssysteme (Bild 1).

Bild 1
Großversuchshalle für elektrische Maschinen und Antriebe

Mit der mechatronischen Mehrfachnutzung zugleich auch als Informationssystem bilden die elektrischen Maschinen und Aktoren den unverzichtbaren Mittelpunkt und die Brücke zwischen der elektrischen Energietechnik, dem Maschinenbau und der Informatik. Höchste Priorität und Aktualität besitzen die Gebiete Mechatronik und Hochtemperatur-Supraleitung (HTSL) durch den weltweit dringenden Zwang zur Energieeinsparung bei gleichzeitiger Schonung der Ressourcen sowie der Umwelt (Bild 2). Denn nahezu die Hälfte der gesamten, zu hundert

Verfasser des Beitrags: o. Prof. Dr.-Ing. H.-J. Gutt

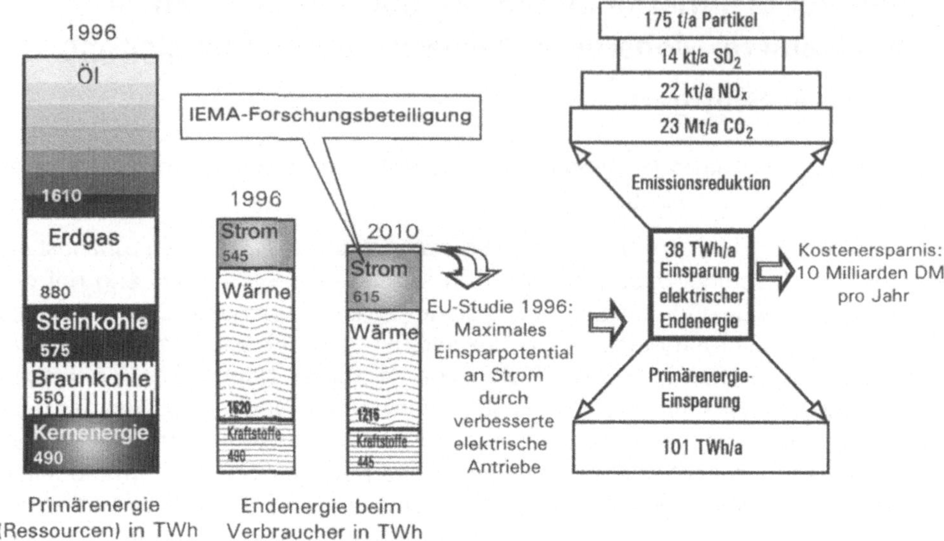

Bild 2 Energie-Einsparung in der Energiekette Deutschlands

Prozent in elektrischen Generatoren erzeugten Elektroenergie wird wiederum in elektrischen Maschinen und Antrieben umgesetzt, was stets mit Verlusten verbunden ist. Hier liegt ein enormes Einsparpotential durch den Einsatz modernster Mechatronik und neuester HT-Supraleiter-Materialien. Es beträgt allein für die Bundesrepublik Deutschland an Stromkostenersparnis bis zu 10 Milliarden DM/Jahr mit einer Ressourcenschonung bis zu 12 Millionen Tonnen Steinkohle und einer Vermeidung von 23 Millionen Tonnen Kohlendioxid pro Jahr.

Lehre

Schwerpunkt der Lehre wie auch der Forschung des IEMA bilden komplette Mechatroniksysteme in enger interdisziplinärer Zusammenarbeit mit dem Maschinenbau, der Informatik und der Physik; dort insbesondere mit der Mechanik und der Supraleiterphysik. Insgesamt wird in der Lehre großer Wert auf die Vermittlung eines tiefgreifenden elektrophysikalischen Verständnisses gelegt, das die Studierenden befähigt, bislang unbekannte Phänomene wie die erst 1986 entdeckte Hochtemperatur-Supraleitung (HTSL) zu verstehen und deren besondere Vorteile zu erkennen und kreativ technisch zu nutzen. Eine solche Ausbildung soll sie davor bewahren, neue Effekte wie z.B. die HTSL in zugehöriges überkommenes Wissen, hier in die Tieftemperatursupraleitungstechnik (TTSL) nur schematisch einzuordnen: Diese Vergleiche führen dann zwangsläufig zu Enttäuschungen über bestimmte, von den HTSL-Materialien noch nicht erreichbare

Werte, während dabei ungeahnte Vorzüge wie das Einfrieren von Magnetflußschläuchen (Flux pinning) zur verlustfreien magnetischen Lagerung (z. B. von hochtourigen Schwungmassenspeichern s. Bild 3) dabei völlig ungenutzt bzw. verkannt bleiben.

Ein weiterer wichtiger Schwerpunkt der Ausbildung liegt auf der Verknüpfung (Synergie) sowohl mit dem Maschinenbau (Hardwareorientierung) als auch mit der Informatik (Softwareorientierung).

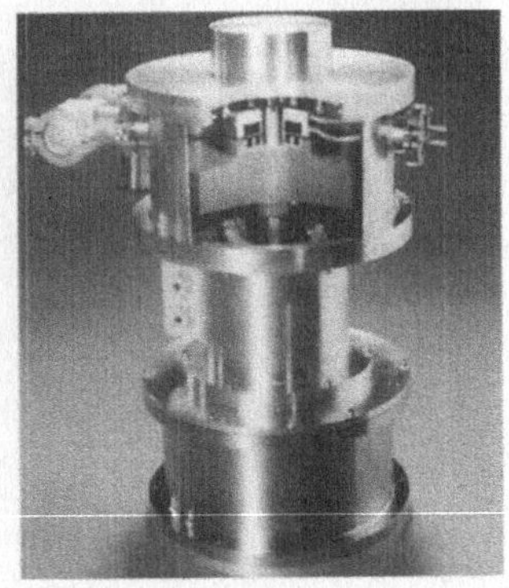

Bild 3 Hochtouriger Schwungmassenspeicher

Forschung

Im Mittelpunkt der Grundlagenforschung des IEMA stehen neue Materialien wie die Hochtemperatur-Supraleiter im Hinblick auf ihre vielfältigen Anwendungsmöglichkeiten insbesondere zur künftigen Einsparung elektrischer Antriebsenergie in berührungslos gelagerten Schwungmassenspeichern, praktisch verlustlos bestromten Maschinen und Aktoren etc. Hier verfügt das IEMA mit langjähriger Förderung durch das Bundesministerium für Bildung, Wissenschaft, Forschung und Technologie (BMBF) über Patentmeldungen zur Mehrfachnutzung der HTSL-Materialien.

Einen weiteren Forschungsschwerpunkt bildet die „Mechatronik", welche in ihrer modernsten Version als engste Verzahnung („Synergie") der Gebiete Mechanik/Maschinenbau, Elektronik/Elektrotechnik und neuerdings Informatik/ Informationstechnik zu verstehen ist. Sie wird in der genannten Ausprägung bereits seit mehreren Jahren im IEMA in Forschung und Lehre vorangetrieben.

Daher ist das IEMA auch maßgeblich am ersten Technologie-Transfer-Projekt (TFB 1) der Deutschen Forschungsgemeinschaft (DFG) beteiligt. Hier werden erstmals die in langjähriger interdisziplinärer Zusammenarbeit mit 16 weiteren Instituten verschiedener Fakultäten der Universität Stuttgart gewonnenen Ergebnisse des Sonderforschungsbereichs „Flexible Montage, Robotertechnik" direkt in andere Industriezweige wie Textil- und Verpackungsindustrie (Bild 4) oder andere Be- und Verarbeitungsindustrien transferiert. Solche Vorgänge demonstrieren den derzeit ablaufenden technologischen „Quantensprung", indem die bislang über Königswellen, Kurvenscheiben, Getriebe etc. mechanisch starr gekuppelten Antriebssysteme durch flexible, schnelle, kleinere, leichtere und ins-

Bild 4
Mechatronikentwicklung
für die Verpackungsindustrie

gesamt wirtschaftlichere Gesamtkonzeptionen und Betriebsweisen ersetzt werden. Diese faszinierenden Entwicklungen werden ebenfalls in engem Kontakt mit den betreffenden Industrien in interdisziplinärer Synergie durchgeführt. Darüber hinaus bestehen enge internationale Kontakte und Kooperationen. Zu nennen sind hier beispielsweise: Die Entwicklung neuer Werkstoffe wie HTSL-Materialien zusammen mit dem Moscow Aviation Institute, Entwicklungen auf dem Gebiet der Resonanzschwingkreisumrichter für neuartige Maschinen (BDFM) mit der Partneruniversität Oregon State University in Corvallis USA und der Stellenbosch-Universität in Südafrika sowie auf mechatronischem Gebiet mit der Universität Maribor u.v.a.m.

Daneben wurde das IEMA in internationalen Patentangelegenheiten als Gutachter z. B. für den Bundesgerichtshof in Karlsruhe tätig.

Leitung: o. Prof. Dr.-Ing. H.-J. Gutt
Pfaffenwaldring 47 (ETI 2 Neubau)
70569 Stuttgart
Tel.: 0711/685-7840
Fax.: 0711/685-7837
e-mail: inst@iema.uni-stuttgart.de

Die Fakultät Elektrotechnik der Universität Ulm

Universität Ulm

Fakultät für Ingenieurwissenschaften

Elektrotechnik
Communications Technology

Die Universität Ulm wurde am 25. Februar 1967 als medizinische, naturwissenschaftliche und mathematische Universität gegründet. Seither wurde das Angebot an Studienfächern stetig erweitert. 1986 legte die Universität Ulm in einer Denkschrift ihre Entwicklungsperspektiven bis zum Jahre 2000 vor. Mit dem Begriff **Wissenschaftsstadt Ulm** wurde die Konzentration universitärer und industrieller Hochtechnologieforschung als Voraussetzung für beabsichtigte Synergieeffekte definiert. Landesregierung, Stadt Ulm, Wirtschaft, Fachhochschule und Universität haben gemeinsam darauf aufbauend ab 1987 Ausbaupläne der Wissenschaftsstadt am Oberen Eselsberg konkretisiert. Als Ergebnis entstanden verschiedene An-Institute der Universität Ulm, ein Science-Park für Forschungseinrichtungen mittelständischer und großer Unternehmen, der Ausbau des Forschungszentrums des Daimler-Benz-Konzerns, ein Entwicklungszentrum der Firma Siemens für den Bereich der Mobilkommunikation, eine Erweiterung mit entsprechendem Neubau der Fachhochschule und der Ausbau der Universität Ulm um die Fakultäten für Informatik und Ingenieurwissenschaften. Bereits im WS 89/90 wurde der Lehrbetrieb in den Studiengängen Informatik und Elektrotechnik aufgenommen. Seit dem Sommersemester 1998 wird darüber hinaus der internationale Studiengang „Communications Technology" angeboten.

Das viersemestrige **Grundstudium** der Elektrotechnik ist für alle Studierende gleich und besteht zu etwa gleich großen Teilen aus Grundlagenfächern der Elektrotechnik und aus mathematisch-naturwissenschaftlichen Fächern einschließlich der Informatik. Begleitet wird es von 13 Wochen Grundpraxis in industriellen Betrieben.

Verfasser des Beitrags: Prof. Dr.-Ing. Wolfgang Menzel, Ordinarius für Mikrowellentechnik

Das fünfsemestrige **Hauptstudium** wird im Rahmen einer der angebotenen Studienrichtungen durchgeführt. Jede Studienrichtung umfaßt charakteristische Pflichtfächer und stellt eine breite und gründliche Ausbildung im gesamten Bereich der Elektrotechnik sicher. Daneben sind vertiefende Wahlpflichtfächer zu belegen. Hier werden neue, sich noch entwickelnde Gebiete rasch und unkompliziert in das Studienangebot aufgenommen und Dozenten aus der Industrie eingebunden. Als Antwort auf die erweiterten Anforderungen an die Absolventen sind im Studium systemorientierte Fächer, eine Einführung in die Betriebswirtschaftslehre und ein geisteswissenschaftliches oder sprachliches Fach enthalten. Die industrielle Realität sollen die Studenten in 13 Wochen Fachpraxis besser kennenlernen. Die selbständige Bearbeitung fachlicher Problemstellungen wird in einer sechswöchigen Studienarbeit und einer sechsmonatigen Diplomarbeit vermittelt.

Folgende Studieneinrichtungen werden derzeit angeboten:

Automatisierungstechnik
Energietechnik
Festkörperelektronik
Hochfrequenztechnik
Informationstechnologie
Medientechnik
Systemtechnik
zweisprachiger Studiengang: Communications Technology

Die einzelnen Studienrichtungen sind auf die Bedürfnisse einer weltweit agierenden Industrie abgestimmt; sie bieten über die Fachgrundlagen hinaus interdisziplinäre Verknüpfungen zu anderen Wissenschaften. Die straff konzipierte Diplomprüfungsordnung ermöglicht erfolgreiche und kurze Studienzeiten. Dies wird u. a. dadurch bestätigt, daß die Mehrzahl der Studenten ihr Diplom innerhalb von 10 Semestern erhält.

Internationaler Studiengang „Communications Technology"

Der zweisprachige Studiengang „Communications Technology" ist einerseits die Antwort auf die Globalisierung der Wirtschaft, andererseits soll damit Deutschland wieder vermehrt für ausländische Studenten attraktiv werden. In weitgehend englischsprachigen Vorlesungen – das erste Jahr wird komplett in englisch gehalten – werden deutsche und ausländische Studenten in dieser Fachrichtung auf den internationalen Arbeitsmarkt vorbereitet. Parallel dazu lernen die ausländischen Studenten deutsch, die deutschen Studenten englisch oder eine andere Fremdsprache, begleitet durch Kurse über die unterschiedlichen Kulturen. Communications Technology wird für Studierende mit deutschem Vordiplom als Studienrichtung mit 5 Semestern und für Studierende mit dem internationalen

Bachelor-Abschluß in Elektrotechnik oder einem verwandten Fach oder dem deutschen Fachhochschuldiplom als Ergänzungsstudiengang mit einer Dauer von 4 Semestern angeboten. Als Abschluß kann alternativ der Grad „Diplomingenieur" oder der „Master of Science" gewählt werden.

Forschung

Die junge Fakultät mit den Abteilungen

- Allgemeine Elektrotechnik und Mikroelektronik
- Elektronische Bauelemente und Schaltungen
- Informationstechnik
- Meß-, Regel- und Mikrotechnik
- Mikrowellentechnik
- Optoelektronik
- Organisation und Management von Informationssystemen
- Energiewandlung und -speicherung
- Werkstoffe der Elektrotechnik

verfügt über eine komplette, moderne Ausstattung, die auch spezielle Labors wie z. B. einen Reinraum höchster Qualität einschließt. Auf dieser Basis konnte eine Forschung von internationalem Rang in den jeweiligen Fachgebieten, teilweise in Kooperation mit anderen Fakultäten der Universität Ulm, den An-Instituten oder der Industrie in Deutschland, Europa, den USA und Japan aufgebaut werden. Dies wird durch eine ganze Reihe von Preisen und Auszeichnungen belegt, mit welchen Professoren und Mitarbeiter unserer Fakultät bereits ausgezeichnet wurden. Eine Übersicht über die Forschungsaktivitäten der Fakultät ist gedruckt oder elektronisch (http://www.uni-ulm.de/uni/veroeff/fb/) dem Forschungsbericht der Universität Ulm zu entnehmen.

Elektrotechnik in Ulm

Information zum Studium der Elektrotechnik:
http://mwt.e-technik.uni-ulm.de/world/fakultaet/studien_information.html

Information zum Internationalen Studiengang Communications Technology:
http://www.uni-ulm.de/c-tech/ E-mail: c-tech@uni-ulm.de

International, English-language Master of Science Course Communications Technology at the University of Ulm

- Emphasis on modern telecommunications systems
- All compulsory courses taught in English
- Intensive German language education
- Extensive and personal support program
- Grants and assistantships for qualified students

Globalization
Taught at one of Germany's youngest Engineering School, this innovative educational offering brings the world to your classroom. The class in 1998 unites German and foreign students, from Canada to India, from Egypt to China. They all bring in their special talents, knowledge from previous studies and professional experience – and a common zeal to begin an exiting new career in Communications Technology, globally one of the most rapidly progressing fields for hardware, software, and service industries.

Eligibility
Foreign students holding Bachelor's degrees in Electrial Engineering and related fields, Physics, Mathematics or Computer Science are eligible for admission. For German students or foreign students graduating from a German institution of higher learning, a completed Vordiplom in Electrical Engineering or a Dipl.-Ing. degree from a Fachhochschule is expected. An Admissions Committee will decide on admission based on past performance and professional experience.

Course Duration
2 years (4 semesters) for students with a Bachelor's Degree or a Dipl.-Ing. (FH); alternatively 2.5 years (5 semesters) for students with a Vordiplom Elektrotechnik from a German University.

Personal Guidance
The teaching staff, the University's International Programs Office, as well as the school of Engineering's student council have a proven track record of providing personal guidance to new students, and throughout the course. A maximum of 50 students will be accepted into the International M.Sc. Course each year, ensuring small class sizes and immediate student-teacher interaction.

Flexibility
Pending state government approval, the student may opt to be awarded either the renowned German Diplom-Ingenieur (Dipl.-Ing.) or the international Master of Science (M.Sc.) degree upon successful completion of studies.

For more information, contact the University of Ulm, School of Engineering, Communications Technology Program, D-89069 Ulm, Germany, send a fax to +49 731 50-26155, e-mail c-tech@uni-ulm.de, or better yet, visit our website: http://www.uni-ulm.de/c-tech/

Fachhochschulen in Württemberg

100 Jahre sind in der Geschichte des Bildungswesens keine lange Zeit, in der Geschichte des technischen Bildungswesens umspannt dieser Zeitraum aber den wesentlichen Teil der Entwicklung zur naturwissenschaftlich-technisch bestimmten Industriegesellschaft. So erscheint es legitim zum hundertjährigen Bestehen des ETV Württembergs nicht nur einen historischen Rückblick, sondern anläßlich des Jubiläums darüber hinaus den Blick für die Ausbildungsmöglichkeiten der Fachhochschule, auf die berufliche Qualifikation und die gesellschaftliche Stellung ihrer Absolventen und auf die Frage ihres künftigen Standorts im Gesamtbildungswesen zu richten.

Die sieben Fachhochschulen in Württemberg mit elektrotechnischen Fachbereichen sind breit gestreut über das Verbandsgebiet des ETV. Sie erfüllen damit nicht nur bildungspolitische, sondern auch strukturpolitische Aufgaben. Von Süden nach Norden aufgereiht befinden sich Fachhochschulen in:

Ravensburg-Weingarten
Albstadt-Sigmaringen
Ulm
Reutlingen
Esslingen
Aalen
Heilbronn

Hinzu kommen noch Außenstellen der Fachhochschule Esslingen in Göppingen und der Fachhochschule Heilbronn in Künzelsau. Dieses engmaschige Netz von Fachhochschulen ermöglicht vielen jungen Leuten von zuhause aus zu studieren, was eine nicht zu unterschätzende soziale Funktion hat. Denn das Studieren vom Elternhaus aus ist immer noch am billigsten und vermeidet oder zumindest reduziert soziale Schranken beim Hochschulzugang. Überdies stellt eine Hochschule stets ein Innovations-Zentrum für eine Region dar und bildet quasi einen Kristallisationspunkt für neue Ideen und deren Umsetzung in handfeste wirtschaftlich verwendbare Produkte und Verfahren. Dies läßt sich anhand zahlreicher Beispiele belegen und unterstreicht die Praxisbezogenheit der Fachhochschulen und ihrer Lehrer. Doch nun zunächst, wie es sich für eine Jubiläumsschrift gehört, ein Blick in die Vergangenheit:

Aufs engste verknüpft mit der Entwicklung der Elektrotechnik in Württemberg ist auch die Geschichte der Fachhochschulen in Württemberg bzw. deren Vorgängereinrichtungen, die staatlichen Ingenieurschulen. Die Geschichte der ältesten Fachhochschule ist älter als der ETV: Die Fachhochschule Esslingen wurde im Herbst des Jahres 1868 durch die Einrichtung einer der Baugewerkeschule gleichwertigen und dem Gesamtvorstand der Königlichen Baugewerkeschule unterstellten Schule für Maschinenbauer geboren. Die ulkige Bezeichnung

---

Verfasser des Beitrags: Prof. Dipl.-Ing. R. Doster, Esslingen

„Stall“, mit der heute noch die Fachhochschulen in Esslingen und Stuttgart von ihren Studierenden benannt werden, ist im übrigen noch mindestens 40 Jahre älter, als ein von König Wilhelm I. von Württemberg genehmigtes polytechnisches Institut zur „Ausbildung von Baumeistern, Berg- und Hüttenleuten, Fabrikanten, Apothekern und Kaufleuten“ in der unteren Königstraße in Stuttgart gegenüber dem Marstall (siehe Bild) seine Arbeit aufnahm.

Das war der erste „Stall“, der Kavaliersbau in Stuttgart (Quelle: 125 Jahre FHTE S. 16)

Dieses Institut kann mit Fug und Recht als Wiege aller württembergischen technischen Hochschulen bezeichnet werden, was auch die Ahnentafel der württembergischen Hochschulen belegt (siehe Bild).

Beide Bilder stammen übrigens aus der Festschrift der Fachhochschule Esslingen zu deren 125jährigem Jubiläum im Jahre 1993, die auch noch weitere interessante Details aus der Geschichte enthält.

Doch nun zur Gründung der Baugewerkeschule für Maschinenbauer im Jahre 1868. Ihre Aufgabe war es, „Maschinentechnikern mittleren Rangs“, worunter man damals Leiter mittlerer und kleiner Fabriken und mechanischer Werkstätten, Werkführer und Maschinenzeichner verstand, in einem Ausbildungsgang, der wie an der Bauschule 5 Klassen umfaßte, für ihren Beruf heranzubilden. Aus dieser Schule ist die **Staatliche Ingenieurschule** Esslingen hervorgegangen. Der Aufstieg von dieser selbständigen Fachabteilung, wie man heute die damalige Schule für Maschinenbauer bezeichnen würde, zur **Fachhochschule** Esslingen – Hochschule für Technik (FHTE) von heute hat sich im wesentlichen in vier Stufen vollzogen, die deutlich die Entwicklung und den Strukturwandel der Wirtschaft, den

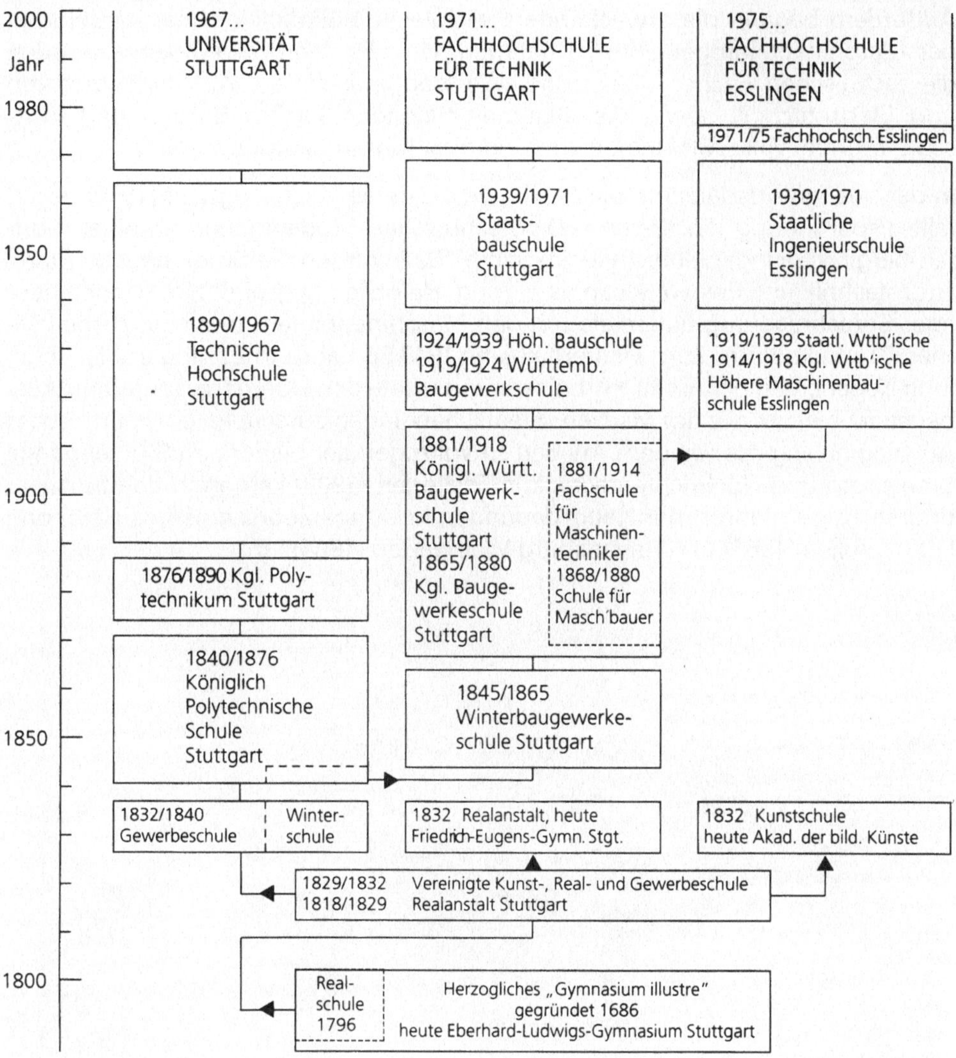

Die Ahnentafel der württembergischen technischen Hochschulen (Quelle: 125 Jahre FHTE S. 17)

gewaltigen Fortschritt in Technik und Wissenschaft widerspiegeln und die wachsende Bedeutung der Fachhochschule sowie ihre dadurch errungene Stellung im Bildungswesen erkennen lassen.

In der ersten Ausbaustufe bis 1914 zeigte sich bereits die gewollte Praxisnähe der Ausbildung: Aufgrund eines Erlasses des Königlichen Ministeriums des Kirchen- und Schulwesens vom 18. Februar 1882 mußten die Studierenden spätestens vor Eintritt in die 1. Fachklasse eine mindestens zweijährige „praktische Vorbereitung" nachweisen.

Außerdem begann die erwachende Elektrotechnik Einfluß auf die Ausbildung der Maschinenbauingenieure zu nehmen. Um die Jahrhundertwende wurden die technischen Fächer Werkzeuge, Werkzeugmaschinen, Automobilmotoren und Elektrotechnik sowie die allgemeinbildenden Fächer Bürger- und Wirtschaftskunde, Volkswirtschaftslehre und Buchführung aufgenommen.

In der zweiten Ausbaustufe der FHTE, die bis in die Nachkriegszeit (1950) reicht, fällt die Gründung der ersten elektrotechnischen Studiengänge an einer württembergischen Ingenieurschule. Im Jahre 1927 wurden die Studiengänge Starkstromtechnik und Feinwerktechnik als sog. Halbzüge gegründet, d. h. nach heutiger Sprachregelung hatten sie mit den Maschinenbauern noch ein gemeinsames Grundstudium. Zum Winterhalbjahr 1949/50 nahm in Esslingen die Abteilung Nachrichtentechnik ihre Arbeit auf und leitete den Übergang zur dritten Ausbaustufe ein, in der inzwischen Staatlichen Ingenieurschule ein stürmischer Aufstieg gelang. Neben dem Ausbau zu Vollzügen der bisherigen Studiengänge Starkstrom und Nachrichtentechnik in Esslingen (1963) kamen in den fünfziger und sechziger Jahren die Neugründungen von Ingenieurschulen in Heilbronn (1961), Aalen (1963) und Ravensburg-Weingarten (1964) hinzu.

Blick in das Labor für elektrische Maschinen in Esslingen, um 1920 (Quelle: 100 Jahre FHTE S. 155)

Das alte Laboratorium für elektrische Meßtechnik in Esslingen bis 1957
(Quelle: 100 Jahre FHTE S. 168)

In den sechziger Jahren waren sich die Bildungsexperten aller Parteien im Hochschulbereich einig: Weder mit einem strukturellen Umbau und Ausbau der bestehenden Hochschulen noch durch Neugründungen von Universitäten mit ihren bekannt hohen Aufwendungen war das Problem der steigenden Studentenzahlen zu lösen, so entstand das Modell „Fachhochschule" was kurz gesagt bedeutete:

- Anhebung der schulischen Vorbildung sowie
- Straffung und Lenkung der praktischen Ausbildung der Studierenden an den Ingenieurschulen

Die studentischen Proteste im Jahre 1968 beschleunigten den Prozeß und so beschlossen am 31. Oktober 1968 die Ministerpräsidenten der Länder ein Abkommen zur Vereinheitlichung auf dem Gebiet der Fachhochschulen. Diese sollten bundesweit aus den Ingenieurschulen und vergleichbaren Einrichtungen in die Hochschulstufe (tertiärer Bereich) entwickelt werden. Aufgrund dieses Abkommens, ergänzt durch eine am 6. 2. 1969 von der Kultusministerkonferenz (KMK) beschlossenen Rahmenvereinbarung über die Fachhochschulen wurden die Fachhochschul-Gesetze von den Parlamenten der Bundesländer beraten, in Kraft gesetzt und die Fachhochschulen in der Bundesrepublik von 1969 bis 1971 eingerichtet.

Damit war nur wenige Jahre nach der Verabschiedung des Ingenieurgesetzes (1965), das zum ersten die Berufsbezeichnung „Ingenieur" schützte, der Durchbruch zum modernen Ingenieurstudium mit dem qualifizierenden Abschluß Diplom-Ingenieur an den Fachhochschulen gelungen.

Am 1. Oktober 1971 trat Baden-Württembergs erstes Fachhochschulgesetz in Kraft und setzte damit eine Entwicklung in Gang, die uns also im Bereich des ETV-Württemberg zu dem bereits genannten breit gefächerten Angebot an Fachhochschul-Studiengängen verholfen hat. Nicht nur räumlich, durch weitere Neugründungen in Albstadt-Sigmaringen und Reutlingen (beide 1971) und Ulm (1972), auch fachlich läßt dieses Angebot heute kaum mehr Wünsche offen wie nachfolgende auszugsweise Aufstellung der Studiengänge zeigt:

Elektrotechnik/Elektronik
Automatisierungstechnik
Elektronik/Mikroelektronik
Elektrische Energietechnik
Nachrichtentechnik
Feinwerktechnik
Technische Informatik
Medizinische Informatik
Softwaretechnik

Das praxisnahe, straff organisierte und damit überschaubare und relativ kurze Studium an einer Fachhochschule stellt heute für viele Menschen eine attraktive Alternative beim Studium dar.

Der weltweit eingeführte Standard, eine durch die angelsächsischen Länder eingeführte Struktur, bei der die Studierenden in den Hochschulen nacheinander verschiedene Abschlußgrade erwerben können, wird in Deutschland durch die Fachhochschulen weitgehend bereits eingehalten. Und die Tatsache, daß einige Fachhochschulen darangehen Masterstudiengänge aufzubauen, zeigt, daß Bewegung in die Hochschullandschaft kommt. Auch wenn ein geschichtlicher Rückblick zeigt, daß sich die deutschen Hochschulen durch starke Abgrenzung voneinander auszeichnen. Als Beispiel kann man die um die Jahrhundertwende ausgetragenen Kämpfe der Technischen Hochschulen (TH) um Promotionsrechte erwähnen. Sie endeten damit, daß die TH zwar das Promotionsrecht bekamen, die Ingenieure sich aber „nur" Dr.-Ing. nennen durften, was im Vergleich zu den damals lateinischen Doktortiteln Dr. rer. nat., Dr. phil. usw. eine starke Abwertung durch Abgrenzung darstellen sollte. Wie wir wissen, verlief die weitere Entwicklung ganz anders.

Im Gegensatz dazu kann man die liberale angelsächsische Auffassung von einem stärker interdisziplinär geprägten und durchlässigen Hochschulsystem sehen. Dort bekommt, um beim obigen Beispiel zu bleiben, sowohl der Ingenieur als auch der Naturwissenschaftler oder der Doktorand in vielen Disziplinen den „Doctor of Philosophy (PhD)". Oder um ein anderes Beispiel zu nennen, dort kann ein Absolvent des Maschinenbaus mit einem BSc-Degree nach einem er-

Zwei Seiten des Jahres 1968 (Quelle: 125 Jahre FHTE S. 26)

folgreichen Abschluß eines entsprechenden Master-Studiums ein MSc-Degree in Elektrotechnik erwerben. Dies fördert das interdisziplinäre Denken nicht nur der Studierenden, sondern auch der Professoren.

In Großbritannien sind die Polytechnics 1969 zum tertiären Bildungsbereich gekommen, während in Deutschland die damaligen Ingenieurschulen 1971 zu Fachhochschulen wurden und damit auch zum tertiären Bildungsbereich kamen. 1992 wurden die Polytechnics dann in Großbritannien zu Universitäten.

Es wäre vernünftig, wenn die Fachhochschulen nicht zu Langzeitstudiengängen tendierten, sondern an ihrem Weg des Kurzstudiums festhielten und Spitzenbegabungen (z. B. 10 % der Studierenden) zu einem Master-Abschluß an der Fachhochschule führen könnten. Damit würden die Fachhochschulen auch dem gesetzlichen Auftrag zur Weiterbildung gerecht. Sie kämen in einen Zustand, den die englischen Polytechnics seit langem schon hatten.

Ein wesentlicher Vorteil einer derartigen weltweit üblichen Struktur gäbe den besten Absolventen mit einem BSc-Degree aus anderen Ländern, gedacht ist hier vor allem an Entwicklungsländer, die Möglichkeit zu einem Weiterstudium zum MSc in Deutschland – und zwar ohne großen Zeitverlust und mit Betonung des Praxisbezugs. Für Deutschland als Exportnation Nummer 1 muß nicht nur aus kulturellem, sondern auch aus wirtschaftlichem Interesse heraus eine solche Möglichkeit geschaffen werden. Zur Zeit gehen diese Studenten meistens nach USA oder Großbritannien. So gehen sie den Deutschen als wichtige Kultur- und Wirtschaftsträger verloren.

Das Ausbildungssystem der Fachhochschulen ist dem angelsächsischen und dem international üblichen Ausbildungssystem sehr ähnlich. Die heutigen Aufbaustudiengänge könnten, mit entsprechenden Änderungen, Master-Studiengängen angepaßt werden.

Die Fachhochschulen könnten somit bei den Master-Kursen ihr jetziges Profil, den Praxisbezug, bewahren, indem sie die Belange der Industrie berücksichtigen und indem sie weiterhin den guten Kontakt zur heimischen Industrie bewahren bzw. weiter ausbauen.

Die Fachhochschulen haben sich zu außerordentlich attraktiven Ausbildungseinrichtungen entwickelt. Das beweist die hohe Bewerberzahl um Studienplätze genauso deutlich wie die große Nachfrage nach Absolventen der Fachhochschulen auf dem Arbeitsmarkt. Die Absolventen besitzen in fast allen Studiengängen sehr gute Berufsaussichten. Besonders qualifizierte Absolventen haben die Möglichkeit, an einer in- oder ausländischen Universität zu promovieren, was im übrigen schon von einer Vielzahl von Absolventinnen und Absolventen bewiesen wurde.

Der Schlußsatz soll Baden-Württembergs Minister für Wissenschaft und Forschung gehören:

„Das Fachhochschulstudium ist für viele junge Menschen deshalb besonders interessant, weil es in einzigartiger Weise Praxis und Theorie verbindet. Die beiden praktischen Studiensemester, die in den Studienverlauf eingeschlossen sind, haben sich sehr gut bewährt. Die Praxisorientierung des Fachhochschulstudiums wird auch dadurch garantiert, daß die Professoren aus der Berufspraxis stammen und die Gelegenheit haben, ihre Erfahrungen regelmäßig in einem Fortbildungssemester in der beruflichen Praxis und in Projekten angewandter Forschung und Entwicklung zu erneuern. Weitere Gründe für die Anerkennung der Fachhochschulen sehe ich in der Aktualität der Aus- und Weiterbildung – insbesondere in den neuen Technologien – sowie der intensiven Zusammenarbeit mit Industrie und Wirtschaft. Ziel ist ein ständiger Wissenstransfer in vielfältigen Forschungs- und Entwicklungsvorhaben."

Dies alles beweist, daß für junge Leute die Fachhochschulen eine chancenreiche Alternative zum Universitätsstudium darstellen.

FHTE – traditionsbewußt und zukunftsorientiert

Blick auf den neuen Campus am Standort Esslingen-Stadtmitte mit den neuen Laborgebäuden der Fachbereiche Chemieingenieurwesen und Maschinenbau

Allgemeine Informationen

Die Anfänge der FHTE

Im Jahre 1868 wurde an der Königlich-Württembergischen Baugewerkeschule in Stuttgart eine Abteilung für die Ausbildung von Maschinenbau-Ingenieuren eingerichtet. Das große Interesse ließ die Kapazitäten in Stuttgart bald an ihre Grenzen stoßen. Die industrielle Entwicklung, vor allem im Bereich des Maschinenbaus, war in Esslingen, einer Nachbarstadt von Stuttgart, Anfang des 20. Jahrhunderts bereits weit fortgeschritten.

Von Stuttgart nach Esslingen

Im Jahre 1914 wurde die Königlich-Württembergische Maschinenbauschule, an der damals ca. 600 junge Menschen studierten, von Stuttgart nach Esslingen verlegt. In den folgenden Jahren erweiterte man das Ausbildungsspektrum durch Elektrotechnik, Feinwerktechnik, Nachrichtentechnik sowie Heizungs- und Lüftungstechnik. 1938 wurde die Maschinenbauschule in die Staatliche Ingenieurschule Esslingen umbenannt.

Umfangreiche Erweiterungen des Fächerspektrums

Im Jahre 1971 haben sich aus den Ingenieurschulen die Fachhochschulen entwickelt. In Esslingen wurde zu dieser Zeit das Fächerspektrum um die Fachbereiche Technische Informatik und Wirtschaftsingenieurwesen ergänzt. 1988 folgten die Studiengänge Elektronik/Mikroelektronik und Maschinenbau/Fertigungssysteme am Standort in Göppingen, ca. 30 km von Esslingen entfernt.

Die FHTE auf Platz 1 in bezug auf Praxis, Lehre und Zusammenarbeit mit der Industrie

Das Manager Magazin hat im März 1996 in einer alle 3 Jahre stattfindenden Umfrage zur Qualität und Bewertung von Ingenieurwissenschaftlichen Hochschulen die Fachhochschule Esslingen – Hochschule für Technik – auf Platz 1 bei den technischen Fachhochschulen der Bundesrepublik Deutschland gesetzt! Sie ist damit in bezug auf Praxis, Lehre und Zusammenarbeit mit der Industrie die erfolgreichste Fachhochschule.

Anpassung des Studienangebotes an die Bedürfnisse der Industrie

Im Jahre 1995 wurde die Fachhochschule Esslingen – Hochschule für Technik aufgrund der sich verändernden Anforderungen der Industrie umstrukturiert. Es sind nun 9 Fachbereiche mit insgesamt 15 Studiengängen und 4 Aufbaustudiengängen eingerichtet. Mit dieser Anpassung der Hochschule an die Bedürfnisse der Industrie ist der Grundstein gelegt für eine erfolgreiche Ausbildung junger Ingenieurinnen und Ingenieure in das nächste Jahrtausend.

Die Tabelle gibt einen Überblick mit den Fachbereichsstandorten Stadtmitte Esslingen (SM), Hochschulzentrum Esslingen (HZE) und dem nur 33 km entfernten Standort Göppingen (GP).

Warum an der FHTE studieren?

Das Studium an der FHTE bietet entscheidende Vorteile für eine zeitgemäße, an der Praxis orientierte Ausbildung.

- Studieren in kleinen Gruppen, Teamarbeit
- Seminaristische, interaktive Vorlesungen, Übungen und Seminare
- Persönlicher Kontakt zwischen Studierenden und Professoren
- Enger Zusammenhang zwischen Vorlesung und begleitenden Laborversuchen
- Praxis- und anwendungsorientierte Ausbildung
- Vielfältige Kontakte zur Industrie
- Regelmäßige Anpassung der Vorlesungsinhalte an den Stand der Technik unter Mitwirkung zahlreicher Experten aus der Industrie
- Vermittlung sozialer, methodischer und anwendungsbezogener Kompetenzen
- Auslandsaufenthalte während des Studiums
- Sehr gute Berufsaussichten

Tabelle: Fachbereiche und Studiengänge an der FHTE

Fachbereiche		Studiengänge
Betriebswirtschaft	HZE	Wirtschaftsingenieurwesen Technische Betriebswirtschaft Aufbaustudiengang Wirtschaftsingenieurwesen Aufbaustudiengang International Industrial Management Master of Business Administration (MBA)
Chemieingenieurwesen	SM	Chemieingenieurwesen/Farbe-Lack-Umwelt Aufbaustudiengang Umweltschutz (in Kooperation mit FH Nürtingen, FH Reutlingen, FHT Stuttgart)
Elektrische Energietechnik	SM	Elektrische Energietechnik
Fahrzeugtechnik	SM	Fahrzeugtechnik/Antrieb und Service Fahrzeugtechnik/Karosserie und Mechatronik Aufbaustudiengang Maschinenbau/Informatik
Grundlagen	SM HZE GP	
Informationstechnik	HZE	Nachrichtentechnik Technische Informatik Softwaretechnik
Maschinenbau	SM	Maschinenbau/Entwicklung und Konstruktion Maschinenbau/Produktion und Organisation
Mechatronik	GP	Mechatronik/Elektronik Mechatronik/Feinwerktechnik Mechatronik/Automatisierungstechnik
Versorgungstechnik	SM	Versorgungstechnik

Bei den Berufsaussichten ist ein eindeutiger Trend zu erkennen hin zu einem stark wachsenden Ingenieurbedarf. Wer heute ein Studium an der FHTE beginnt, wird in 4 Jahren ein begehrter Absolvent sein!

Teamfähigkeit im Vordergrund

An der FHTE sind knapp 4000 Studierende, davon ca. 300 ausländische Studierende, eingeschrieben. Die Schwerpunkte der Lehre liegen auf einer breiten Grundlagenausbildung sowie auf Anwendungsbezug. Die theoretische Ausbildung wird durch intensive Praktika in 55 sehr gut ausgestatteten Laboratorien praxisnah unterstützt. Die Studierenden bearbeiten Projekte in Gruppen und lernen dabei durch Zusammenarbeit Teamfähigkeit. Neben den technischen Fächern werden Gebiete wie Führungsmethoden, Präsentation und Moderation angeboten. Die Studierenden haben die Möglichkeit, an der Hochschule 12 Fremdsprachen zu erlernen.

Teamwork an der FHTE – eine Selbstverständlichkeit

Internationale Abschlüsse

Die FHTE unterhält weltweite Kooperationen zu über 60 international renommierten Hochschulen. Diese freundschaftlichen und engen Verbindungen werden in starkem Maße gepflegt und ermöglichen den Studierenden Auslandsaufenthalte in allen Teilen der Erde.

Um die Fachhochschulausbildung für ausländische Bewerber attraktiver zu machen und um international verbreitete Hochschulabschlußgrade auch für deutsche Hochschulabsolventen zu erschließen, bereitet die FHTE verschiedene Master-Studiengänge vor.

So ist ab Wintersemester 98/99 der Aufbaustudiengang International Industrial Management – Master in Business Administration (MBA) eingerichtet worden, der erste seiner Art, dessen Master-Abschlußgrad vollständig von einer deutschen Hochschule vergeben wird. Eingangsvoraussetzungen sind ein internationales Bachelor Degree oder ein Hochschul-Diplom in einem betriebswirtschaftlichen bzw. einem einschlägigen technischen Studiengang. Ausländische Hochschulen werden partnerschaftlich einbezogen.

Firmenkooperation

Umfangreiche Firmenkooperationen sind Tradition an der FHTE. Viele der Studien- und Diplomarbeiten finden unmittelbar in der Industrie statt, wodurch die Studierenden Gelegenheit erhalten, praxisrelevante Projekte zu bearbeiten und so die für die spätere Tätigkeit unbedingt notwendigen Industrieerfahrungen zu sammeln. In 13 Transferzentren werden Entwicklungen im Auftrag der Industrie durchgeführt, zahlreiche Studierende und Absolventen erhalten hier weitere intensive Kontakte sowohl zu kleinen und mittelständischen Firmen der Region als auch zu Weltkonzernen.

Dank zahlreicher Spenden im Umfang von insgesamt 15 Mio. DM ist der Verein der Freunde der FHTE mit seinen Mitgliedsfirmen Garant für eine Ausbildung auf dem neuesten Stand der Technik.

Angewandte Forschung und Entwicklung (FuE)

Seit 1996 konnten viele FuE-Projekte begonnen werden, die die Breite der ingenieurwissenschaftlichen Ausbildung unterstützen. Die aus Landes-, Bundes- und EU-Mitteln geförderten Vorhaben stehen in direktem Bezug zu Themen, die in den Vorlesungen und Studierendenprojekten bearbeitet werden. So ist auch im FuE-Bereich gewährleistet, daß Belange der Studierenden wie auch der Industrie mit einfließen und der Praxisbezug ständig sichergestellt ist.

Blick ins nächste Jahrtausend

Die FHTE lehnt sich trotz ihrem uneingeschränkten sehr guten Ruf nicht zurück. Im Frühjahr 98 hat eine 50köpfige Expertenkommission auf einem Wochenendseminar die Weichen gestellt für eine noch attraktivere Ausbildung, an den Erfordernissen der Industrie ausgerichtet. Somit bürgt auch in Zukunft das Studium am „Stall" in Esslingen für eine ausgezeichnete Ingenieurausbildung.

Elektrotechnisch orientierte Studiengänge an der FHTE

In allen Fachbereichen werden im Rahmen von Grundlagenvorlesungen und Seminaren vielfältige elektrotechnische Kenntnisse und Fertigkeiten vermittelt. Daneben sind vor allem drei Fachbereiche hervorzuheben, die sich durch eine umfassende elektrotechnische Ausbildung auszeichnen. Es sind dies die Fachbereiche Elektrische Energietechnik (EE), Informationstechnik (IT) und Mechatronik (MT). Studieninhalte wie Betriebswirtschaft, Projekt- und Qualitätsmanagement oder technisches Englisch sind selbstverständlich in allen Studiengängen integriert.

Der Fachbereich Elektrische Energietechnik

Der Studiengang **Elektrische Energietechnik** befaßt sich mit der Erzeugung, Verteilung, Umformung und Anwendung elektrischer Energie, wobei Effizienz und rationelle Energieverwendung eine besondere Rolle spielen. Das Hauptstudium beinhaltet neben der Automatisierungstechnik zwei Studienschwerpunkte. Der Schwerpunkt Elektrische Antriebstechnik umfaßt die verschiedenen elektrischen Maschinen und ihre elektronische Steuerung. Elektrische Bahn- und Fahrzeugantriebe sowie Klein- und Servoantriebe für Roboter runden diesen Schwerpunkt ab.

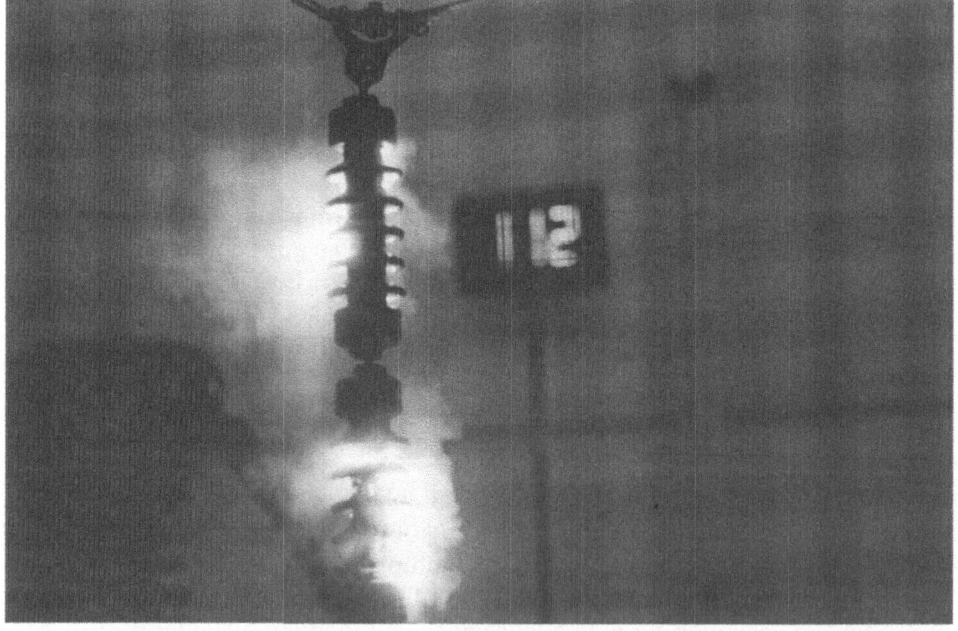

Fachbereich Elektrische Energietechnik: Prüfung eines verschmutzten Isolators im Hochspannungslabor, Durchschlag bei 112 kV

Im Schwerpunkt elektrische Energieversorgung erfahren die Studierenden eine Vertiefung in Richtung Energieübertragung, Schaltanlagen und Hochspannungstechnik. Netzplanung, Netzbetrieb und als zukunftsweisendes Gebiet die regenerativen Energien bilden die Kernkompetenzen dieses Studienschwerpunktes.

Der Fachbereich Informationstechnik

Dieser Fachbereich ist in drei Studiengänge untergliedert. Der Studiengang **Nachrichtentechnik** befaßt sich mit Systemen und Geräten der Kommunikationstechnik, der Übertragung, Vermittlung und Verarbeitung von Informationen, Mobilfunk und Rechnernetzen; ATM, ISDN, Satellitenübertragung sind weitere wesentliche Bestandteile des Studiums. Die Studierenden lernen den Aufbau, die Funktion und den Entwurf nachrichtentechnischer Systeme intensiv kennen und setzen diese Kenntnisse um in die gerätetechnische Realisierung und in die notwendige Software.

Fachbereich Informationstechnik: Weltweite Kontakte durch moderne Funksysteme auf dem Dach der FHTE

Im Studiengang **Softwaretechnik** wird die Fähigkeit vermittelt, große Softwaresysteme ingenieurmäßig mit planbarem Entwicklungsaufwand und vorgegebener Qualität zu entwickeln. Theorien der Informatik werden hier zu praxisgerechten Lösungen umgesetzt. Die Beherrschung der Komplexität großer Informationsmengen, ihrer Verarbeitung und Darstellung durch die richtige Strukturierung und Entwicklung der Software ist das Anliegen der Softwaretechnik.

Die **Technische Informatik** als dritter Studiengang umfaßt die Prozeßinformatik und Systeme der Automatisierungstechnik. An Geräte der Automatisierungstechnik werden hohe Sicherheits- und Zuverlässigkeitsanforderungen gestellt. Entwurf, Entwicklung und Erprobung von Software unter Randbedingungen wie Echtzeitrealisierbarkeit, Sicherheit und Zuverlässigkeit werden den Studierenden vermittelt. Daneben stehen die technischen Prozesse sowie die Schnittstellen und die Kommunikation zwischen den Rechnersystemen und den Prozessen im Vordergrund.

Der Fachbereich Mechatronik

Hier sind drei Studiengänge integriert unter dem Dach der Mechatronik. Der Studiengang **Automatisierungstechnik** mit seinen Schwerpunkten Geräte- und Systemautomatisierung bzw. Prozeßdatenverarbeitung verknüpft Gebiete der Mechanik, Elektronik und Mikroprozessortechnik mit dem vertieften Wissen im

Fachbereich Mechatronik: Reinraumimpressionen durch das Fischauge

Bereich der Softwaretechnik und der Datenverarbeitung. Im Vordergrund stehen einerseits Feldbusse und Rechnernetze sowie Meß-, Steuer- und Regeltechnik, andererseits die Sprach- und Bildverarbeitung, Simulation und Optimierung von Systemen.

Im Studiengang **Elektronik** stehen die praxisorientierte Entwicklung von integrierten Schaltkreisen und elektronischen Baugruppen sowie die Integration mit anderen Technologien zu mechatronischen Systemen im Vordergrund. Im Schwerpunkt Mikroelektronik werden Themen wie Chipdesign, SMD- und Mikroprozessortechnik hinsichtlich Entwurf, Layout und Test gelehrt. Im Schwerpunkt Mikrosystemtechnik stehen Problemstellungen zur Miniaturisierung von Komponenten der Mikroelektronik in Verbindung mit Mikromechanik, Mikrooptik und Mikrofluidik im Vordergrund der Ausbildung.

Der Studiengang **Feinwerktechnik** betrachtet die zunehmende Miniaturisierung von Komponenten aus Sicht der Mechanik und der Werkstofftechnik unter besonderer Berücksichtigung der konstruktiven Aspekte. Die in das System integrierte Elektronik sowie das technische Umfeld sind wichtiger Bestandteil im Studium, ebenso wie die Optik und Optoelektronik.

Dipl.-Ing. Carsten Holzapfel
Fachhochschule Esslingen
Hochschule für Technik
Kanalstraße 33
73728 Esslingen
Telefon: 0711/397-3008
Telefax: 0711/397-3018
E-Mail: presse@fht-esslingen.de
http://www.fht-esslingen.de

Fachhochschule Reutlingen
Hochschule für Technik und Wirtschaft

Fachbereich Automatisierungstechnik

Das Vordringen des Computers zur Steuerung technischer Abläufe in Industrie und Handel hat zu einem neuen Berufsbild geführt: Dem Ingenieur der Automatisierungstechnik. Dieser muß über vertiefte Kenntnisse auf den drei Gebieten

Informatik,

Elektrotechnik und

Automatisierte Anlagen und Systeme

verfügen. Das Studium der Automatisierungstechnik in Reutlingen vermittelt genau diese Fachgebiete in Theorie und Praxis.

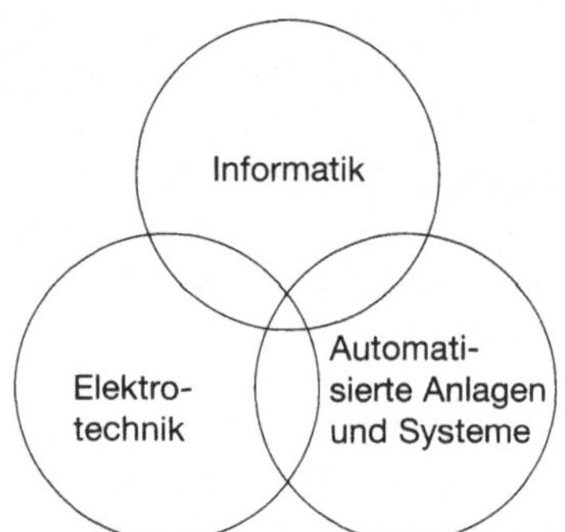

Die Informatikausbildung umfaßt u. a. Algorithmenlehre, Programmierung, Datenbanken und Kommunikationsnetze. In der Elektrotechnik lernen die Studentinnen und Studenten unter anderem, wie man digitale und analoge Schaltungen entwickelt und wie Sensoren, Regler und Antriebe aufgebaut sind. Im dritten Fachgebiet, das wir „Automatisierte Anlagen und Systeme" nennen, stehen automatisierungsspezifische Lehrveranstaltungen wie Industrieroboter, Prozeßautomatisierung und System Engineering auf dem Programm.

Neben diesen technisch orientierten Fächern enthält das Studium in Reutlingen jedoch auch die von der Industrie geforderten nichttechnischen Fächer Englisch, Betriebswirtschaft, Recht und Teamarbeit. Aus vielen Gesprächen mit Absolventen und Führungskräften aus der Industrie wissen wir, daß dieses Fächerspektrum den Anforderungen der Praxis hervorragend entspricht.

Das Arbeitsgebiet der Absolventen liegt nicht nur in der automatisierten Produktion, sondern auch in der Verkehrstechnik, der Umwelttechnik, der Logistik (z. B. Steuerung von Hochregallagern), der Gebäudeautomatisierung usw. Infolge ihrer umfassenden Informatikausbildung werden die Absolventen jedoch auch von Betrieben, die andere technische Computeranwendungen realisieren, bevorzugt eingestellt, z. B. für Tätigkeiten im Zusammenhang mit hausinternen oder weltweiten Computernetzen.

Die Professoren des Fachbereichs Automatisierungstechnik arbeiten intensiv in Forschungs- und Entwicklungsprojekten sowie in Standardisierungsgremien mit der Industrie zusammen. Das Steinbeis-Transferzentrum Automatisierung (STA) hat z. B. eine Feldbus-Protokollsoftware (CANopen) entwickelt, die inzwischen in über 90 Implementierungen in über 10 Ländern im Einsatz ist. Das Steinbeis-Transferzentrum CAD/CAM besitzt umfangreiche Erfahrungen in der Entwicklung von Software, die auf der Win95- und der WinNT-Plattform basiert. Insgesamt sind über 15 Mitarbeiter mit Forschungs- und Entwicklungsprojekten beschäftigt. Die Studierenden profitieren davon durch eine technisch aktuelle Lehre und Studien- und Diplomarbeiten, die praxisorientierte Themen behandeln.

Prof. Dr.-Ing. Jürgen Schwager
Fachhochschule Reutlingen
Hochschule für Technik und Wirtschaft
Fachbereich Automatisierungstechnik
Alteburgstraße 150
72762 Reutlingen
Telefon: 07121/ 271610
Telefax: 07121/ 271605
E-Mail: automatisierungstechnik@fh-reutlingen.de
(Internet: www.fh-reutlingen.de, Tel. 07121/271610)

Fachhochschule Reutlingen, Hochschule für Technik und Wirtschaft

Fachbereich Elektronik

Der Fachbereich Elektronik, der 1989 mit Unterstützung und auf Anforderung namhafter Elektronik-Firmen der Region (Bosch, Wandel und Goltermann) gegründet wurde, ist der jüngste Fachbereich der Fachhochschule, und gerade deshalb ein innovativer Bereich mit umfangreichen, sich rasch entwickelnden Kontakten zur heimischen Industrie.

Das erklärte Ausbildungsziel des Fachbereichs ist es, den Absolventen fundierte Kenntnisse und Systemkompetenz sowohl in Hardware- als auch in Softwaretechnik zu vermitteln. Da moderne Elektronikentwicklung nicht ohne computergestützte Methoden auskommt, konzentrieren sich die Studieninhalte gleichermaßen auf die

- Elektronik-Hardware-Entwicklung wie auf
- praktische Informatik im Elektronikbereich.

Ein hoher Praxisanteil in der Ausbildung (mehr als 50 % studienbegleitende Praktika, Projektarbeiten und Diplomarbeiten in Zusammenarbeit mit der Industrie) fördert Systemkompetenz, Selbständigkeit, Kreativität und Teamfähigkeit der Absolventen.

Eine breite und gleichzeitig spezialisierte Elektronikausbildung wird in den technologisch modern mit Rechentechnik und allgemeiner Elektronik-Hardware ausgestatteten Labors des Fachbereichs ermöglicht:

- Informations- und Kommunikationstechnik
- Computer Aided Design / Computer Aided Electronic Engineering
- Mikroprozessortechnik
- Halbleiterelektronik / -meßtechnik
- analoge und digitale Schaltungstechnik, Energieelektronik
- Softwaretechnologie

Mehr als 80 Firmen der Region, insbesondere aus der mittelständischen Elektronikindustrie, nutzen das Potential an Know-how, welches sich durch die Zusammenarbeit im Rahmen von Diplomarbeiten und des Technologietransfers am Fachbereich akkumuliert hat.

Für die innovativen Entwicklungen am Fachbereich sollen hier nur zwei aus einer Vielzahl von Beispielen genannt werden:

Ein Kleinwechselrichter für Solaranlagen. Mit diesem Modul, der im Labor für Digitalelektronik entwickelt wurde, ist ein bedeutender Beitrag zur breiteren Nutzung der Solarenergie geschaffen worden. Er zeichnet sich dadurch aus,

- daß er bei einem höheren Wirkungsgrad
- billiger als vergleichbare Lösungen produzierbar ist
- und als kompakte Einheit mit dem Solarpaneel extrem leicht installiert werden kann, ja „baumarktfähig" ist und insbesondere für den Eigenheimbereich geeignet ist.

Die an der Entwicklung beteiligten Kollegen sind zuversichtlich, damit zur weiteren ökologischen Nutzung der Solarenergie einen entscheidenden Schritt vorangekommen zu sein, besonders deshalb, weil derzeit eine Firma aus Reutlingen die Produktion des Wechselrichtermoduls vorbereitet.

Ein mikrocontrollergesteuertes Meßwerterfassungssystem zur Online-Überwachung von Bremssystemen bei Mountain-Bikes.

Auch dies ist ein typisches Beispiel dafür, wie die Elektroniker ihre Aufgabe als Vermittler von Technologie-Know-how für die heimische Industrie wahrnehmen. Für die Firma Magura, ein wohlbekannter Hersteller von Fahrradbremsen im High-Tech-Bereich, wurde ein Computerauswertesystem entwickelt, welches unter rauhen Feldbedingungen eine Vielzahl von Meßdaten (Beschleunigung, Bremsdruck, Temperatur u.v.a.) im Langzeitbetrieb zu erfassen gestattet. Das System ermöglicht nunmehr der Firma die entscheidende Optimierung bei der Weiterentwicklung ihrer Produkte.

Diese Beispiele sollen zeigen, daß sich die Aufgaben des Fachbereichs als Ausbildungsstätte für zukünftige Elektronikingenieure und als Zentrum für technologischen Fortschritt erfolgreich verbinden lassen.

Prof. Dr. Rolka – Telefon 07121/341104 – http://www.fh-reutlingen.de

Das High-Tech-Mountain-Bike, „vollgestopft" mit computergesteuerter Meßtechnik. Bald wird ein Testfahrer damit „downhill" rasen.

Technologie- und Know-how-Transfer am Beispiel der Steinbeis-Stiftung

Unsere Wirtschaft kämpft trotz konjunktureller Aufwärtstendenzen immer noch mit einem enormen technologiebedingten Strukturwandel. Die Schlüsseltechnologien, wie beispielsweise Mikroelektronik, Mikrosystemtechnik, Kommunikationstechnik, neue Werkstoffe und Biotechnologie haben die Welt der Unternehmen grundlegend verändert und beeinflussen sie weiterhin nachhaltig. Die Internationalisierung hat zugenommen und führt bei allen positiven Impulsen auch zu einer verschärften Wettbewerbssituation. Um Technologien schneller zu integrieren und neue Marktanteile zu erobern, nutzen die Unternehmen die Dienstleistungen der Steinbeis-Stiftung, denn Innovationen und eine schnellere Umsetzung von Forschungsergebnissen in verkaufbare Produkte und wirtschaftliche Verfahren sind ohne Zweifel der Motor des Aufschwungs. Die Steinbeis-Stiftung unterstützt die Unternehmen durch Beratungen, Forschungs- und Entwicklungsprojekte und Weiterbildungsmaßnahmen in allen technischen und wirtschaftlichen Bereichen. 3500 Fachleute aus über 350 Transferzentren und eine Vielzahl von Kooperations- und Projektpartnern sind für die Stiftung im In- und Ausland tätig.

Baden-Württemberg verfügt über eine hervorragende Forschungsinfrastruktur, die entscheidende und wichtige Impulse an die Wirtschaft weitergeben kann. Die synergetische Nutzung aller Verstärker und Instrumente des Technologietransfers kann die Wettbewerbsposition der Unternehmen entscheidend verbessern. Dabei wird Technologietransfer nicht als einseitiger Prozeß verstanden, sondern als Dialog, der sich auf sämtliche Know-how-Bereiche erstreckt. Wie bei jeder effizienten Form der Zusammenarbeit befruchten sich auch hier Wissenschaft und Wirtschaft gegenseitig. Neue wissenschaftliche Erkenntnisse werden schneller wirtschaftlich umgesetzt und praktische Erfahrung fließt stärker in Forschung und Entwicklung ein.

1 Definition des Technologie- und Know-how-Transfers

Dem Technologie- und Know-how-Transfer haben sich seit vielen Jahren zahlreiche Institutionen mit unterschiedlichen Schwerpunkten verschrieben. Er besteht aus drei wesentlichen Elementen: einer Quelle, einem Empfänger und einem Verfahren. Wer Transfer betreiben will, muß etwas zu transferieren haben und

Verfasser des Beitrags: Professor Dr. Johann Löhn
Regierungsbeauftragter für Technologietransfer in Baden-Württemberg
Vorstandsvorsitzender der Steinbeis-Stiftung für Wirtschaftsförderung

über eine Technologie- bzw. Know-how-Quelle verfügen. Dies können eine Forschungseinrichtung, ein technologieorientiertes Unternehmen oder ein hochindustrialisiertes Land sein. Es ist manchmal schon erstaunlich, wer sich Technologietransfer auf seine Fahnen geschrieben hat, ohne Technologiequellen direkt verfügbar zu haben. Technologie- bzw. Know-how-Empfänger sind meist kleine und mittlere Unternehmen. Es können aber auch Regionen, Entwicklungs- oder Schwellenländer sein. Die Möglichkeiten, Technologien und Know-how von der Quelle zum Empfänger zu bringen, können außerordentlich vielfältig sein. Um diese Vielfältigkeit zu strukturieren, teilen wir den Technologie- und Know-how-Transfer in die folgenden vier Gruppen ein:

Informationstransfer
Verstärkertransfer
Vorwettbewerblicher Transfer
Wettbewerblicher Transfer

Informationstransfer

Beim Informationstransfer werden allgemeine und fachbezogene Informationen bereitgestellt, die häufig den Grundstein für Innovation legen. Hierzu gehören Publikationen, insbesondere Forschungsberichte und Weiterbildungsveranstaltungen. Zusätzlich funktioniert Informationstransfer über „Köpfe", wie beispielsweise über Innovationsberater, die es nicht nur bei den Kammern, sondern auch an vielen Forschungseinrichtungen und bei Verbänden gibt. Synergetisch genutzt stellen sie eine hervorragende Informationsmöglichkeit für den Technologieempfänger dar.

Verstärkertransfer

Beim Verstärkertransfer geht es um mehr als Informationsvermittlung. Hier bewegt sich der Technologieempfänger bereits in Richtung eines konkreten Projektes. Beim Verstärkertransfer unterscheidet man folgende Maßnahmen:

Förderprogramme und Steuern. Sie bilden häufig notwendige Voraussetzungen für die Umsetzung einer Idee. Allerdings zeigt die langjährige Erfahrung der Steinbeis-Stiftung, daß einzelbetriebliche Förderprogramme behutsam eingesetzt werden sollten, da sonst die Gefahr besteht, daß Firmen gegründet werden, weil es Fördermittel gibt und nicht, weil sie ein wettbewerbsfähiges Produkt haben. Der Staat könnte die Unternehmen am besten unterstützen, wenn er ihnen eine deutliche Steuerentlastung bei FuE-Investitionen gewährte.

Weitere Maßnahmen des Verstärkertransfers sind jeglische Formen von Arbeitskreisen, wie beispielsweise die Kommission „Wirtschaft 2000", die der Ministerpräsident des Landes Baden-Württemberg eingesetzt hat. In ihrem Bericht empfiehlt sie zahlreiche Verstärkertransfer-Maßnahmen, wie z. B. die verstärkte Öffnung der Universitäten für den Technologietransfer in kleine und mittlere Unternehmen. Die Umsetzung ist bereits erfolgt. Die Steinbeis-Stiftung gründete eine Vielzahl von Transferzentren an Universitäten.

Technologie- und Technologiebetreuungszentren gehören ebenfalls zum Verstärkertransfer. Technologiezentren befinden sich in Hochschulnähe und sind technologieorientierten Unternehmensgründern vorbehalten. Technologiebetreuungszentren dagegen sind Zentren an hochschulfernen Orten. Hier können sich auch bereits am Markt etablierte Firmen ansiedeln. Der Begriff „Betreuung" entstand aus der Tatsache, daß die Steinbeis-Stiftung den Trägern dieser Einrichtungen, z. B. Kreis, Stadt, Land, Sparkassen, Banken in der Art eines Franchising-Systems Know-how zukommen ließ. Dieses hat in Baden-Württemberg unspektakulär zu guten Ergebnissen geführt.

Vorwettbewerblicher Transfer

Beim vorwettbewerblichen Transfer geht es darum, Entwicklungen durchzuführen, deren Ergebnisse nicht nur einem Einzelunternehmen sondern einer ganzen Branche zugänglich sind.

Der vorwettbewerbliche Transfer kennzeichnet folgende Einrichtungen:

Universitäten und Fachhochschulen zeichnen sich insbesondere durch vorwettbewerbliche Forschung aus. Hier erfolgt ein enger Dialog zwischen Anwendung und Grundlagenforschung. Die Ergebnisse dieser Institutionen sind i. a. die Vorstufen konkreter und wettbewerbsfähiger Produkte und Verfahren.

Die Institute der Fraunhofer-Gesellschaft zeichnen sich sowohl durch vorwettbewerblichen Transfer als auch durch wettbewerblichen Transfer aus. Bei den Fraunhofer-Instituten schafft der vorwettbewerbliche Transfer die Voraussetzungen, konkrete Projekte für Einzelunternehmen durchzuführen.

Zur dritten Gruppe gehören die „An-Institute" einschließlich der in Baden-Württemberg beheimateten Institute der industriellen Gemeinschaftsforschung. In ihrer Grundkonzeption sind sie den Fraunhofer-Instituten ähnlich. Sie betreiben alle zu einem gewissen Grade vorwettbewerbliche Forschung, um die Voraussetzung zu schaffen, wettbewerbliche Produkte und Verfahren hervorzubringen.

Wettbewerblicher Transfer

Im wettbewerblichen Transfer sind sowohl einige der bereits im vorwettbewerblichen Transfer genannten Institutionen tätig. Der wettbewerbliche Transfer stellt vor allem das klassische Aufgabenfeld der Steinbeis-Stiftung dar, da sie Technologie- und Know-how-Quellen für die Unternehmen streng nach den Regeln des Marktes zugänglich macht.

2 Die Steinbeis-Stiftung und ihre Grundsätze

Konkreter Technologie- und Wissenstransfer charakterisieren das Tun und Wirken der Steinbeis-Stiftung seit über 25 Jahren. Sie versteht sich als Partner der Unternehmen: als Beratungsinstanz zu allen Fragen der Innovationsförderung und als Schaltstelle im Wissens- und Technologietransfer. Immer in der Verantwortung, den Unternehmen neue Chancen im hart umkämpften globalen Wettbewerb zu eröffnen und mit dem Bestreben, schnell und unkompliziert wissenschaftliche Erkenntnisse für sie nutzen- und projektbezogen aufzubereiten und zielgerichtet ein- und umzusetzen.

Die Arbeitsweise der Steinbeis-Stiftung spiegelt sich in den folgenden acht Axiomen wider:

1. Axiom: Nutzung der FuE-Infrastruktur
Um einen wettbewerblichen Transfer zu gewährleisten, nutzt die Steinbeis-Stiftung – durch entsprechende Vereinbarungen – die vom Staat zur Verfügung gestellte Hochschulinfrastruktur, insbesondere in personeller Hinsicht. Sie versteht sich als selbständige professionelle Institution, die Ergebnisse aus Forschung und Entwicklung für die Industrie nutzbar macht.

2. Axiom: Kundennutzen
Transferdienstleistungen müssen sich am Markt und am Kunden orientieren; daher sind Subventionen für einen erfolgsorientierten Transfer schädlich. Es ist für jeden Unternehmer selbstverständlich, für eine Dienstleistung zu bezahlen. Einzige Voraussetzung ist: sie muß für ihn von Nutzen sein. Um diesem Ziel gerecht zu werden, werden alle Zentren der Steinbeis-Stiftung als Profit-Zentren geführt.

3. Axiom: Schnittstelle Staat – Wirtschaft
Diese Stelle ist im Technologietransfer ein sensibler Punkt. Bei einer rein privatwirtschaftlichen Organisation hat der Staat keine infrastrukturellen Einflußmöglichkeiten, die bei einem allgemeinen Konsens der Innovationsrichtungen durchaus vernünftig sein kann. Andererseits ist bei einer rein staatlichen Organisation nicht gewährleistet, daß auch im Sinne der Wirtschaft gehandelt wird.

Die Steinbeis-Stiftung verzichtet daher auf institutionelle Förderung und finanziert sich zu über 95 % aus Beratungs- und Entwicklungsaufträgen, die für die mittelständische Wirtschaft erbracht werden. Sie unterliegt somit keinen staatlichen Regelungen. Der Schulterschluß mit dem Staat findet über den Vorstandsvorsitzenden der Stiftung statt, der in Personalunion Regierungsbeauftragter für Technologietransfer in Baden-Württemberg ist. Schnittstellenkonflikte hat es in den 14 Jahren seit Bestehen dieser Struktur nicht gegeben.

4. Axiom: Verfügbarkeit
Um den verschiedensten und vielfältigsten Kundenwünschen gerecht zu werden, bietet die Steinbeis-Stiftung die gesamte Bandbreite an Technologien an. Dies ist möglich, da die Stiftung die gesamte Forschungsinfrastruktur nutzt und mehr als 3500 Professoren, Ingenieure, Informatiker, Naturwissenschaftler, Techniker etc. in diesem Verbund mitarbeiten.

5. Axiom: Anpassungsfähigkeit
Mehr denn je sind heute Flexibilität und Anpassungsfähigkeit gefragt, wenn man bedenkt, welchen strukturellen Wandel die neuen Technologien bei Produkten, Verfahren und Systemen hervorrufen. Dies erfordert auch ein flexibles und immer den aktuellen Anforderungen des Marktes angepaßtes Transferangebot. Eine heute aktuelle Dienstleistung kann morgen schon von gestern sein. Bezogen auf die Steinbeis-Stiftung heißt dies, daß nicht nur neue Transferzentren mit neuen Dienstleistungen eröffnen, sondern auch bestehende Transferzentren, deren Angebot nicht mehr den Anforderungen entspricht, geschlossen werden.

6. Axiom: Ganzheitlichkeit
Der Kunde fordert eine ganzheitliche Problemlösung. Es genügt nicht, das Augenmerk ausschließlich auf die Technologie zu legen. Vielmehr müssen auch Faktoren wie Management, Zeit, Umwelt, Finanzierbarkeit, Markt, Marketing u.v.a.m. beim Technologietransfer berücksichtigt werden. Dieser Prämisse gerecht wird die Stiftung zum einen durch ihre fünf Dienstleistungsbereiche Beratung, Forschung und Entwicklung, Weiterbildung, Internationaler Technologietransfer und Förderung, zum anderen durch die 3500 Fachleute der unterschiedlichsten Fachrichtungen.

7. Axiom: Dezentralisierung und flache Hierarchie
Ein effizientes Wachstum ergibt sich nur durch Dezentralisierung. Eigenverantwortlichkeit der Mitarbeiter ist nur bei flacher Hierarchie gewährleistet. Bei der Steinbeis-Stiftung geschieht dies über kleine und dezentrale Organisationseinheiten, den mehr als 350 spezifizierten Steinbeis-Transferzentren.

8. Axiom: Internationalisierung
Globalisierung gilt heute längst nicht nur für Großkonzerne, auch der Mittelstand ist gezwungen, sich dem internationalen Wettbewerb zu stellen. Um diesem Anspruch gerecht zu werden, verfügt die Steinbeis-Stiftung über ein weltweites Netzwerk von Transferzentren, Kooperations- und Projektpartner. Über dieses Netzwerk bietet sie den Unternehmen fachmännische Unterstützung bei den ersten Schritten in bislang unbekannte Märkte und fungiert als Ratgeber und Wegbereiter bei der Vorbereitung von Kooperationen, Forschungs- und Verbundprojekten.

3 Die Dienstleistungen der Steinbeis-Stiftung für die Wirtschaft

Seit mehr als 25 Jahren ist die Steinbeis-Stiftung erfolgreich im Technologie- und Know-how-Transfer tätig. Von anfänglich 16 Technischen Beratungsdiensten an den Fachhochschulen des Landes Baden-Württemberg entwickelte sich die Stiftung zu einem Transfernetz, dem heute mehr als 350 Transferzentren und eine Vielzahl von Kooperations- und Projektpartnern im In- und Ausland angehören. Diese starke Expansion, bedingt durch die steigende und sich ändernde Nachfrage aus der Wirtschaft, führte im letzten Jahr auch zu einer neuen, den vielfältigen Aufgaben angepaßten Unternehmensstruktur. Zu den Aufgaben der eigentlichen Steinbeis-Stiftung gehören nunmehr das zentrale Management und die Durchführung gemeinnütziger Projekte. Beratungen, Forschungs- und Entwicklungsaufträge sowie Weiterbildungsmaßnahmen werden in der Steinbeis GmbH & Co. für Technologietransfer, einer 100%igen Tochter der Steinbeis-Stiftung, durchgeführt. Zu dieser gehören:

- Steinbeis-Transferzentren an Universitäten, Fachhochschulen und Berufsakademien
- Steinbeis-Transferzentren mit Kooperationspartnern
- Steinbeis-Transferzentren durch Spin-offs
- Unternehmen im Steinbeis-Verbund
- Steinbeis-Beteiligungen an Firmen

Durch diese strategische Neuorientierung sind die Stiftung und ihre Tochtergesellschaften noch flexibler und können noch differenzierter auf individuelle Kundenwünsche eingehen. Mit einem weltweiten Transfernetz, dem mehr als 350 fachlich hochspezialisierte Steinbeis-Transferzentren an 109 Standorten und Kooperations- und Projektpartner in 57 Ländern angehören, ist die Steinbeis-Stiftung für die Unternehmen im Einsatz. Mehr als 3500 Fachleute aus den unterschiedlichsten Disziplinen garantieren, daß keine noch so spezifische Fragestellung unbeantwortet bleibt.

Die Dienstleistungsbereiche der Steinbeis-Stiftung:

Beratung

- Analyse und Bewertung von Technologie, Unternehmen und Markt
- Projektmanagement
- Markt und Marketing
- Produktentwicklungs- und Diversifikationsstrategien
- Qualitätsmanagement und Zertifizierung
- Informationsmanagement
- Unternehmenskooperationen
- Kommunale Wirtschaftsförderung

Gutachten

- z. B. zur technischen Bonität

Forschung und Entwicklung

- Produktentwicklung
- Produkt- und Prozeßoptimierung
- Prototypenentwicklung

Internationaler Technologietransfer

- Internationale Kooperationen
- Technologievermittlung

Weiterbildung

- Managementprogramme und -seminare
- fachbezogene Seminare und Schulungen zu allen Technologien

Förderberatung

- EU-Förderprogramme
- Programme des Landes Baden-Württemberg

Steinbeis-Stiftung
für Wirtschaftsförderung
Willi-Bleicher-Straße 19
70174 Stuttgart
Postfach: 10 43 62
70038 Stuttgart
Telefon: 07 11 / 18 39-5
Telefax: 07 11 / 2 26 10 76
E-Mail: stw.stw.de
Internet: http://www.stw.de

TZ Kommunikationstechnik GmbH

Unsere Entstehung

Am Anfang stand ein genialer Gedanke des früheren Ministerpräsidenten von Baden-Württemberg, Lothar Späth, dessen besonderes Interesse der wirtschaftlichen Entwicklung dieses Bundeslandes galt. Technologietransfer hieß das Zauberwort, unter dem technisches Wissen insbesondere der Hochschulen dorthin transferiert wurde, wo es wirtschaftlich nutzbar war, vornehmlich in die kleinen und mittleren Betriebe, welche sich keine umfangreichen Entwicklungen leisten konnten.

Die Steinbeis-Stiftung unter der Leitung des Regierungsbeauftragten Prof. Löhn war und ist noch heute der ideale Rahmen, um das Hochschulwissen in die Wirtschaft zu transferieren, inzwischen sind es mehr als 300 Transferzentren, welche Projektarbeiten in ganz unterschiedlichen Fachgebieten ableisten. Gegründet wurden diese TZn fast ausschließlich von Hochschulprofessoren, die ihre Aktionen anfangs gemeinnützig, später mehr und mehr als wirtschaftlich organisiertes Unternehmen durchführten. Sie werden dabei von der Steinbeis-Zentrale in Personal- und Finanzfragen unterstützt.

Ende der 80er Jahre griff der an der Fachhochschule für Technik in Esslingen tätige Professor Eberhard Herter den Transfergedanken auf und startete das Steinbeis-Transferzentrum Kommunikationstechnik am Standort Esslingen. Seine Interpretation des Technologietransfers öffnete neue Wege: weitestgehende Unabhängigkeit im wirtschaftlichen Bereich, keine Einschränkungen bei der Kundenauswahl, kapazitives Wachstum verbunden mit unvergleichlich humaner Personalpolitik. Nachrichtentechnische Probleme beinahe aller Art nahm er in Angriff, präsentierte sowohl überzeugende Lösungen als auch qualifizierte Unterstützung bereits laufender Entwicklungen in der Industrie. Herter, nicht nur Vater vieler Patente und Autor anerkannter Fachbücher, handelte sich bald den Namen Technologie-Guru ein, eine Auszeichnung, welche ihm bei seinen vielen Vortragsreisen vorauseilt.

Mitte der 90er Jahre hatte er sein STZ bereits auf eine Größe von über 50 Ingenieuren geführt, und dieses stetige Wachstum setzte sich auch in den Folgejahren fort. Im Dialog mit der Steinbeis-Stiftung entwickelte sich deshalb 1996/97 der Gedanke, künftig als Dienstleistungs-GmbH für Auftragsentwicklungen am Markt zu operieren. Diese Idee wurde zügig in die Tat umgesetzt, und seit 1998 ziert das Handelsregister Stuttgart ein neuer Firmenname: TZ Kommunikationstechnik GmbH, oder auch in Kurzform TZ*Kom* GmbH, wie sich Mitarbeiter und Management ihren Kunden gegenüber gerne vorstellen.

Verfasser des Beitrags: Dipl.-Ing. Joachim W. Arendt

Unser Unternehmen

Als Gesellschafter der TZ*Kom* GmbH zeichnen mit 51 % die Stiftungstochter Steinbeis-GmbH & Co. für Technologietransfer sowie mit 49 % der Gründer des STZ Kommunikationstechnik, Prof. Eberhard Herter. Die Verantwortung für das operative Geschehen wurde einem Geschäftsführer übertragen, traditionelle Kundenbeziehungen sowie das wachsende Ingenieurwissen der Mitarbeiter sind die wertvolle Basis für die weitere Geschäftsentwicklung. Die Überleitung der Aktivitäten aus einem Betriebsteil der Steinbeis-Stiftung in die eigenständige Gesellschaft mbH bedingt auch die Schaffung einer geeigneten Organisation und Infrastruktur sowie die Konzentration auf weitere Kompetenzfelder, welche dem jungen Unternehmen Konturen verleihen soll.

Inzwischen werden unsere Projektingenieure von einer in flacher Hierarchie wirkenden, sehr erfahrenen Führungsmannschaft betreut, so daß Projektwissen mit effektivem Projektmanagement gepaart noch sicherer die gewünschten Lösungen bringt.

Unsere Themen

Information und Kommunikation waren schon immer wesentliche Faktoren erfolgreicher Unternehmen. Die Bedeutung dieser Faktoren für Unternehmen im zwanzigsten Jahrhundert ist jedoch ohnegleichen. Information und Kommunikation sind die treibenden Kräfte schlechthin – globale Vernetzung und leistungsfähige Systeme die Basis. Wer im Wettbewerb bestehen will, muß auf den Einsatz und die Anwendung modernster Technologien setzen.

Wir beherrschen diese Technologien – und mit uns unsere Kunden, für die wir maßgeschneiderte Lösungen schaffen und denen wir somit helfen, ihre Position im Wettbewerb zu sichern und auszubauen.

Wir übernehmen den Aufbau unternehmensinterner Informations- und Kommunikationssysteme auf Basis von Standardmodulen und entwickeln Client/Server-Anwendungen für Internet/Intranet.

Wir planen und realisieren gemeinsam mit und für unsere Partner Netze der Nachrichtentechnik und setzen ihre Anforderungen an Netz- und Konfigurationsmanagement in Software um.

Wir realisieren Lösungen zu den Themen Workflow- und Dokumentenmanagement und Technische Dokumentation.

Die TZ*Kom* GmbH ist ein Dienstleistungsunternehmen und als solches fühlen wir uns unseren Kunden gegenüber verpflichtet. Dienstleistung heißt für uns Kundennähe – ein wesentlicher Baustein für unsere Arbeit.

Unsere Mitarbeiter sind in vielen Fällen vor Ort bei unseren Kunden im Einsatz und arbeiten unterstützend oder in eigenen Teams an der Lösung herausfordernder Aufgaben.

Unsere Stärke ist das Projektgeschäft. Von der Anforderungsanalyse über die Modellierung zur Implementierung und Betreuung sehen uns unsere Kunden als kompetenten Lösungspartner, von dem sie qualifizierte Ergebnisse erwarten können.

Unsere Werkzeuge

Für die Lösung der Aufgaben bei unseren Kunden beherrschen unsere Mitarbeiter die verschiedensten Systeme, Software und Anwendungsprogramme.

Systeme	Betriebssyteme wie UNIX, WindowsNT, Windows95, Rechner- sowie Kommunikationsnetze und deren Komponenten und Protokolle.
Software	Programmiersprachen und Entwicklungsumgebungen wie C/C++ VisualBasic, MFC, Motif, RCS und CaseTools, Datenbanken wie Access, Oracle, SQL-Server, sowie Script-Sprachen wie Perl, awk und sed.
Anwendung	wie Tools zur Planung von nachrichtentechnischen Fest- und Funknetzen, Autorenumgebungen, Interleaf, Framemaker und MSOffice-Umgebungen sowie verschiedene CAD- und Simulationssysteme.

Neben der fachlichen Qualifikation unserer Mitarbeiter bauen wir vor allem auf Engagement, Kommunikationsfähigkeit und Freude bei der Lösung komplexer technischer Aufgaben für unsere Kunden.

Softwareentwicklung

Komplexe Systeme der Nachrichtentechnik müssen geplant, realisiert und schließlich auch gehandhabt werden.

Unsere Mitarbeiter entwickeln grafische Benutzeroberflächen für die Fernverwaltung und Konfiguration von Systemen und Netzen, für die Auswertung und Visualisierung von Betriebsdaten und Systemzuständen oder aber für die Bedienung von komplexen Geräten.

Die Anbindung von Datenbanken und die Implementierung von Lösungen auf Basis verschiedener Kommunikationsprotokolle sind dabei Tagesgeschäft. Ebenso der Einsatz von Client/Server- und Internet-Technologien.

Dokumentenmanagement

Die Kommunikation in Unternehmen erfolgt auf Basis von Dokumenten. Ob Testberichte oder Bestellungen, Spezifikationen, Software-Code oder Technische Zeichnungen – die Vielzahl und Vielfalt der anfallenden Dokumente ist enorm.

Wesentliche Aufgaben unserer Mitarbeiter sind die Analyse von Arbeitsprozessen und das Entwickeln von Strukturen (gestützt auf Datenbanken oder Anwendungen), mit deren Hilfe diese Arbeitsprozesse abgebildet werden können.

Wir entwickeln Prozeß- und Dokumentenstrukturen sowie Konverter für die verschiedenen Formate. Wir erstellen Software für die automatische Generierung von Produktdatenkatalogen oder bereiten vorliegende Daten in Form von Internet-Präsentationen oder Technischen Dokumenten auf.

Systemmanagement und Service

Die Basis für Information und Kommunikation bilden Systemkomponenten. Von einfachen Rechner- und Netzwerkkomponenten bis hin zu komplexen nachrichtentechnischen Systemen müssen diese integriert und anschließend verwaltet werden.

Im Auftrage unserer Kunden administrieren wir Netze und Rechner in heterogenen Umgebungen, installieren rechnerbasierte Kommunikationssysteme und betreuen Anwender und Anwendungen.

Wir unterstützen unsere Kunden bei Planung, Wartung und Service privater Kommunikationsnetze. UNIX-Umgebungen, Datenbanken und Protokolle der Nachrichtentechnik spielen dabei eine besondere Rolle.

Unser Standort

Nicht weit von der Stuttgarter Innenstadt hat sich unsere Firma im Stuttgarter Osten etabliert, Geschäftsleitung, Projektbüros und Seminarräume haben in der Libanonstraße 35 in einem klassischen Gebäude ihre Bleibe gefunden. Unsere Kunden finden dort sowohl den Geschäftsführer Joachim W. Arendt, den Vertriebsleiter Rainer Gehrung sowie den Technischen Leiter Peter Schupp gesprächsbereit. Personal- und Auftragsverwaltung sowie das Controlling sind weitere Zentralfunktionen.

Weitere Informationen über unser Unternehmen finden Sie im Internet unter http://www.tzkom.de, oder Sie können sich direkt informieren unter der Telefonnummer 0711/46099-0.

Leistungsfähigkeit des TZM

Das Steinbeis-Transferzentrum Mikroelektronik (TZM) wurde im Jahre 1991 von Herrn Prof. Dr.-Ing. J. van der List und Herrn Prof. Dr.-Ing. H. Osterwinter gegründet. Schon nach kurzer Zeit wurden die ersten Mitarbeiter für die Bereiche „Schaltungsentwicklung" sowie „Aufbau- und Verbindungstechnik" eingestellt. Die Fachgebiete „hardwarenahe Softwareentwicklung und Softwareerstellung unter WINDOWS" kamen ergänzend hinzu.
Heute beschäftigt das TZM mehr als 80 Ingenieure, die ihr Know-how in bisher weit über 700 verschiedenen Industrieprodukten unter Beweis stellten. Zu unseren Kunden gehören viele Firmen aus der Automobilindustrie, der Medizintechnik, Sensor- und Chiphersteller, Heizungsbauer, Maschinenbaufirmen, verschiedene Banken, die Spielzeugindustrie, Leiterplatten- und Modulhersteller, aber auch kleine Ingenieurbüros schätzen unsere vielseitige Kompetenz.
Beispielhaft seien hier einige wenige Projekte aufgeführt.

- Entwicklung eines kundenspezifischen DC/DC-Wandlers
- µC geführter Pulswechselrichter zur Speisung von Synchronmaschinen
- Integration eines Sprachspeichers (1 min) in einen handelsüblichen Kfz-Schlüssel
- Entwicklung eines Steuergerätes zur definierten und reproduzierbaren Störung eines CAN-Netzwerks
- Programmierung verschiedener Komponenten zur Realisierung eines CAN-Netzwerks (Treiber, Kommunikationsmodule, Netzwerkmanagement, Applikationen)
- Entwicklung eines multifunktionalen Steuergerätes für die Forschung eines Automobilherstellers
- Qualifizierung verschiedenster FR4-Leiterplatten für COB-Anwendungen

Das TZM ist mit viel Initiative und persönlichem Engagement zu einem bekannten, verläßlichen und kompetenten Partner für die Entwicklung von Hardware, Software sowie in der Technologie der Elektronik geworden. Fordern Sie uns.

Steinbeis-Transferzentrum Mikroelektronik
Robert-Bosch-Str. 1
73037 Göppingen
Tel. (07161) 679180
Fax (07161) 679108
Internet: http://www.tz-mikroelektronik.de
E-Mail: info@tz-mikroelektronik.de

Mitarbeiter

Die einzelnen Kapitel dieses Buches werden von bekannten Fachleuten gestaltet. Im folgenden nennen wir jeweils stichwortartig den Schwerpunkt eines Kapitels und den Kapitelredakteur:

- Handwerk (Kapitel 4): Karl Heinz Böhnert, Geschäftsführer des Elektro-Technologiezentrums der Elektro-Innung Stuttgart.
- Energieversorgung (Kapitel 6): Dr. Jürgen Gysin, Energie-Versorgung Schwaben AG.
- Verkehr (Kapitel 7): Dipl.-Ing. (FH) Werner Rauscher, früher Fachbereichsleiter in Firma Wandel & Goltermann.
- Nachrichtentechnik (Kapitel 8): Dr.-Ing. Theodor Pfeiffer, ehem. Vorstandsmitglied der Firma ANT Nachrichtentechnik GmbH Backnang.
- Universitäten (Teil von Kapitel 9): Prof. Dr.-Ing. habil. Dr.h.c. Dr.-Ing. E. h. Paul Kühn, Direktor des Instituts für Nachrichtenvermittlung und Datenverarbeitung der Universität Stuttgart.
- Fachhochschulen (Teil von Kapitel 9): Prof. Dipl.-Ing. Rainer Doster, Fachhochschule Esslingen, Hochschule für Technik.
- Technologietransfer (Teil von Kapitel 9): Prof. Dr. Johann Löhn, Regierungsbeauftragter für Technologietransfer und Vorstandsvorsitzender der Steinbeis-Stiftung.
- Alle übrigen Kapitel: Prof. Dipl.-Ing. Eberhard Herter, Gesellschafter TZ*Kom* GmbH Stuttgart.

Neben den Kapitelredakteuren haben viele Fachkollegen Beiträge geliefert und Hilfestellung gegeben. Wir nennen die Namen in alphabetischer Reihenfolge, ohne die Beiträge im einzelnen zu spezifizieren oder zu gewichten; wie im Vorwort erläutert, geht es neben dem Buch auch um den Aufbau eines Archivs und um eine permanente Chronik. In diesem Sinne bedanken wir uns bei den nachstehend genannten Fachkollegen:

Dipl.-Ing. (FH) Eugen Berner
Dipl.-Ing. Gerhard Elsässer
Prof. Dr. Eberhard Fredeke
Dipl.-Ing. Klaus Freytag
Dr.-Ing. Gerhard Ketterer
Prof. Dr.-Ing. Rudolf Lauber
Dipl.-Ing. Erich Lauer
Prof. Dr.-Ing. Hansjörg Pfleiderer
Dipl.-Ing. Jan Plöger
Dipl.-Ing. Walter K. Schmidt
Dr. Marlies Sommerer
Dipl.-Ing. Michael Schubert
Klaus Schumacher
Prof. Dipl.-Ing. Wolfgang Steimle

Vor allem bei der Bildbeschaffung haben uns die Archive und Pressestellen verschiedener Firmen und Institutionen vorbildlich unterstützt. Stellvertretend für viele andere sei genannt:

- Deutsche Bahn AG Stuttgart und Frankfurt/M. (Gesprächspartner waren die Herren Ernst, Krüger, Sauer, Sontheimer und Spreter)
- Stuttgarter Straßenbahnen AG, Pressestelle
- Robert Bosch GmbH, Unternehmensarchiv.
- C. & E. Fein GmbH & Co.

Literaturverzeichnis

[1] *Steinbuch, K.*: Die informierte Gesellschaft. DVA 1966.
[2] *Moersch, K.*: Sperrige Landsleute. DRW-Verlag 1996.
[3] *Aschoff, V.:* Geschichte der Nachrichtentechnik. Bd. 1 Springer 1989.
[4] *Aschoff, V.:* Geschichte der Nachrichtentechnik. Bd. 2 Springer 1987.
[5] *Dettmar, G.:* Die Entwicklung der Starkstromtechnik in Deutschland. Bd. 1 VDE-Verlag 1989.
[6] *Jäger/Dettmar:* Die Entwicklung der Starkstromtechnik in Deutschland. Bd. 2 VDE-Verlag 1991.
[7] *Wessel:* Energie-Information-Innovation. VDE-Verlag 1993.
[8] *Leiner, W.:* Geschichte der Elektrizitätswirtschaft in Württemberg. Bd. 1 Energieversorgung-Schwaben 1982.
[9] *Leiner, W.:* Geschichte der Elektrizitätswirtschaft in Württemberg. Bd. 2,1 Energieversorgung-Schwaben 1982.
[10] *Leiner, W.:* Geschichte der Elektrizitätswirtschaft in Württemberg. Bd. 2,2 Energieversorgung-Schwaben 1985.
[11] *Raff, G.:* Im Höhenluftkurort Degerloch hieß der Unternehmer „dr Elektrische". Stuttgarter Zeitung Nr. 233 vom 8. 10. 1994, S. 57.
[12] *Zahn, D.:* Als in der Hauptstadt Stuttgart das elektrische Licht aufleuchtete. Stuttgarter Zeitung Nr. 233 vom 8. 10. 1994, S. 55.
[13] Württembergischer Elektrotechnischer Verein: Chronik der Jahre 1898 bis 1932.
[14] Druckschrift der Firma Siemens: Zum 100jährigen Jubiläum der Niederlassung Stuttgart.

Quellen-Nachweise für die Bilder des Kapitels 7:

[21] 1868–1988 Stuttgarter Straßenbahnen AG
Herausgegeben von der Stuttgarter Straßenbahnen AG, 1988
[22] Stadtbahn Stuttgart
Herausgegeben von der Stuttgarter Straßenbahnen AG
[23] Bildarchiv der Stuttgarter Straßenbahnen AG, Pressestelle
[24] 50 Jahre elektrischer Zugbetrieb im Direktionsbezirk Stuttgart
Sonderdruck aus „Die Bundesbahn", Heft 6, 1983, Hestra-Verlag Darmstadt
[25] Einrichtungen für elektrische Zugförderung
Eisenbahn-Lehrbücherei der Deutschen Bundesbahn, Band 183, 1. Auflage 1956
Josef Keller Verlag Starnberg
[26] Elektrisierung Stuttgart–Ulm
Bildaufnahmen der AEG aus dem Jahr 1933
[27] *Artur Fürst:* Das Weltreich der Technik, Entwicklung und Gegenwart
Zweiter Band. Verlag Ullstein Berlin, 1924
[28] *Weisbrod/Bäzold/Obermayer:* Das große Typenbuch deutscher Lokomotiven
2. Auflage. transpress Verlagsgesellschaft mbH Berlin 1994
[29] Robert Bosch GmbH, Unternehmensarchiv